高职高专“十三五”规划教材
国家示范性高职院校重点建设专业精品规划教材(土建大类)
——国家高职高专土建大类高技能应用型人才培养解决方案

建筑工程施工组织实务

Jianzhu Gongcheng Shigong Zuzhi Shiwu

主　编　李红立
副主编　韩永光　谯　川

内容提要

本书根据高职高专示范院校建设的要求，基于工作过程系统化进行课程建设的理念，满足建筑工程技术专业人才培养目标及教学改革要求，融合建筑工程项目技术、安全、质量管理及文明施工、环境保护、相关法律法规等方面的知识编写而成。

为了使学生对建筑工程施工组织有较全面的把握，提高其在实践中综合应用知识的能力，实现校内学习和企业工作实际的零距离，特组织部分具有丰富实践经验的院校教师和企业工程技术专家编写了本教材，教材中选择的载体项目均为各编者实践中参与的工程项目，各个学校可根据需要和学时自行安排学习。

本书按照建筑物主要承重结构材料划分标准对建筑的分类，选择了砖混、框架、框剪、钢结构等载体项目，编写了5个建筑工程项目施工组织。在每一个实务后针对该实务编排了综合实训题，以检测学生对知识的理解、掌握情况，操作技能的训练可在实训中完成。在每一实务后，还有“教学评估表”，收集学生对本实务的学习反馈，便于教师完成教学反思。

本书既可与《建筑工程施工组织编制与实施》（李红立主编）配套使用，也可以单独使用。本书可作为高职高专建筑工程技术、工程造价、工程管理、给排水等专业的教材，也可供其他类型的学校，如职工大学、函授大学、电视大学等的相关专业选用，同时也可供有关的工程技术人员参考。

图书在版编目(CIP)数据

建筑工程施工组织实务/李红立主编. —天津：天津大学出版社，2011.8(2020.1重印)
高职高专“十三五”规划教材
ISBN 978-7-5618-4094-8

Ⅰ.①建… Ⅱ.①李… Ⅲ.①建筑工程—施工组织—高等职业教育—教材 Ⅳ.①TU721

中国版本图书馆CIP数据核字(2011)第167024号

出版发行 天津大学出版社
地　　址 天津市卫津路92号天津大学内(邮编:300072)
电　　话 发行部:022-27403647
网　　址 www.tjup.com
印　　刷 北京盛通印刷股份有限公司
经　　销 全国各地新华书店
开　　本 185mm×260mm
印　　张 17.875
字　　数 456千
版　　次 2020年1月第2版
印　　次 2020年1月第4次
定　　价 45.00元

编审委员会

本书编委会

前　言

近年来，随着我国建筑业改革发展的不断深入，建筑工程施工组织必须适应改革发展的需要，因此，无论是编制方式还是编制内容，都会有显著的变化，其教学内容、教学方法、教学手段将不断推陈出新。本书是基于工作过程系统化进行课程建设的理念，根据高职高专人才培养目标和工学结合人才培养模式以及专业教学改革的要求，汇集所有编者多年的教学实践经验编写而成。在编写中本着“边学、边做、边互动”的原则，实现所学即所用。

本书遵循《建设工程项目管理规范》(GB/T 50326—2001)、《建设工程文件归档整理规范》(GB/T 50328—2001)、《混凝土结构工程施工质量验收规范》(GB 50204—2002)、《砌体工程施工质量验收规范》(GB 50203—2002)、《建筑机械使用安全技术规程》(JGJ 33—2001)、《质量管理体系》(GB/T 19001)、《环境保护体系》(GB/T 24001)等国家标准、规范。

由于高职高专院校专业设置和课程内容的取舍要充分考虑企业的实际需要和毕业生就业岗位的需求，而建筑工程技术专业的毕业生主要在施工员、安全员、质检员、档案员、监理员等岗位工作，且其核心岗位为施工员，所以本书选择不同结构类型的建筑作为载体项目，在内容中融合了建筑工程项目技术、安全、质量管理及文明施工、环境保护、相关法律法规等方面的知识。

本书是集体智慧的结晶，由“国家示范性高职院校重点建设专业精品规划教材(土建大类)”编审委员会、重庆建工集团、重庆建设教育协会等的专家审定教材编写大纲，同时参与教材编写过程中的研讨工作。本书由李红立统稿、定稿并担任主编，由韩永光、谯川任副主编。参与本书编写的人员有重庆工程职业技术学院李红立，重庆城市职业学院韩永光，紫琅职业技术学院徐海燕，重庆水利电力职业技术学院陈明，重庆两江新区龙兴工业园建设投资有限公司谯川。

实务一由李红立编写；实务二由韩永光编写；实务三由谯川编写；实务四由陈明编写；实务五由徐海燕编写。

书中采用的部分资料由重庆城建集团陈洪正提供；承蒙重庆建工集团二建的龚文璞总工、三建的黄钢琪总工、茅苏穗部长及重庆工程职业技术学院建筑专业教学指导委员会的全体委员审定和指导教材编写大纲及编写内容，在此一并表示感谢。

由于编者水平有限，加之编写时间仓促，书中存在不妥之处在所难免，恳请专家和广大读者不吝赐教、批评指正(请发至邮箱 wsqyqh@163.com)，以便我们在今后的工作中改进和完善。

编　者

2017 年 6 月

总　序

“国家示范性高职院校重点建设专业精品规划教材(土建大类)”是根据教育部、财政部《关于实施国家示范性高等职业院校建设计划 加快高等职业教育改革与发展的意见》(教高〔2006〕14 号)及《关于全面提高高等职业教育教学质量的若干意见》(教高〔2006〕16 号)文件精神,为了适应我国当前高职高专教育发展形势以及社会对高技能应用型人才培养的需求,配合国家级示范性高职院校的建设计划,在重构能力本位课程体系的基础上,以重庆工程职业技术学院为载体,开发了与专业人才培养方案捆绑、体现“工学结合”思想的系列教材。

本套教材由重庆工程职业技术学院建筑工程学院组织,联合重庆建工集团、重庆建设教育协会和兄弟院校的一些行业专家组成教材编审委员会,共同研讨并参与教材大纲的编写和编写内容的审定工作,是集体智慧的结晶。该系列教材的特点是:与企业密切合作,制定了突出专业职业能力培养的课程标准;反映了行业新规范、新技术和新工艺;打破了传统学科体系教材编写模式,以工作过程为导向,系统设计课程内容,融“教、学、做”为一体,体现高职教育“工学结合”的特点。

在充分考虑高技能应用型人才培养需求和发挥示范院校建设作用的基础上,编委会基于工作过程系统化理念构建了建筑工程技术专业课程体系。其具体内容如下。

1. 调研、论证、确定岗位及岗位群

通过毕业生岗位统计、企业需求调研、毕业生跟踪调查等方式,确定建筑工程技术专业的岗位和岗位群为施工员、安全员、质检员、档案员、监理员。其后续提升岗位为技术负责人、项目经理。

2. 典型工作任务分析

根据建筑工程技术专业岗位及岗位群的工作过程,分析工作过程中各岗位应完成的工作任务,采用“资讯、计划、决策、实施、检查、评价”六步骤工作法提炼出 “识读建筑工程施工图(综合识图)”等 43 项典型工作任务。

3. 将典型工作任务归纳为行动领域

根据提炼出的 43 项典型工作任务,按照是否具有现实、未来以及基础性和范例性意义的原则,将 43 项典型工作任务直接或改造后归纳为“建筑工程施工图及安装工程图识读、绘制”等 18 个行动领域。

4. 将行动领域转换配置为学习领域课程

根据“将职业工作作为一个整体化的行动过程进行分析”和“资讯、计划、决策、实施、检查、评价”六步骤工作法的原则,构建“工作过程完整”的学习过程,将行动领域或改造后的行动领域转换配置为“建筑工程图识读与绘制”等 18 门学习领域课程。

5. 构建专业框架教学计划

具体参见电子资源。

6. 设计基础学习领域课程的教学情境

由课程建设小组与基础课程教师共同完成基础学习领域课程教学情境的设计。基于专业学习领域课程所需的理论知识和学生后续提升岗位所需知识来系统地设计教学情境，以满足学生可持续发展的需要。

7. 设计专业学习领域课程的教学情境

根据专业学习领域课程的性质和培养目标，校企合作共同选择以图纸类型、材料、对象、分部工程、现象、问题、项目、任务、产品、设备、构件、场地等为载体，并考虑载体具有可替代性、范例性及实用性的特点，对每个学习领域课程的教学内容进行解构和重构，设计出专业学习领域课程的教学情境。

8. 校企合作共同编写学习领域课程标准

重庆建工集团、重庆建设教育协会及一些企业和行业专家参与了课程体系的建设和学习领域课程标准的开发及审核工作。

在本套教材的编写过程中，编委会强调基于工作过程的理念进行编写，强调加强实践环节，强调教材用图统一，强调理论知识满足可持续发展的需要。采用了创建学习情境和编排任务的方式，充分满足学生"边学、边做、边互动"的教学需求，达到所学即所用。本套教材体系结构合理、编排新颖而且满足职业资格考核的要求，实现了理论实践一体化，实用性强，能满足学生完成典型工作任务所需的知识、能力和素质的要求。

追求卓越是本系列教材的奋斗目标，为我国高等职业教育发展而勇于实践和大胆创新是编委会共同努力的方向。在国家教育方针、政策引导下，在各位编审委员会成员和作者团队的共同努力下，在天津大学出版社的大力支持下，我们力求向社会奉献一套具有"创新性和示范性"的教材。我们衷心希望这套教材的出版能够推动高职院校的课程改革，为我国职业教育的发展贡献自己微薄的力量。

丛书编审委员会

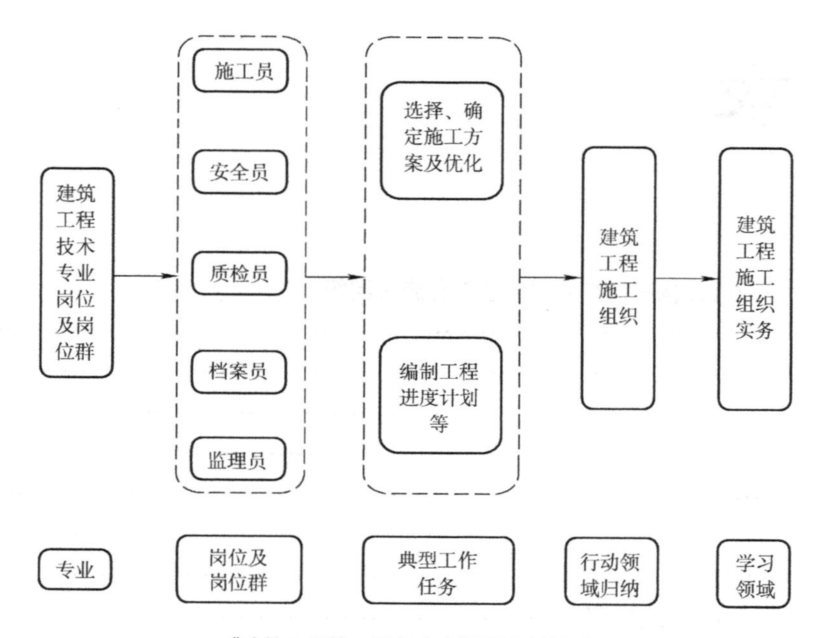

《建筑工程施工组织实务》课程设计框图

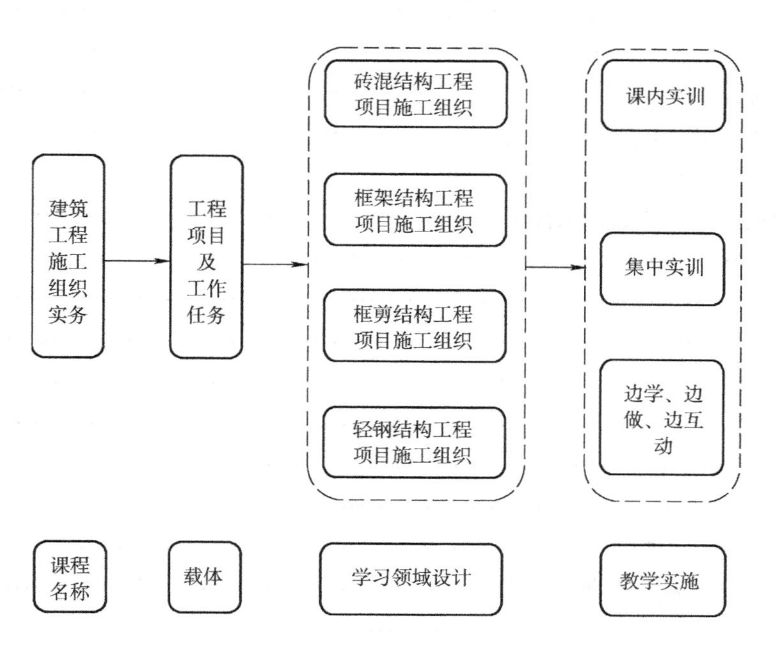

《建筑工程施工组织实务》课程内容框图

目 录

实务一：×××大学框架结构第二综合教学楼工程施工组织

一、编制依据

本工程施工组织设计依据国家和项目所在地区的现行规范、标准、法律法规，结合公司企业标准和成功的管理经验以及业主提供的《×××大学第二综合教学楼工程施工招标文件》编制而成。

1.1 招标文件

招标文件见表1.1.1。

表1.1.1 招标文件

项目	文件名称	时间
招标文件	《×××大学第二综合教学楼工程施工招标文件》	2005年1月
图纸	建筑初步设计图：建初01～13	2004年10月
	结构初步设计图：结初01～11	2004年10月

1.2 相关规范、规程

相关规范、规程见表1.1.2。

表1.1.2 相关规范、规程

类别	规范、规程名称	编号
国家	建设工程项目管理规范	GB/T 50326—2001
国家	混凝土结构工程施工质量验收规范	GB 50204—2002
国家	民用建筑工程室内环境污染控制规范	GB 50325—2001
国家	砌体工程施工质量验收规范	GB 50203—2002
国家	屋面工程质量验收规范	GB 50207—2002
国家	建筑装饰装修工程质量验收规范	GB 50210—2001

续表

类别	规范、规程名称	编号
国家	建设工程文件归档整理规范	GB/T 50328—2001
国家	工程测量规范	GB 50026—93
行业	钢筋焊接及验收规范	JGJ 18—2002
行业	混凝土泵送施工技术规程	JGJ/T 10—95
行业	建筑工程冬期施工规程	JGJ 104—97
行业	建筑施工高处作业安全技术规范	JGJ 80—91
行业	施工现场临时用电安全技术规范	JGJ 46—88
行业	建筑施工扣件式钢管脚手架安全技术规范	JGJ 30—2001
行业	建筑机械使用安全技术规程	JGJ 33—2001
国家	建筑施工场界噪声限值	GB 12523—90
行业	建筑施工安全检查标准	JGJ 59—99

1.3 主要标准

主要标准见表1.1.3。

表1.1.3 主要标准

类别	标准名称	编号
国家	建筑工程施工质量验收统一标准	GB 50300—2001
行业	钢筋焊接接头试验方法标准	JGJ/T 27—2001
国家	混凝土质量控制标准	GBJ 50164—92
国家	混凝土强度检验评定标准	GBJ 107—87
行业	建筑工程饰面砖黏结强度检验标准	JGJ 110—97
国家	砌体工程现场检测技术标准	GB /T 50315—2000

1.4 主要法规

主要法规见表1.1.4。

表 1.1.4　主要法规

类别	法规名称
国家	建筑法
国家	环境保护法
地方	见证取样规程
行业	建设工程质量管理条例
地方	项目所在地地方建设工程质量条例
地方	项目所在地地方施工现场管理有关文件和标准

1.5　主要图集

主要图集见表 1.1.5。

表 1.1.5　主要图集

类别	图集名称	编号
国家	国家建筑标准设计	01J300、01J304
国家	国家建筑标准设计	02J003、96SJ301
国家	国家建筑标准设计	99J201(一)、95J331
国家	国家建筑标准设计	01S519、JSJT—145
国家	结构构造标准图集	03G101—1
地方	西南地区建筑标准设计通用图集	2001 年版合订本(1)
地方	西南地区建筑标准设计通用图集	2001 年版合订本(2)

1.6　编制说明

根据本工程的实际情况和招标文件的要求，在施工组织设计中对主要项目施工方法，主要施工机械设备计划，劳动力计划，确保工程质量、工期、安全和文明施工的技术、组织措施，施工总进度计划，施工总平面布置，施工现场环境保护的管理措施，防止扰民措施，降低造价措施，总承包管理进行了重点的阐述。其他内容作一般性阐述。

在本施工组织设计中，制定了应用新技术、新材料、新工艺、新设备的推广工作计划。采用信息化施工技术，用微机对施工全过程进行动态管理，不断推动施工技术的发展。

二、工程概况

2.1 工程简介

工程简介见表1.2.1。

表1.2.1 工程简介

项目	内容
工程名称	×××大学第二综合教学楼
工程地址	×××市×××大学校内
业主名称	×××大学
设计单位	×××建筑设计研究院
结构类型	框架结构
工程类别	多层
耐火等级	二级,结构构件耐火等级为一级
用地面积	35 217 m^2
建筑基底面积	8 770 m^2
建筑面积	34 874 m^2
层数	5层
建筑高度	23.85 m
装修标准	中档
招标范围	在招标人提供的施工图中,散水范围内除消防、玻璃幕墙、铝合金(或塑钢)门窗、防水、高压配电、有线电视、电话、监控、网络等工程由招标人指定分包外,施工图中的其他内容均属本次招标范围。指定分包工程由中标人承担总包责任
招标质量要求	合格
招标工期	180日历天
拟开工、竣工时间	2005年1月28日~2005年7月28日

2.2 功能分区及建筑造型

功能分区及建筑造型见表 1.2.2。

表 1.2.2 功能分区及建筑造型

项目	主要建筑功能
功能分区	由普通理论教室、建筑造型教室和多媒体教室组成,将普通理论教室通过内廊形式布置在南向,沿校园中心湖面一侧形成连续、完整的界面的同时方便教学楼的管理;不同类型的多媒体教室以外廊形式布置在北向,通过错落的建筑体量与南向的完整界面形成对比,创造出严谨而活泼的空间,报告厅成为建筑整体的活跃因素,教师休息室分散布置在各个分区,方便教师使用
建筑造型	建筑结合丘陵地貌灵活布置,形成高低错落的群体,充分体现山地特色

2.3 建筑设计概况

建筑设计概况见表 1.2.3。

表 1.2.3 建筑设计概况

项目	内容
±0.00	相当于绝对标高 293.80 m
内外墙体	200 mm 厚轻质空心砖
内墙饰面	白色乳胶漆饰面、卫生间墙身通高贴瓷砖
外墙饰面	优质瓷质仿石外墙砖(198 mm×58 mm),局部用涂料
楼地面	室内采用抛光耐磨砖 600 mm×600 mm;卫生间地面铺防滑耐磨砖 400 mm×400 mm;墙面铺贴 250 mm×400 mm 瓷砖至天花;卫生间铝扣板天花吊顶,300 mm 宽洗手台用大理石(进口)及洗手台前镜,卫生间内用高密度抗倍特板对蹲位进行分隔,洁具用优质品
天花	走廊铝格栅天花吊顶,门厅用硅钙板天花吊顶,不吊天花部分为白色乳胶漆饰面
屋面	屋面防水等级为Ⅱ级,防水耐用年限为 15 年,三道设防,其中一道设置合成高分子卷材,另一道为 2 mm 厚聚氨酯
门窗	防火分区之间的分隔门、消防泵房与消防设备房采用甲级防火门。管道井检修门为丙级防火门。所有窗为 1.4 mm 厚(喷涂)铝合金,5 mm 厚钢化玻璃(外立面窗为推拉窗)

2.4 结构设计概况

结构设计概况见表 1.2.4。

表 1.2.4 结构设计概况

项目	内容	
结构形式	基础结构形式	人工挖孔桩(墩)、柱下独立基础
	主体结构形式	框架结构
建筑物地基	持力层为中风化砂岩或泥岩	承载力标准值不小于 2 200 kPa
砼强度等级	垫层	C10
	基础	C25
	地梁	C30
	竖向构件及楼盖	C30
抗震	抗震设防烈度	6 度
	抗震等级	框架为四级,局部三级
	抗震设防类别	丙类
建筑结构安全等级	二级	
建筑场地类别	Ⅱ类	
设计使用年限	50 年	
柱断面	600 mm × 600 mm	
梁断面	主梁	300 mm × 700 mm
	次梁	250 mm × 700 mm
钢筋	HPB235、HRB335、HRB400	
钢筋接头	基础底板	闪光对焊
	竖向钢筋	电渣压力焊
	水平钢筋	熔槽帮条焊
	加工区	闪光对焊

三、施工部署

3.1 施工组织

3.1.1 项目施工组织机构

若某单位中标，将对项目实行目标责任管理，即公司履行决策、监督、服务等职能，项目在授权范围内实行责任经营和目标管理。为强化承包管理，组建精明强干的项目管理班子，实施总承包施工管理。

某单位将选派一名有丰富管理经验的国家一级项目经理担任本工程项目经理，并兼任项目总工程师，一名主任经济师担任项目合约经理，一名高级工程师担任项目技术负责人，一名经济师担任物资部经理，一名会计师担任财务部经理，共同组成项目经理部领导层。经理部下设工程部、总务部、物资设备部、合约部和财务部五个职能部门。其职能如下。

1. 工程部

工程部负责编制施工进度总计划、月计划、周计划；负责施工生产调度，协调分包施工；负责安全生产、文明施工、规划、临时水电、总平面管理；负责大型机械及垂直运输设备调度；负责统计工作，记录施工日志；负责土建、装饰等专业的技术管理；负责各专业、各工种之间施工协调图的绘制；解决工程中的技术问题和技术变更，进行方案编制、技术交底；控制项目施工质量，进场材料、设备的质量；制定安全防护措施并负责检查验收；负责工程技术资料的收集整理；负责检验试验工作等。

2. 总务部

总务部负责与环卫、治安、市政等政府职能部门沟通；负责项目的人事、保卫、行政和后勤管理等工作。

3. 物资设备部

物资设备部负责各类材料的确认与采购供应；负责工程机械配备、使用及维护保养；保证周转工具的供应、运输与保管。

4. 合约部

合约部负责总包合同管理；负责分包及采购供应合同的签订与管理，工程量统计、预结算工作；负责甲方指定的分包工程的结算与工程付款的审核；负责成本核算并做好日常成本控制与管理工作。

5. 财务部

财务部负责工程款的收支工作，保证工程有充足的资金运转，及时分析、编制现金流量表，控制资金流向；负责日常财务工作。

各部门在项目经理领导下，各行其责、互相协作，以追求工程精品、创造名牌为己任，为业主提供满意的服务，为单位争荣誉，为社会留下时代的艺术品。

3.1.2 组织机构与职能图

组织机构与职能图见图 1.3.1。

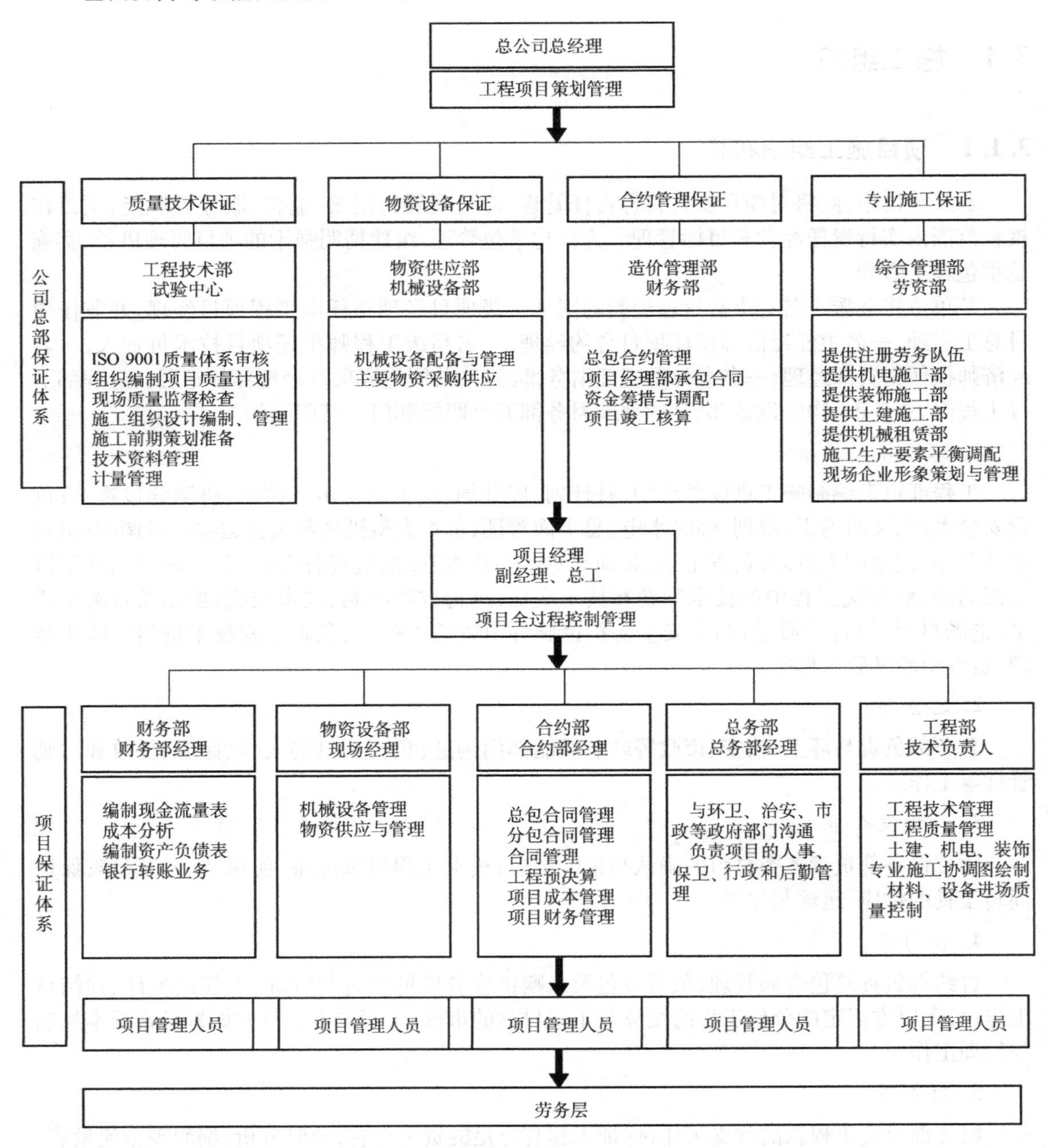

图 1.3.1 组织机构与职能图

3.2 工程任务

在招标人提供的施工图中，散水范围内除消防、玻璃幕墙、铝合金（或塑钢）门窗、防水、高压配电、有线电视、电话、监控、网络等工程由招标人指定分包外，施工图中的其他内容均属本次招标范围。

3.3 施工部署

为了保证基础、主体、装修均尽可能有充裕的时间施工，保质如期完成施工任务，应该考虑到各方面的影响因素，充分酝酿任务、人力、资源、时间、空间的总体布局。

3.3.1 时间部署

本工程拟从2005年1月28日开工，2005年2月8日之前为施工准备阶段，主要包括现场临设施工、技术准备、二次深化设计、准备材料、分包商考查确定。2005年2月1日正式开始动工。基础结构施工在3月15日全部完工。主体结构在4月28日封顶。

由于主体施工期间提前插入粗装修，因而室内装修施工顺序为从下至上顺序施工。在施工过程中，各楼层按房间进行编号管理，划分流水施工段。为加快施工进度，在装修阶段以能最大限度地给工作队提供作业面为最终目的。本工程将推行多工种在作业层中交叉作业，分段管理。2005年7月18日室内装饰结束。2005年7月28日竣工验收。

3.3.2 空间部署

为了贯彻“空间占满，时间连续，均衡协调有节奏，力所能及留有余地”的原则，保证工程按照总控计划完成，需要采用主体和安装、主体和装修、安装和装修的立体交叉施工。为了使上部结构正在施工而下部插入安装、装修施工，结构验收时间安排见表1.3.1。

表1.3.1 结构验收时间安排

结构验收部位	验收时间
地基与基础	2005年3月20日
主体结构	2005年5月10日

3.3.3 总体施工顺序部署

按照先地下、后地上，先结构、后围护，先主体、后装修，先土建、后安装的总施工顺序进行部署。

3.3.4 基础、主体、装修阶段的施工部署

1. 基础施工阶段

本工程是框架结构，建筑占地面积大，因此基础结构工程量大。为了保证基础结构的施工

质量和进度,基础开挖采取遍地开花的方式进行,但是重点开挖五个施工段,以便于尽快插入上部结构施工。

保证主体结构开始施工的时间,也就是保证了主体结构按期封顶的时间。因此,在施工部署上,将以上部结构的施工段作为前期完成基础结构施工的流水段。

2. 主体施工阶段

为了保证总体进度计划按时完成,室内填充墙和初装修提前插入施工。在主体施工过程中进行一次结构中间验收。凡是室内砌筑、抹灰、水电预留、预埋等均提前插入,确保给精装修时间留出最大的余量。

3. 装修施工阶段

由于机电、设备施工与室内装修密切相关,因此,为了保证总体工程按期完成,要求业主大力协助配合,业主所确定的内容要符合施工公司提出的进度控制计划,并要求业主控制其指定的分包、分供方按照总控计划完成。

根据施工公司负责的装修施工范围,现场布置砂浆搅拌机搅拌砌筑砂浆和抹灰砂浆。

3.3.5 考虑节假日影响

在节假日期间,施工公司将严格遵守规定,做好施工总体安排,凡该期间所需材料、机具均应提前进场。

3.4 工程管理目标

3.4.1 工期目标

按照招标文件要求,本工程开工日期为 2005 年 1 月 28 日,竣工日期为 2005 年 7 月 28 日,总工期 180 日历天。

3.4.2 工程质量目标

一次验收合格。

3.4.3 安全生产目标

确保无重大工伤事故,杜绝死亡事故;轻伤事故率控制在 5‰以内。

3.4.4 文明施工目标

达到项目所在地区安全文明样板工地标准,争创安全文明工地。

3.4.5 消防目标

消除现场消防隐患。

3.4.6 环境管理目标

达到 ISO 14001 国际环保认证的要求。

3.4.7 竣工回访和质量保修计划

根据施工公司对业主的服务承诺，每年定期对用户进行回访，严格按照保修合同内容执行。

3.5 工程施工总进度控制

为了各分部、分项工程均有时间保证工程施工进度和施工质量，编制工程施工进度总控计划时，要确立各阶段的目标时间，且阶段目标时间不能更改。施工设备、资金、劳动力在满足阶段目标的前提下进行配备。施工阶段目标控制计划见表 1.3.2。

表 1.3.2 施工阶段目标控制计划

阶段目标	控制时间点
工程开工	2005 年 1 月 28 日
基础开挖	2005 年 2 月 1 日
基础完工	2005 年 3 月 15 日
结构封顶	2005 年 4 月 28 日
砌筑完工	2005 年 5 月 16 日
抹灰完工	2005 年 5 月 28 日
装饰完工	2005 年 7 月 18 日
竣工交付	2005 年 7 月 28 日

3.6 主要项目工程量

主要项目工程量及资源需用量计划见表 1.3.3。

表 1.3.3 主要项目工程量及资源需用量计划

材料名称	用量	单位	材料名称	用量	单位
钢筋	2 265	t	外墙面砖	12 000	m^2
C30 砼	12 980	m^3	聚氨酯防水涂膜	9 800	m^2
C25 砼	4 150	m^3	乳胶漆	89 000	m^2
砌块	4 100	m^3	压型钢板坡屋面	7 000	m^2
防滑地砖	4 500	m^2	铝扣板吊顶	1 700	m^2
抛光地砖	32 500	m^2	硅钙板吊顶	8 700	m^2
地砖踢脚板	18 000	m	内墙砖	6 000	m^2
胶合板门	220	m^2			

3.7 机械设备选用计划

主要施工机械设备计划见表1.3.4。

表1.3.4 主要施工机械设备计划

设备名称	数量	制造年份	自有/租赁	参数
H3/30C塔吊	1	1997	自有	臂长60 m,79.5 kW
QT80A塔吊	1	2001	自有	臂长50 m,55.5 kW
QT80A塔吊	1	2000	自有	臂长40 m,55.5 kW
HBT60砼输送泵	3	1996	自有	75 kW
JS500强制式混凝土搅拌机	3	1999	自有	38 kW
龙门架	5	2001	自有	33 kW
JS350砂浆搅拌机	3	1999	自有	30 kW
交流电焊机	12	1999	自有	37.5 kVA
柴油发电机	1	2002	自有	300 kVA
钢筋对焊机	4	1999	自有	100 kVA
空压机	5	1999	自有	6 m^3/min,0.8 MPa
钢筋切割机	4	1997	自有	ϕ40
钢筋弯曲机	4	1998	自有	ϕ40
钢筋调直机	2	1998	自有	7.5 kW
插入式砼振捣器	20	1999	自有	行星式
平板式砼振捣器	2	1998	自有	—
圆盘锯	2	1999	自有	—
圆刨	2	1993	自有	双面压刨、平刨
砂轮机	2	1998	自有	—
手锤	4	—	自有	4磅
蛙式打夯机	3	1997	自有	3 kW

说明:以上设备部分为备用。

3.8 劳动力调配计划

某单位属大型施工企业,施工人员多,实行管理和劳务两层分离的管理模式,建立了双向选择机制。根据本工程工作量大的特点及各专业的具体情况,结合施工总进度计划及各阶段施工的总体安排,采取"紧密配合、动态管理、合理穿插"的劳动力组织形式。在项目劳动力配置上,坚持"计划管理、定向输入、双向选择、统一调配、合理流动"的既定方针,以劳务承包合同和任务书管理为纽带,确保进场施工人员的积极性,最大限度地发挥其主观能动性,组织优质高效的施工。各阶段劳动力供应计划见表1.3.5。

表 1.3.5　各阶段劳动力供应计划

工种＼人数＼年月	2005年																		
	1月	2月			3月			4月			5月			6月			7月		
	下旬	上旬	中旬	下旬	上旬	中旬	下旬	上旬	中旬	下旬	上旬	中旬	下旬	上旬	中旬	下旬	上旬	中旬	下旬
石工	0	80	350	350	300	20	0	0	0	0	0	0	0	0	0	0	0	0	0
放线工	2	4	8	8	8	8	8	8	8	8	4	4	4	4	4	2	2	2	0
木工	0	0	50	300	600	600	600	600	600	200	20	20	5	5	5	5	0	0	0
钢筋工	0	0	30	220	450	450	450	450	450	120	15	15	8	8	8	5	0	0	0
砼工	0	0	15	60	180	180	180	180	180	80	15	15	15	5	5	5	0	0	0
架子工	0	0	10	30	90	90	90	90	90	90	90	90	90	60	15	15	0	0	0
防水工	0	0	0	0	0	0	0	0	0	0	12	12	12	12	12	0	0	0	0
瓦工	0	5	20	20	20	20	20	20	100	150	150	150	150	80	20	20	5	5	0
电工(临电)	0	2	5	5	5	5	5	5	5	5	5	5	5	5	2	2	2	1	0
电焊工	0	2	15	15	15	15	15	15	15	15	5	5	5	5	5	2	2	0	0
油工	0	0	0	0	0	0	0	0	0	0	0	0	0	0	75	75	75	75	25
吊顶工	0	0	0	0	0	0	0	0	0	0	0	0	0	60	60	60	60	5	0
辅助工	2	5	15	25	25	25	25	25	25	25	25	25	25	25	25	25	15	2	0
机械工	0	1	5	5	8	8	8	8	8	8	8	8	8	8	8	5	0	0	0
合　计	4	99	523	1 038	1 701	1 421	1 401	1 401	1 481	7 01	349	349	327	277	244	224	161	90	25

四、总承包施工管理

4.1 总承包施工管理概述

施工以土建为主,水、电、设备安装及装饰工程配合施工。整个工程划分为结构施工阶段、设备安装和装饰施工阶段、设备调试及精装修施工阶段。通过平衡协调,紧密地组织为一体。结构施工期间以结构进度为控制主线,一切施工协调管理(即人、材、物)首先满足结构施工总进度计划的要求。各分包单位(业主指定分包单位)无条件服从施工总进度计划。

4.2 总承包管理的原则和方法

4.2.1 工程总承包管理的原则

在工程总承包管理中,坚持"公正"、"科学"、"统一"、"控制"、"协调"的原则。

4.2.2 工程总承包管理的方法

在工程施工中,总承包商应总结与借鉴以往类似工程总承包管理的成功经验,结合现场情况,采用一套科学合理的管理方法。该管理方法主要包括以下几个方面的内容。

1. 目标管理

总承包商在进行总承包管理过程中,应对分包商提出总目标和阶段性目标,这些目标应包括质量、进度、安全、文明施工等,涵盖施工的各个方面,在目标明确的前提下对各分包商进行管理和考评。

2. 跟踪管理

总承包商在进行目标管理的同时,应采用跟踪管理手段,以保证目标在完成过程中达到相应要求。总承包商在分包商施工过程中应对质量、进度、安全、文明施工等进行跟踪检查,发现问题立即通知分包商进行整改,并及时进行复检,以使所有问题解决在施工过程中,而不是事后发现、解决,以免给业主造成损失。

3. 平衡管理

作为总承包商,在总承包管理过程中,应根据各施工阶段的特点,按照各分包工程在整个工程中所占有的权重,进行综合平衡优化,对目标大小分割、设备使用、施工面设置、不同工程之间的进度平衡进行优化。通过优化达到资源与人员、工期与资金的合理调配,最终达到降低工程成本的目的。

4. 计算机辅助管理

计算机技术和网络技术的发展为信息化施工管理提供了便利条件。为实施总承包管理,总承包商需要及时收集、处理大量的信息。因此,为提高管理水平和决策能力,将积极采用计算机进行辅助管理。

4.3 总承包管理的范围

总承包管理包括从进场施工开始到项目竣工验收及质量保修期满为止的工程质量和进度控制管理、各专业各工序的协调管理、施工场地管理、安全生产和文明施工管理、工程资料及质量保修期内的回访保修管理等。

4.4 总承包管理的内容

总承包管理的内容包括在总承包管理工作中就本工程的质量、工期、合同、造价、安全、文明施工进行全面管理,实施工程施工的总协调、总管理、总控制。

4.5 总承包管理的制度

工程施工过程是业主、设计方、监理方、总包方、分包方、供应商等多家合作完成的,如何协调组织各方的工作,是实现工期、质量、安全目标和降低成本的关键因素之一。因此,应制定相关措施,做好与业主、设计方、监理方、总包方、分包方、供应商等的协调工作。

①按总进度计划制定控制节点,组织协调工作会议,检查本节点实施情况,制定、修订、调整下一个节点的实施要求。

②由总承包商的项目经理主持施工协调会,每周进行一次进度协调。

为了保证这些目标的实现,特制定以下制度。

①制定图纸会审、图纸交底制度。在正式施工之前,项目经理部、技术协调部的人员核对图纸,参加由业主组织的图纸会审、图纸交底会,确保工程顺利进行。由总包方及时组织二次设计方对施工方的设计和图纸交底。

②建立周例会制度。在每周的固定时间召开由监理主持,业主、设计方、总包方、分包方参与的周例会,会中商讨一周的工程施工和配合情况,解决问题。由于设计方参加,可以将一周内的问题在召开周例会时,统一办理洽商。若遇到急需解决的事情,可以立即找业主、设计方、监理方商讨解决。

③制定专题讨论会议制度。遇到较大问题时,业主、设计方、监理方、总包方、有关分包方共同商讨解决。此专题讨论会不定时召开。

④制定考查制度。某公司是 ISO 9001 体系认证企业,根据 ISO 9001 体系管理要求,项目的分包、分供方要三家以上参与竞争。因此,制定考查制度,组织业主共同对主要分包、分供方进行考查,经过综合评比,最终选定合格、满意的分包、分供方。

五、施工准备

5.1 技术准备

5.1.1 施工组织设计和专项施工方案编制计划

施工组织设计和专项施工方案编制计划见表1.5.1。

表1.5.1 施工组织设计和专项施工方案编制计划

<table>
<tr><th colspan="2">方案名称</th><th>责任部门</th><th>截止日期</th><th>审批人</th></tr>
<tr><td colspan="2">施工组织设计</td><td>项目经理部</td><td>2005年1月25日</td><td>公司总工</td></tr>
<tr><td rowspan="9">专项施工方案</td><td>基础施工方案</td><td>项目技术部</td><td>2005年1月25日</td><td>项目总工</td></tr>
<tr><td>钢筋施工方案</td><td>项目技术部</td><td>2005年2月05日</td><td>项目总工</td></tr>
<tr><td>模板施工方案</td><td>项目技术部</td><td>2005年2月05日</td><td>项目总工</td></tr>
<tr><td>混凝土施工方案</td><td>项目技术部</td><td>2005年2月05日</td><td>项目总工</td></tr>
<tr><td>脚手架施工方案</td><td>项目技术部</td><td>2005年2月18日</td><td>项目总工</td></tr>
<tr><td>试验方案</td><td>项目技术部</td><td>2005年2月18日</td><td>项目总工</td></tr>
<tr><td>安装施工方案</td><td>项目安装部</td><td>2005年2月18日</td><td>项目总工</td></tr>
<tr><td>屋面施工方案</td><td>项目技术部</td><td>2005年3月15日</td><td>项目总工</td></tr>
<tr><td>室内初装修方案</td><td>项目技术部</td><td>2005年3月20日</td><td>项目总工</td></tr>
</table>

5.1.2 样板、样板间编制计划

样板、样板间编制计划见表1.5.2。

表1.5.2 样板、样板间编制计划

<table>
<tr><th colspan="2">样板项目</th><th>样板部位</th><th>样板施工时间</th></tr>
<tr><td rowspan="2">钢筋工程</td><td>柱</td><td>1层1段</td><td>2005年3月15日</td></tr>
<tr><td>梁、板</td><td>1层1段</td><td>2005年3月18日</td></tr>
<tr><td rowspan="2">模板工程</td><td>柱</td><td>1层1段</td><td>2005年3月15日</td></tr>
<tr><td>梁、板</td><td>1层1段</td><td>2005年3月18日</td></tr>
<tr><td rowspan="2">混凝土工程</td><td>柱</td><td>1层1段</td><td>2005年3月18日</td></tr>
<tr><td>梁、板</td><td>1层1段</td><td>2005年3月18日</td></tr>
<tr><td colspan="2">装修样板间</td><td>2层1段</td><td>2005年6月10日</td></tr>
</table>

5.1.3 试验计划

工程开工后，由项目总工、项目材料员、项目试验员根据工程施工进度计划、施工段划分及每施工段工程量、材料进场计划等编制项目试验计划，以保证工程的试验管理工作井然有序。

5.1.4 坐标点的引入

项目经理部进场后，规划院将建筑的轴线桩引入施工现场，并且将城市水准点引入现场，以此水准点控制工程的标高。项目经理部测量人员将轴线桩引到现场四周固定的房屋墙面上，作为施工轴线的投测点。

5.2 生产准备

进场后，将计算的用水、用电负荷报监理单位，经监理单位审定后由建设管理方负责联系水电接口，然后进行水电接驳。

5.2.1 临时用电设计

1. 用电负荷计算、变压器选择

根据各专业施工机电设备计划提供的用电设备功率（容量），计算负荷为

$$P = 1.05 \times (K_1 \sum P_1 / \cos\phi + K_2 \sum P_2 + K_3 \sum P_3)$$

其中，利用系数分别取定为 $K_1 = 0.5$，$K_2 = 0.5$，$K_3 = 0.8$，$\cos\phi = 0.75$（功率因数）。

$\sum P_1$（电动机总功率）= 190.5（塔吊）+ 150（砼泵）+ 76（搅拌机）= 416.5 kW

$\sum P_2$（电焊设备总功率）= 200（闪光对焊）+ 225（6 台交流电焊机）= 425 kW

$\sum P_3$（其他）= 50 kW

则

$$P = 1.05 \times (0.5 \times 416.5 / 0.75 + 0.5 \times 425 + 0.8 \times 50) = 556.675\ \text{kVA}$$

根据临时用电负荷变化大的特点，本工程可选用一台容量不小于 600 kVA 的变压器。用电引线按业主指定线路从其变配电室接驳引入。

2. 应急发电机组

考虑到意外停电因素的影响，本工程还配置了一台柴油发电机组（300 kW）。在停电时，供办公室照明、地面保安照明、楼层照明、混凝土连续浇筑应急用电等。

3. 配电方式

根据各种设备的用电情况，临时用电系统采用三相五线制树干式与放射式相结合的配电方式。地平面电缆暗敷设于电缆沟内，沟内干线电缆沿内筒壁卡设，干线电缆选用 XV 型橡皮绝缘电缆。施工配电箱采用统一制作的标准铁质电箱，箱、电缆编号与供电回路对应。

5.2.2 临时用水设计

1. 室外消火栓给水系统

本给水系统的设置旨在保护施工现场、主体建筑部分及邻近建筑物。采用临时高压消防给水系统,并设临时消防泵,平时管网内的水压为市政水压,仅能满足施工生产用水的需要,不能满足消防需要,一旦发生火灾,立即启动消防水泵,临时加压使管网内的流量和水压达到消防要求。本工程室外消火栓系统用水量设计为20 L/s。

本设计沿土建开挖线外围成环形敷设室外消火栓系统给水主管,环管各处按用水点需要预留甩口,并按不小于60 m的间距布置室外地下式消火栓,消火栓规格为SX100－1.6。为节约工程投资,室外消防与室内消防合用一台水泵;室外给水环管与室内消防及生产用水管之间设阀门,该阀门平时常闭,当着火须启动室外消火栓时立即打开。消火栓设昼夜明显标志,消火栓周围3 m范围内不得堆放其他物品。

2. 室内消防及生产给水系统

室内消火栓用水量设计为15 L/s。设临时泵房,将市政水加压后送至主楼内。消防泵可满足室内消防及室外消防的使用要求。

楼层预留洞设一根DN100竖管供主楼施工及消防使用,竖管隔层设DN65室内消火栓,并预留甩口,以供施工用水。室内消火栓设计采用19 mm喷嘴、直径65 mm栓口、25 mm长麻质水龙带。

3. 给水布设

从建设单位指定位置接入水源,管径DN100,并做水表井。在施工现场敷设DN100生产消防环线。从环线引管径DN40支管,枝状分布,分供办公室、大门冲洗用水。楼层设施工及消防用竖管,隔层设消火栓,从竖管引DN32支管,加阀门,用软管引至施工作业面,供施工生产用水。

4. 排水

施工现场沿道路设排水沟,现场道路、材料堆场硬化,并向排水沟找坡,雨水、废水排到排水沟内。在大门处设冲洗水池,冲洗砼泵车。沉淀池定期清理。

5. 用水量计算

(1)现场施工用水量

$$q_1 = \frac{K_1 \times \sum Q_1 \times N_1 \times K_2}{T_1 \times t \times 8 \times 3\ 600}$$

式中:K_1——未预计的施工用水系数,取1.15;

Q_1——每日工程量,按浇筑混凝土400 m^3 考虑;

N_1——施工用水定额,取养护混凝土全部用水400 L/m^3;

K_2——用水不均衡系数,取1.5。

式中按照每台班工作计算:$T_1 = 1$,$t = 1$。

$$q_1 = \frac{1.15 \times 400 \times 400 \times 1.5}{8 \times 3\ 600} = 9.58\ \text{L/s}$$

(2)消防用水量

$$q_3 = 10\ \text{L/s}(\text{查表})$$

(3)总用水量

$$q_1 < q_3$$

所以

$$Q = q_3 = 10\ \text{L/s}$$

(4)上水管径选择

$$D = \sqrt{\frac{4Q}{\pi v \times 1\ 000}} = \sqrt{\frac{4 \times 10}{3.14 \times 2.5 \times 1\ 000}} = 71\ \text{mm}$$

根据计算得知,上水管直径 100 mm 能满足施工要求。

5.2.3 现场临时设施

1. 现场条件

施工现场三通一平,已初步具备进场条件。

2. 主出入口

根据施工现场条件,利用现有的通道作为 2 个主出入口。大门处设门卫室。所有进入施工现场的人员必须佩戴胸卡。

3. 场内道路

为了保证排入市政管线的水符合要求,现场内地面全部硬化处理,施工用水从集水坑中经沉淀后抽取,保证排入市政管线的水不带有泥沙。

4. 围墙

本工程围墙均采用某公司的标志围墙,进场后重新喷涂一新。

5. 厕所

厕所设在业主提供的临舍内,设水冲式厕所和浴室。厕所加设纱窗、纱门等防蝇。

6. 办公区

办公区设在业主提供的临舍内,内设空调、电脑、桌椅等办公设备。

7. 垃圾堆放区

在施工现场的出入口附近设垃圾堆放区,所有建筑垃圾集中堆放并定期外运。

8. 材料堆放区

材料堆放区主要有钢筋堆放及加工区、模板堆放区、木材房及木工房、钢管堆放区、机电材料堆放区、砂石堆料厂和水泥库等。

9. 现场绿化

施工现场将创造一切条件进行绿化。在现场种花、种草,创造一个良好的施工环境。

10. 工程介绍和规章规程牌

办公室、库房、操作场所、墙边、路边设置工程及相关各方介绍牌和各种安全制度、管理制度、规章制度、操作规程牌。

11. 标语标志

工地现场设置文明施工和安全标语、标志、警示牌，道路标志、场所标志、物料标志，连同上述工程介绍和规章制度牌，达到既实用又美观的目的，给人留下一种井井有条的印象，并使整个工地处于蓬勃向上的气氛之中。

12. 标志系统

所有工程介绍和规章制度牌、标语标志、办公系统将起用企业标志系统，另外所有直属管理和劳务、服务职工将统一服装、戴分类安全帽、佩戴标志牌；如业主同意，分包单位将根据总包公司的要求，使其所属职工佩戴项目部认可的单位和个人标志（胸卡），使现场人员易于识别，为管理提供方便。

5.3 现场机械布置

1. 结构施工期间布置

1）塔吊布置　基础与主体施工期间配置3台塔吊，其中一台为60 m臂长的H3/30C型塔吊，另外两台分别为50 m和40 m臂长的QT80A型塔吊。布置位置详见主体施工阶段总平面布置图（图1.6.2）。

2）砼泵布置　基础及主体施工期间配置2台HBT60砼泵。在砼泵旁设置一个洗浆池，洗浆池的水要经过沉淀后排入市政管线。洗浆池内的沉淀物要定期清理，防止下大雨时将沉渣冲入市政管线。水泥入库要防止淋雨结块。

基础、结构施工期间施工现场平面布置详见图1.6.1。

2. 装修施工期间布置

塔吊在结构封顶后拆除，然后安装5台龙门架，用于装修材料（如空心砖、砌筑砂浆、抹灰砂浆及物料）的垂直运输。拆除钢筋堆放加工区，然后本着运输距离最短的原则在不同施工段处分别设3台砂浆搅拌机配合搅拌砌筑砂浆和抹灰砂浆，具体位置见图1.6.3。主体施工完后，模板堆放区、钢管堆放区等场地空出，装饰材料如石材、地砖、墙砖、门窗等放置在该场地内管理。油漆等挥发性材料存放在库房内。

装修施工期间现场平面布置详见图1.6.3。

5.4 主要周转材料订货计划

根据本工程施工进度计划及施工方案安排，主要周转材料配置如下。

①柱墙模板采用覆膜竹胶板，配置1.5层面积所需的模板用量。

②顶板模板采用覆膜竹胶板，配置2层的所需模板用量。

③顶板支撑体系配置2层的所需模板用量。

④外脚手架采用双排全封闭脚手架。

各种材料用量如下：覆膜竹胶板20 000 m^2，钢制大模配置2个施工段、3 000 m^2，电梯井筒模4套，脚手管1 200 t，早拆头6 000套。具体见表1.5.3。

表1.5.3　主要周转材料用量

材料名称	数量	单位
覆膜竹胶板	20 000	m^2
脚手管	1 200	t
早拆头	6 000	套

5.5　大型机械选择

1. 塔吊

本工程选用40 m、50 m、60 m臂长的塔吊各一台。其参数如表1.5.4所示。

表1.5.4　选用塔吊相关参数

塔吊型号	臂长/m	最小吊重/t	数量/台
QT80A	40	2.5	1
QT80A	50	1.5	1
H3/30C	60	3.0	1

2. 混凝土泵

考虑到混凝土浇筑量大，本工程施工时选择3台混凝土泵，其中一台备用。根据以往的经验，选择HBT60混凝土泵可以满足本工程泵送混凝土的要求。

3. 混凝土搅拌机

本工程混凝土用量大，并且采用现场自拌，因此必须选择足够搅拌能力的搅拌机。本工程拟选用3台JS500强制式混凝土搅拌机，其中一台备用。

4. 砂浆搅拌机

装修期间，设3台砂浆搅拌机，配合砌筑砂浆、抹灰砂浆搅拌。

5. 龙门架

本工程在装修施工时，拆除塔吊，同时在不同的施工段安装5台龙门架，用于运输砌块、砂浆及各种装饰材料。

塔吊、龙门架、搅拌机和混凝土泵等大型设备供电均单独引线，专设配电箱，电缆采用

50 mm^2 五芯橡胶电缆线,敷设在电缆沟内,并在地面设置明显标志,以防施工时将电缆切断。塔吊、龙门架由专业安装队安装,安装完毕并经主管部门验收合格后方可投入使用。大型机械进出场时间安排见表1.5.5。

表1.5.5 大型机械进出场时间安排

大型机械	型号	数量	进场时间	出场时间	主要用途
塔吊	H3/30C、QT80A	3	2005年3月5~10日	2005年5月1~5日	主体结构施工
混凝土泵	HBT60	3	2005年2月16日	2005年5月1日	基础、主体砼浇筑
混凝土搅拌机	JS500强制式	3	2005年2月16日	2005年5月1日	基础、主体砼浇筑
砂浆搅拌机	JS350	3	2005年4月30日	2005年7月15日	砌筑、装饰施工
龙门架	GJ-1	5	2005年4月25日	2005年7月5日	砌筑、装饰施工

六、施工总平面布置

6.1 施工总平面布置依据

①招标文件有关要求及《项目所在地区建设工程文明施工标准》。
②总平面图、招标文件中的相关资料及要求。
③总进度计划及施工资源供应计划。
④施工部署和主要施工方案。
⑤安全文明施工及环境保护的要求。

6.2 施工总平面布置原则

①最大限度地减少场内运输,特别是减少场内二次搬运。
②在平面交通上,尽量避免与土建、装饰等单位相互干扰。
③符合施工现场卫生及安全技术要求和防火规范。
④在满足施工需要和文明施工的前提下,尽可能减少临时设施投入。

6.3 施工总平面布置内容

①基础阶段施工总平面布置(图1.6.1)。
②主体阶段施工总平面布置(图1.6.2)。
③装饰阶段施工总平面布置(图1.6.3)。

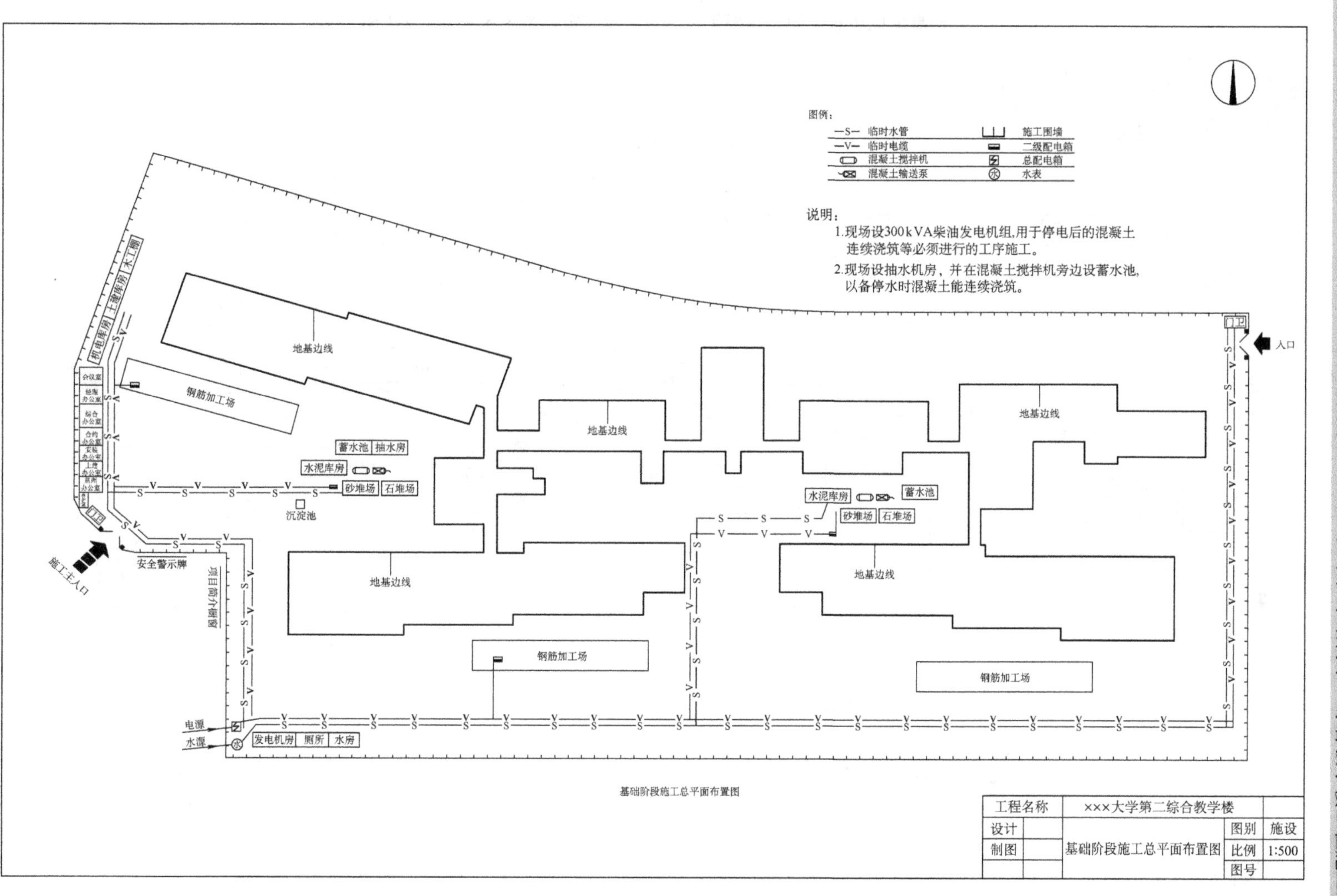

图1.6.1 ×××大学第二综合教学楼基础阶段施工总平面布置图

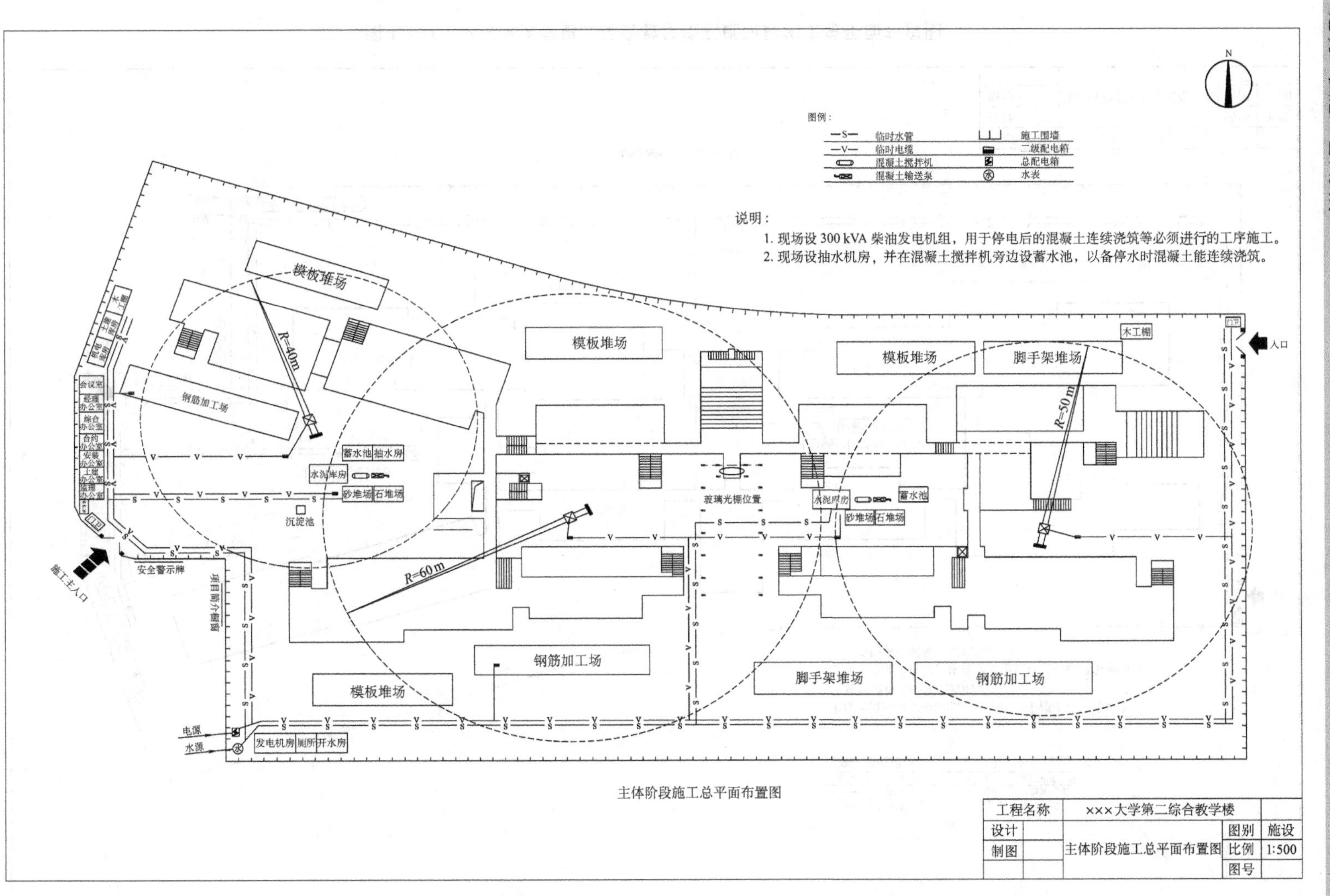

图 1.6.2　×××大学第二综合教学楼主体阶段施工总平面布置图

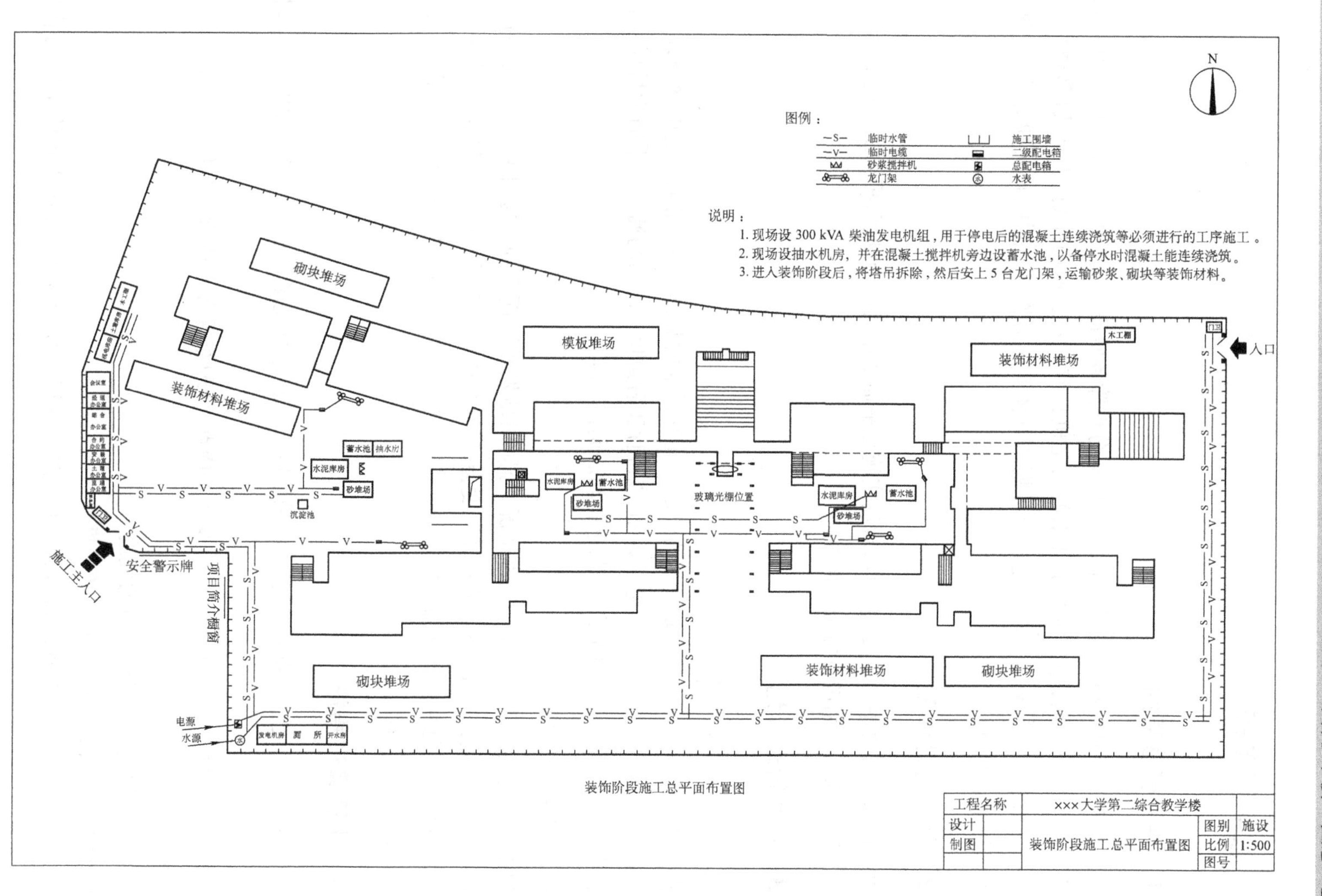

图 1.6.3 ×××大学第二综合教学楼装饰阶段施工总平面布置图

6.4 总平面管理

6.4.1 平面管理原则

平面管理的原则是根据施工总平面设计,充分保障各阶段的施工重点,保证进度计划的顺利实施。在工程施工前,办公室制定详细的大型机具使用及进退场计划,主材及周转材料生产、加工、堆放和运输计划。同时制定以上计划的具体实施方案,严格执行,奖罚分明,实现施工平面的科学、文明管理。

6.4.2 平面管理体系

由工程部负责总平面的使用管理,现场实施总平面使用调度会制度,根据工程进度及施工需要对局部平面的使用进行协调与调整。

6.4.3 平面管理计划

1. 平面管理计划的制定

施工平面科学管理的关键是科学的规划和周密详细的具体计划,在工程进度网络计划基础上形成主材、机械、劳动力的进退场计划,以确保工程进度,充分、均衡地以平面为目标,制定出符合实际情况的平面管理实施计划,进行动态调控管理。

2. 平面管理计划的实施

根据工程进度计划的实施与调整情况,分阶段地发布平面管理实施计划,包含时间计划表、责任人。在计划执行中,不定期召开调度会,经充分协调研究后发布计划调整书,确保平面管理计划的实施。总平面计划制定好后,各单位和各分包商必须按照总平面计划实施,不经允许,不得随意调整位置。

6.4.4 平面管理措施

根据施工现场及工程施工进度计划,采取以下措施进行现场所需构件总平面的管理和控制。

①根据不同的施工阶段、施工内容及施工特点,合理布置各专业所需构件的预制场,减少二次搬运。

②抓好已领主材和已到设备的堆放。

③对工程废料进行及时清理,统一堆放。

④每周进行一次场地管理检查,以评分方式进行现场管理评审,强化各施工队的管理意识。

七、施工段划分与施工程序

7.1 施工流水段划分

本工程建筑面积大、建筑高度低，因此单层建筑面积很大，而且工期紧张。所以施工段的划分对保证工期起着至关重要的作用。根据本工程以上特点及建筑平面形状，在施工时将建筑平面划分为11个施工段组织流水施工，详见7.4节。在这11个施工段按以下方式组织施工。

组织5个施工队在不同的施工段上同时施工，同时每个施工队在2~3个施工段上流水施工。具体安排如下：第一施工队在Ⅰ、Ⅱ施工段上组织流水施工；第二施工队在Ⅲ、Ⅳ施工段上组织流水施工；第三施工队在Ⅴ、Ⅵ施工段上组织流水施工；第四施工队在Ⅶ、Ⅷ、Ⅸ施工段上组织流水施工；第五施工队在Ⅹ、Ⅺ施工段上组织流水施工。

7.2 工程总体施工程序

工程总体施工程序见图1.7.1。

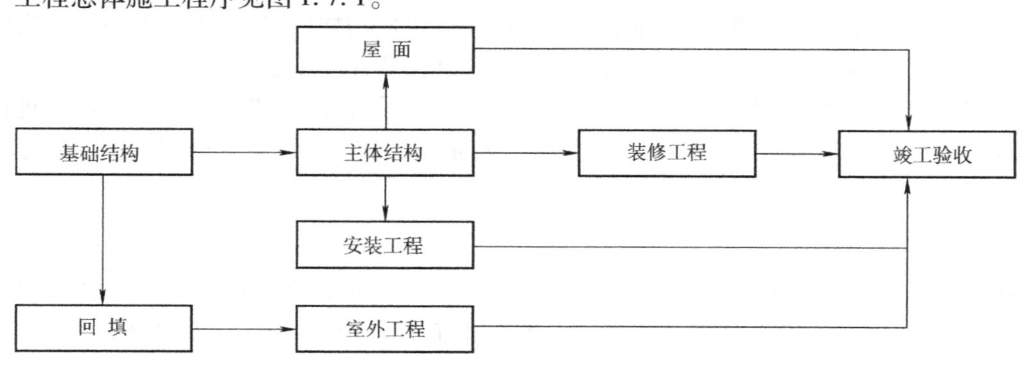

图1.7.1 工程总体施工程序

7.3 主要分部工程施工程序

7.3.1 基础阶段施工程序

基础阶段施工程序：桩基（独立柱基）开挖→钎探、清渣→垫层浇筑→砖胎模砌筑→基础钢筋制作→基础钢筋绑扎→基础混凝土浇筑→基础混凝土养护。

7.3.2 主体阶段施工程序

主体阶段施工程序:外架搭设→平台放线→柱、墙钢筋绑扎→柱、墙支模→柱、墙混凝土浇筑→柱、墙混凝土养护→内架搭设→梁、板模板支设→梁、板钢筋绑扎→梁、板混凝土浇筑→梁、板混凝土养护。

7.3.3 装修阶段施工程序

装修阶段施工程序:抹灰→楼地面→门、窗框安装→门、窗框抹灰收口→外门、窗安装→外装修→木作业→刮腻子→油漆、涂料。

7.4 施工流水步距、流水节拍

混凝土结构由5个土建施工队施工。按照7.1节安排的方式进行组织,每个队的各分项施工分别再安排两个组,这样就可以采用两班制的方式实现昼夜施工。施工段的划分见图1.7.2。

1. 基础施工

基础土石方开挖采用全面展开的方法进行施工,但是重点突破Ⅰ、Ⅲ、Ⅴ、Ⅶ、Ⅺ施工段,以满足后续工程的提前插入。

2. 主体施工

在基础开挖完毕后,先进行Ⅰ、Ⅲ、Ⅴ、Ⅶ、Ⅸ、Ⅺ施工段的柱(或墙)钢筋的绑扎,模板的支设、校正、固定,混凝土浇筑;柱作业组随即转入第Ⅱ、Ⅳ、Ⅵ、Ⅷ、Ⅹ施工段施工,此时梁、板施工作业队插入搭设满堂脚手架施工,支设梁、板模,绑扎梁、板钢筋,梁、板模板校正、固定,进行钢筋隐蔽质量检查验收,梁、板混凝土浇筑;随后进入Ⅱ、Ⅳ、Ⅵ、Ⅷ、Ⅹ施工段施工。以此方式流水施工。

3. 装饰施工

在结构施工至4层时,主体即将封顶,因此一层钢管模板已经基本拆除,这时插入地面回填、浇筑垫层、砌筑等工序。当砌体工程施工至3层时,插入内墙抹灰、楼地面施工。装饰施工实行立体交叉作业。

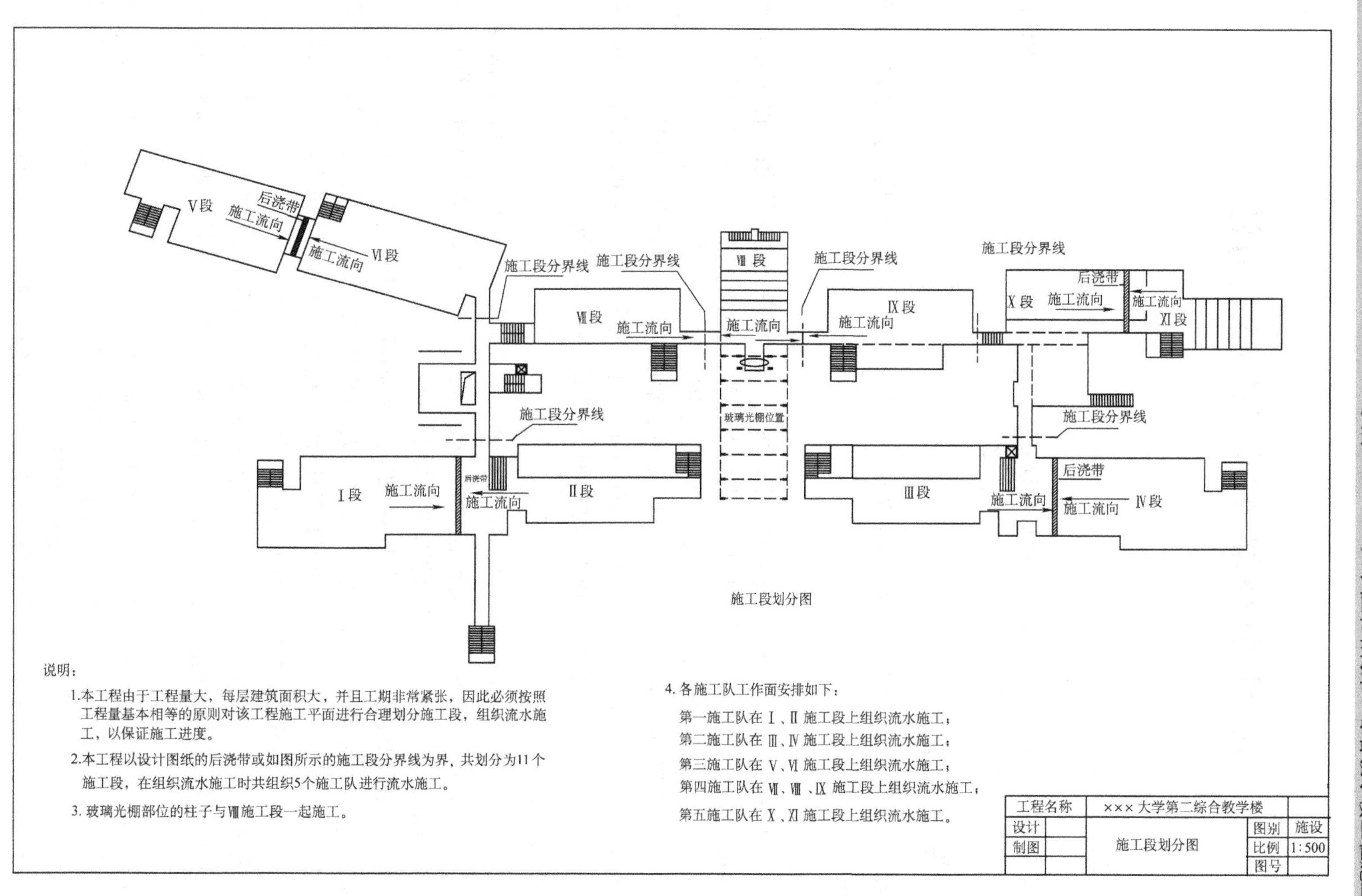

Ⅴ段
后浇带
施工流向
Ⅵ段
施工段分界线
Ⅶ段
Ⅷ段
Ⅸ段
Ⅹ段
Ⅺ段
玻璃光棚位置
Ⅰ段
Ⅱ段
Ⅲ段
Ⅳ段
施工段划分图
说明：
1.本工程由于工程量大，每层建筑面积大，并且工期非常紧张，因此必须按照工程量基本相等的原则对该工程施工平面进行合理划分施工段，组织流水施工，以保证施工进度。
2.本工程以设计图纸的后浇带或如图所示的施工段分界线为界，共划分为11个施工段，在组织流水施工时共组织5个施工队进行流水施工。
3.玻璃光棚部位的柱子与Ⅷ施工段一起施工。
4.各施工队工作面安排如下：
第一施工队在Ⅰ、Ⅱ施工段上组织流水施工；
第二施工队在Ⅲ、Ⅳ施工段上组织流水施工；
第三施工队在Ⅴ、Ⅵ施工段上组织流水施工；
第四施工队在Ⅶ、Ⅷ、Ⅸ施工段上组织流水施工；
第五施工队在Ⅹ、Ⅺ施工段上组织流水施工。
工程名称
×××大学第二综合教学楼
设计
制图
施工段划分图
图别
施设
比例
1:500
图号

图1.7.2　施工段划分图

八、主要分部分项工程施工方法

8.1 施工测量

本工程场区占地面积大，建筑物平面形状较复杂，基础形式为人工挖孔桩（墩）基础或柱下独立基础，因此测量放线是本工程施工的重点之一。

8.1.1 控制网布设

根据工程场区特征，建立由平面控制网和高程控制网组成的立体控制网，为有效定位工程的每个构件创造条件。

1. 施工测量准备

所有进入现场的测量器具均经过周期检定合格；与业主办理交接点手续；工程开工前，检查场区水准位桩、红线桩和水准点；对测量人进行技术培训交底；编制测控平面布置图。

用全站仪对施工测量方案点进行全面复查，测角中误差 ±5′，边长相对中误差 1/40 000；进行角度、距离复测，并将复测点位误差成果同调整方案报业主、监理批准后方可开工。

施工现场的测量工作全部由专职测量工程师负责，并上报阶段测量成果，以保证整体工程施工准确。放线采用轴线交会法和极坐标法两种，放样出主轴线的位置。

2. 平面控制网

根据规范要求，建筑物墙、柱的允许偏差为 8 mm。所以取 8 mm 作为建筑物的控制误差，即 $m=8$ mm。此误差一般包含两部分：施工误差 $m_{施}$ 和测量误差 $m_{测}$。其中测量误差 $m_{测}$ 又包含控制网的测设误差 $m_{控}$ 和施工过程中的放样误差 $m_{放}$。

因为施工区面积大，根据业主在施工区提供的各平面及高程控制点，为保证控制网使用的便利，控制轴线间距为 50 m 左右。由于施工区太大，对建筑物的测量控制采用外控法，即控制点布设在建筑物的外部，网点的布设以不妨碍日后的工程施工为前提，尽量布设于施工过程中能相互通视的地方。整个平面控制网的布设分为两步。

①根据施工的顺序和方法在平面图上确定出控制点的大致位置，用图解法得到其点位坐标，根据甲方提供的初始控制点，利用全站仪在现场测设出其位置，埋好控制桩（如图 1.8.1 所示）。

②用全站仪观测各点的距离、方向，进行平差，得到各控制点的平差坐标和点位精度，如果控制网的精度不能满足施工需求，则必须增加观测数据的测回数，提高观测精度，重新平差，直至满足要求为止，并以此作为工程施工的定位依据。

在施工过程中，由于控制点不可避免地要受到一些因素的影响而可能受到损坏，故需在施

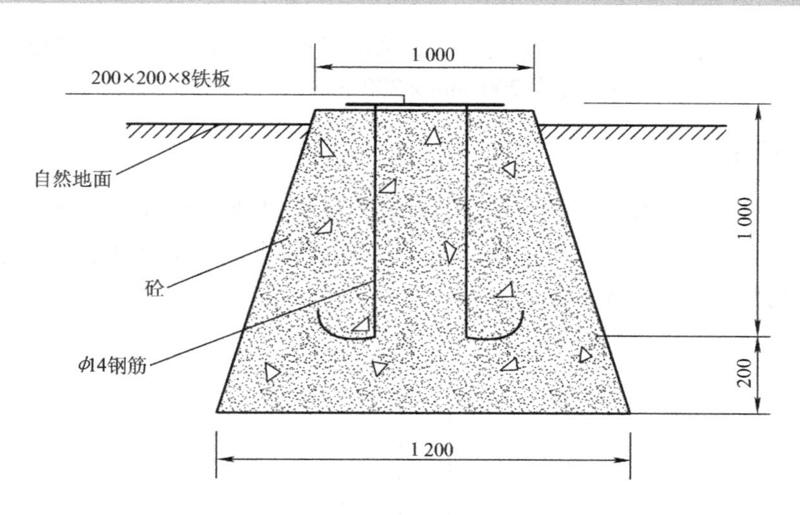

图 1.8.1　控制桩结构图

工过程中对一些重要而易损坏的基准点进行拴桩保护。万一基准点有所损坏，可通过拴桩点迅速恢复。拴桩点也可采用基准点的结构形式或用红油漆在一些永久建筑物上做红三角标记，如图 1.8.2 所示。

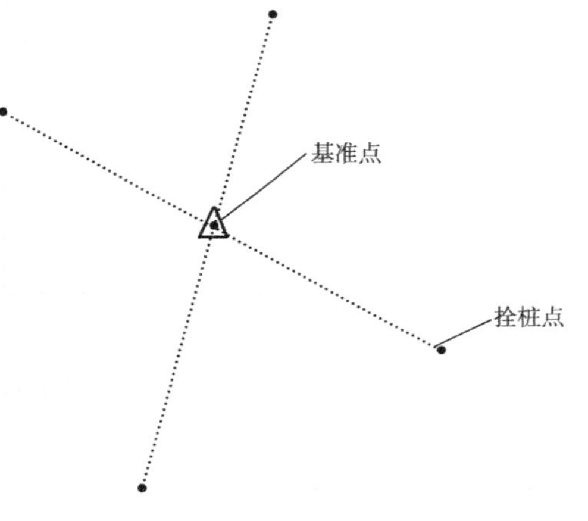

图 1.8.2　拴桩示意图

3. 高程控制网布设

为保证施工顺利进行，除了建立平面控制网，还要建立高程控制网。为达到精度要求，水准网布设成闭合网。为施工方便，在基点的基础上设立若干施工水准点。基点是永久性的，既要满足施工要求，又要供观测变形时永久使用。而施工水准点仅用于施工阶段，应尽量靠近施工点。每 100 m 布设一点，组成一水准网（水准点尽量附在平面控制网中）。按规范，采用三等水准测量施测，通过平差得到各水准点的高程平差值。

8.1.2　细部放样

土石方工程完工后，需要放线确定柱位置，对于细部放样，采用全站仪用极坐标放样法进行。由于一般情况下，桩顶的标高比较低，如果仪器直接架在控制点上，就可能看不到放样点，所以一般要在坑边测一转点（采用测回法进行，需要比放样的精度提高一级）。为保证测量的准确性，不允许采用连续转点的方式进行，以防止误差累积。所有的转点只能从控制点转测一次。

8.1.3　轴线的传递

根据施工的工艺和方法，建筑轴线的传递采用全站仪或铅垂仪进行，对同一个施工流水段，至少传递三个控制点，以作相互检核用。如采用铅垂仪进行，需要在上层板混凝土浇筑前，在相应的位置预留孔洞，孔洞一般为 200 mm×200 mm。

8.1.4 标高控制

在施工过程中，常用水准仪来控制建筑物钢筋、模板、混凝土的标高。当首层完成后，还需要将高程传递到上层，这时需用钢尺、水准仪配合施测，每个流水作业段至少传递 3 点，以作相互检核用。标高测量如图 1.8.3 所示。

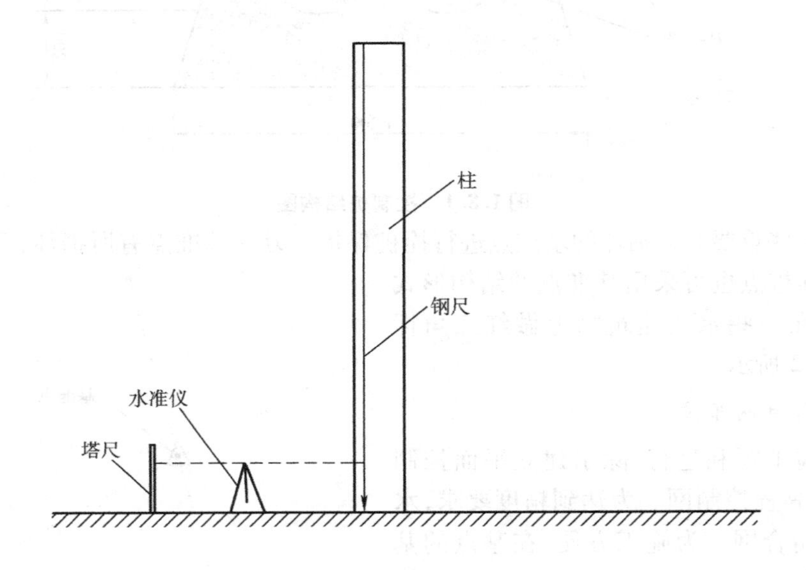

图 1.8.3 标高测量图

8.1.5 沉降观测方案

①沉降观测点的设置：沿建筑物四周设置角点，观测点设在一层 ±0.000 m 标高处。沉降观测点在柱砼浇筑时预先埋设，用长 22 mm 的圆钢，在一端焊一铆钉头，另一端埋入墙内，用 1∶2的水泥砂浆填实，并用红油漆编号。

②沉降观测按国家一等精密水准测量方法进行闭合观测，首层框架柱拆模后首次测设观测点的高程，并进行详细记录；结构施工期间，每完成一层观测一次；装修阶段每月观测一次，观测记录交设计部门一份，并通知结构专业设计者。

③为保证沉降观测的准确性，尽量做到观测人员、测量工具、沉降水准点、观测方法与路线"四固定"。根据《地基基础施工规范》中的规定确定沉降观测的时间和次数，基础做好之后观测一次，地上部分每两层观测一次，主体竣工后每月观测一次，并做好每次的观测记录。必要时委托具有国家资格证书的测绘院，按照上述方案来完成此工作。

④采用电算处理观测数据，PC—1500 或 E500 电子手簿记录载体为随机自带。观测成果包括沉降成果表、时间、沉降曲线图，并应及时向业主、设计方、监理方反馈测量成果。

8.2 结构工程施工程序

8.2.1 基础结构施工程序

基础结构施工程序见图 1.8.4。

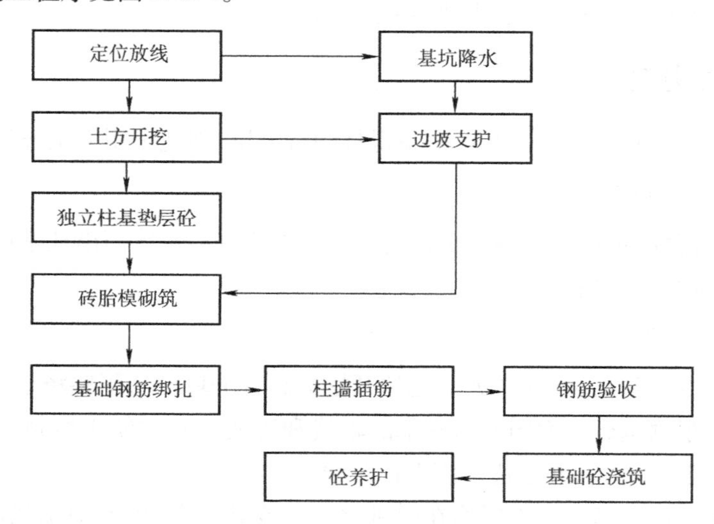

图 1.8.4 基础结构施工程序

8.2.2 主体结构施工程序

主体结构施工程序见图 1.8.5。

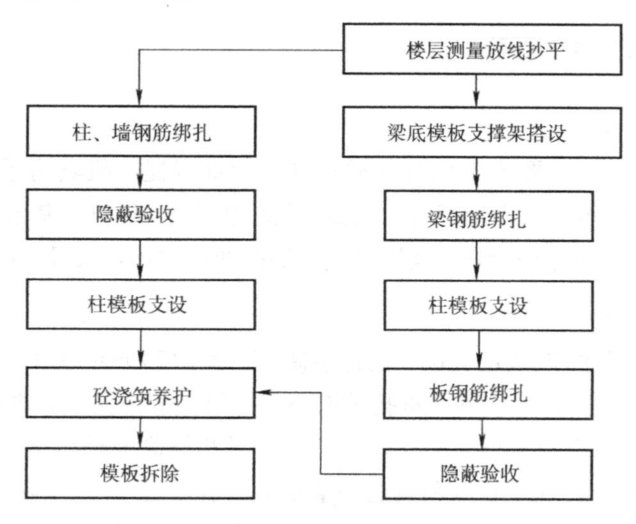

图 1.8.5 主体结构施工程序

8.3 地基基础工程

本项目基础土石方工程主要包括人工挖孔桩(墩)基础或柱下独立基础土石方开挖。

本项目桩基础(墩)的桩端支撑于中风化泥岩或砂岩上,持力层必须进行原位平板载荷试验,要求持力层地基承载力特征值不小于 2 200 kPa。在地质条件允许的情况下,采用天然地基柱下独立基础,因此本方案按照这两种类型的基础编写。

8.3.1 柱下独立基础

土石方开挖只针对独立柱基。开挖时不得扰动持力层,因此采用人工开挖。

1. 开挖操作工艺流程

开挖操作工艺流程:定位放线→确定开挖顺序及坡度→沿灰线切出柱基坑、槽边轮廓线→分层开挖→修整坑槽边→清底。

2. 柱坑开挖施工方法

①在平基土石方至基础顶标高(或一定的开挖标高)的基础上,平整场地,便于定位放线。

②定位放线。根据基础平面图放出柱基的轴线和边线。并在便于控制、易保护的位置设置纵横轴线桩(引桩)和标桩,并沿边线洒上白灰线。

③坡度的确定。由于基础持力层均在中风化泥岩或砂岩上,因此地基强度高、变形小,是连续整体的岩石类土,属于较好的地基情况,不会出现坍塌事故,因此基槽可不放坡,不加支撑。只在基坑周边土质松散部位加设防护支撑,以防塌方事故。

④开挖柱坑,应先沿灰线直边切出槽边的轮廓线。

⑤分层开挖条形柱基的槽坑。

8.3.2 人工挖孔桩(墩)基础

1. 土石方开挖准备

土石方开挖准备包括主要施工机具和材料准备。垂直提升机具为手动辘轳配提升钢管架、尼龙绳、吊桶。挖桩用工具为钢钎、铁锹、镐、手锤、钢楔子、风机。其他还有钢筋加工机具、支护模板、支撑、电焊机、吊挂式爬梯、鼓风机、送风管、便携式污水泵及 36 V 低压行灯等。

2. 挖桩的主要施工工序

挖桩的主要施工工序:放线定桩位→砌桩顶砖砌护圈(120 mm 厚、120 mm 高页岩砖砌体,1:3 水泥砂浆抹灰)→桩位控制线移至桩孔护圈→开挖第一节桩孔土石方(1.2 m 深)→井架、葫芦、潜水泵、鼓风机、照明灯等就位→在护圈上二次投测标高及桩位十字线→第二节桩身挖土→清理桩孔四壁,校核桩孔垂直度和直径→重复第二节开挖,循环作业直至设计的持力基岩(取样试验)→扩桩底→验收桩孔直径、深度,复核持力层地质强度→清理虚土,排除积水→

搭设桩孔上方绑扎钢筋笼用脚手架→绑扎钢筋笼→吊放钢筋笼就位→清理桩底、浇筑桩身砼→试桩检验。

3. 挖孔桩主要施工方法

挖孔桩施工以结施图纸要求、《建筑桩基技术规范》(JGJ 94—94)及《混凝土结构工程施工质量验收规范》(GB 50204—2002)为技术标准。

4. 钢筋笼制作及砼浇筑

①在桩孔上方搭设钢管脚手架,高度为桩孔深度,并在脚手架上绑扎钢筋笼。绑扎时先将所需加劲箍放在钢管支架上,再将主筋与加劲箍点焊牢固,然后绑扎桩螺旋箍,最后将螺旋箍、加劲箍与主筋绑扎牢固。螺旋筋(直径 8 mm、直径 10 mm)采用特制轱辘人工卷制,加强环箍(直径 16 mm)采用特制圆钢人工卷制,为保证钢筋笼不扭曲变形,加劲箍内加十字形支撑与加劲箍焊接。

②桩身主筋通长设置,超长的桩位则单面搭接进行电弧焊,搭接长度 $10d$(d 为钢筋直径),焊条采用 J506。钢筋笼同一截面,主筋接头不超过 50%,相邻主筋接头截面的距离应大于 $35d$。钢筋笼制作允许偏差为:主筋间距 ±10 mm,螺旋筋间距 ±20 mm,钢筋笼直径 ±10 mm。

③钢筋笼定位。为保证钢筋笼在浇筑混凝土时不变形、偏位,钢筋笼放入井内后,根据桩孔四周的定位中线,在每个加劲箍位置对称选取四边焊接钢筋定位环,将钢筋笼固定牢固。固定方法采用在顶部主筋上现场焊接直径 10 mm 的定位架。焊接过程中顶部必须有人扶住钢筋笼,施焊人员必须注意操作安全,避免发生意外坠落事故。

④混凝土浇筑。为了便于预留上部插筋和地基梁穿筋,桩基础混凝土第一次浇筑至基础梁底标高以下 500 mm 处时,该部位按施工缝处理,然后安装柱子插筋和地梁钢筋,上面的混凝土与基础梁一起浇筑。

5. 桩基施工的安全措施

①挖孔桩施工过程中,若孔内需要照明,采用 100 W 防水带罩灯泡,电压为 36 V 安全低压,用防水绝缘电缆引下,灯具必须安装漏电保护装置。孔深超过 10 m 及在桩芯砼施工中,采用地面向孔内送风方式,以保证作业面通风良好。桩孔较深时,孔中与孔底采用对讲机、电铃等进行联系。

②孔内如出现塌方、垮方,要立即提出处理意见和措施,并进行处理。

③弃土出地面后立即运至堆土场,弃土、杂物等的堆放位置距离孔口边不得小于 1.5 m。

④地下水位较高时采用井点降水后再开挖,局部桩孔积水时,可在孔内设置集水井,用抽水机抽出。

⑤设置安全栏杆。从桩孔开挖至浇筑混凝土前,停止施工时,孔口用活盖板盖好,孔周围用钢管设置安全栏杆,高度为 1 200 mm,以防工人、渣土下坠。

⑥设置安全绳、钢爬梯。每孔设置安全绳及安全爬梯,人员上下应系安全绳;钢爬梯应分节制作成活动型的,可任意取下和连接,但必须连接稳固和有足够的刚度。在浇筑孔口平台时

预埋锚环,以固定爬梯。

⑦使用潜水泵抽水时,严禁有人在孔内作业,井上、井下操作人员必须戴安全帽;夜间施工必须挂红灯以示意绕行;地面应有足够的照明,并悬挂安全标志牌。挖孔桩施工防护措施布置如图 1. 8. 6 所示。

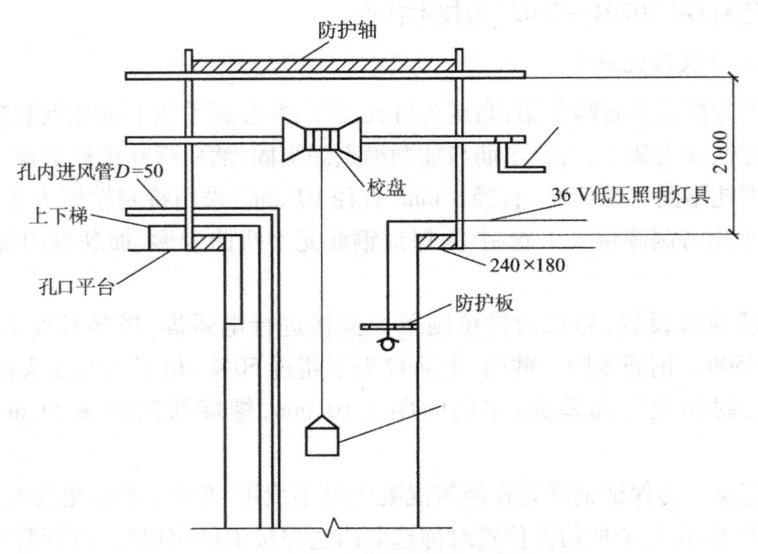

图 1. 8. 6 挖孔桩施工防护措施布置图

6. 桩基施工要点及质量控制

①挖土次序:先挖中间部分,后挖周边部分。

②桩孔开挖到有地下水的部位时,应先挖集水井,每个有水的桩孔设一台污水泵,及时抽出桩孔内积水。

③钢筋吊放时要对准孔位,扶稳、慢放,避免碰撞孔壁,钢筋下部不得直接顶住基岩,用 50 mm厚的垫块垫在钢筋底部,到位后应立即固定,并尽快浇筑砼。

④砼灌注充盈系数(实际灌注砼体积与按设计桩身直径计算体积之比)必须大于 1,若出现小于或等于 1 的情况,应立即会同设计、勘察、建设、监理单位分析原因,确定补救措施。

⑤每根桩的砼灌注应连续进行。

⑥每根桩应有一组混凝土试块,每组 3 件。灌注结束后应设专人做好记录。

⑦设立专职质检员,对施工的每个工序进行检验,上一道工序不符合要求,下一工序严禁施工,以免存留隐患。

⑧桩孔应加强安全管理,严禁物体掉落桩孔内。孔周围禁止堆重物,并随时查看桩孔附近地面有无开裂现象。

⑨超长桩孔应设置鼓风机向下送风。

⑩桩混凝土浇筑完毕,7 天以后进行低应变动力检测,检测成孔质量、桩身完整性、混凝土强度、承载力等项目,检测合格后方可进行下道工序施工。

⑪桩基施工完毕后，填写相关隐蔽验收记录（表 1.8.1）。

表 1.8.1　相关隐蔽验收记录

人工挖孔桩质量标准控制表

项目	序号	检查项目	允许偏差		检查方法
			单位	数值	
主控项目	1	桩位	mm	50	开挖前量井圈护筒，开挖后量桩中心
	2	孔深	mm	+300	只深不浅，用重锤测，必须确保进入中风化泥（砂）岩深度
一般项目	1	垂直度	%	<0.5	用垂球
	2	桩径	mm	+50	用钢尺量
	3	钢筋笼安装深度	mm	±100	用钢尺量
	4	混凝土灌注充盈系数	>1		检查每根桩的实际灌注量
	5	桩顶标高	mm	+30 -50	水准仪，需扣除桩顶浮浆层及劣质桩体

注：桩体质量、混凝土强度、承载力等主控项目按基桩检测技术规范、设计要求留置试块，钻芯取样，达到控制质量的目的（执行规范 GB 50202—2002）。

桩基础钢筋笼质量检验标准

项目	序号	检查项目	允许偏差/mm	检查方法
主控项目	1	主筋间距	±10	用钢尺量
	2	长度	±100	用钢尺量
一般项目	1	箍筋间距	±20	用钢尺量
	2	直径	±10	用钢尺量

8.3.3　土方回填

本工程在进行地面施工前，必须对地面基层进行回填整平。经监理验收符合要求后开始回填。回填土的质量取决于土的分层厚度、含水率、夯实遍数三要素。施工时应从这三方面加强控制。

回填土应每填完一层，按回填土取样平面图及时取土样试验。土样组数、试验数据等应符合规范规定。

8.4　混凝土结构工程

本工程结构为混凝土框架结构，本节从模板、脚手架、钢筋、混凝土四个分项工程阐述混凝土结构的施工工艺及质量保证。

8.4.1 模板工程

1. 模板施工工艺

在模板施工过程中，应遵循技术先进、工艺成熟、质量可靠、操作简便的原则，且要达到成型混凝土外观质量好的目的。根据本工程的具体情况，支架选用轮扣式脚手架；模板根据不同的部位选用砖胎模、10 mm 厚的竹胶板。但各种形式的模板施工均要遵循图 1.8.7 所示的工艺流程。

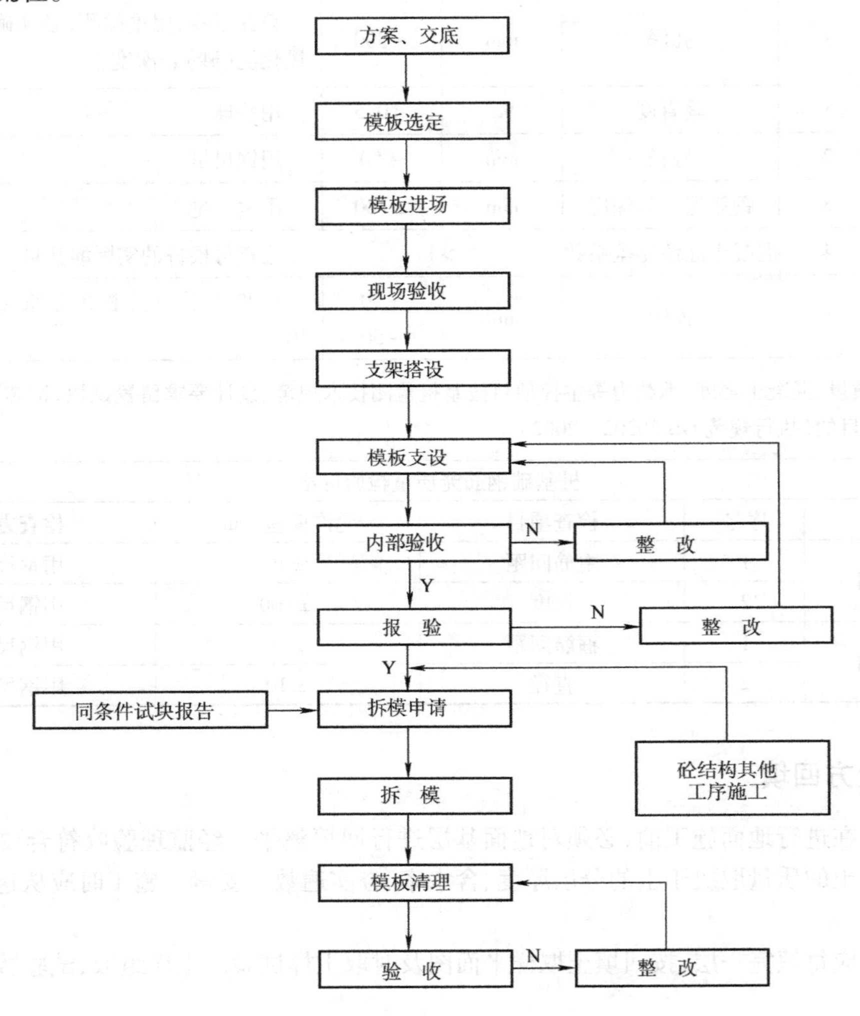

图 1.8.7　模板施工工艺流程

2. 模板体系选择

本工程为现浇钢筋混凝土框架结构，模板工程是影响工程质量的关键因素。某单位充分发挥在模板工程上的优势，高标准、严要求地利用最先进、最合理的模板体系、支撑体系和施工方法，确保工程质量，使混凝土的外形尺寸、外观质量都达到清水混凝土免抹灰要求，满足工程质量的要求。模板、支架方案选择见表1.8.2。

表1.8.2　模板、支架方案

序号	使用部位	模板形式
1	地梁	240 mm 厚砖胎模
2	柱	10 mm 厚覆膜竹胶板制成定型模板
3	梁、楼板	10 mm 厚覆膜竹胶板制成钢木大模板
4	楼梯模板	10 mm 厚覆膜竹胶板
5	后浇带	10 mm 厚覆膜竹胶板

3. 作业条件准备

(1)钢筋工程检查与报验

钢筋(包括楼梯栏杆预埋件、阳台及凸窗侧板的后浇插筋和护栏预埋件、外墙装饰墙后浇预留插筋、后砌墙的拉结固定预埋件)绑扎完毕，经过自检、专检后，填写钢筋隐蔽工程检查记录表和分部分项工程检验批报验表，上报监理验收并签字。

(2)安装工程检查与报验

在墙体封模或板浇筑砼前，电气、给排水等各施工队应认真对照图纸，对所施工的预留预埋件和各类预留洞的尺寸、位置进行复核，复核无误后，报项目部专检，填写隐蔽工程检查记录表和分部分项工程检验批报验表，上报监理验收并签字。

(3)楼层放线检查与报验

墙体砼浇筑前，在墙体暗柱甩筋上弹放标高控制线，并认真核对图纸，反复复核后填写楼层放线记录表，上报监理验收并签字。

以上工序交接实行工种会签制度，当上一工序完成后，在砼施工会签单上签字认可后交给下一工序。

4. 模板设计

模板设计主要包括模板选型、选材、配板、荷载设计等。模板设计时应充分考虑工程的具体情况和施工条件，要求做到实用性、安全性和经济性。

(1)地梁模板

本工程地梁砼垫层施工完成后，外模砌240 mm厚的砖胎模，高出混凝土面50 mm，用混合砂浆砌筑，内壁水泥砂浆抹平压光。垫层砼表面抹平压光，在未浇筑地梁砼前，砖胎模外回填土夯实，以防止跑模。

(2)柱模板

柱模板面层采用10 mm厚覆膜竹胶板，外侧用5根50 mm×100 mm木枋作龙骨均分，外侧加2根直径48 mm的钢管，间距不大于600 mm，用直径12 mm的“7”字钩头螺栓与钢管梅花形连接(木枋上打孔)。

柱模板校正及加固：沿边跨竖向设直径48 mm的水平钢管，间距750 mm，钢管一端与梁上直径 48 mm 的水平钢管要锁牢。在内侧模板处加直径 48 mm 的钢管斜支撑,按 45°与上侧钢管锁牢。为加强该部位的水平推力,同时对该部架子进行加强,沿上钢管接头处向下设一根 45°斜支撑,形成一桁架,以减少钢管变形。

(3)梁柱节点模板

梁柱节点模板就是在柱的第一次砼浇筑完成后,第二次安装的柱上部与梁、顶板交会处的模板。梁柱节点模板的高度要达到顶板底部。梁柱节点模板每套由 4 块组成,如没有梁的位置为一块面板,有梁的位置则在面板相应的位置上开一洞口。具体尺寸依不同梁的规格而定。在第一次支模、浇筑砼、拆模后,第二次安装梁柱节点模板至楼板底。

梁柱节点模板设计:梁柱节点模板每套共配制 4 块单片模板,采用 10 mm 厚双面覆膜竹胶板,同梁模板一起支设、固定。柱与梁相交的位置,在有梁一侧梁柱节点模板上开口,开口宽度为梁宽加 2 倍覆膜竹胶板厚(10 × 2 = 20 mm),开口高度为梁高减顶板厚再加覆膜竹胶板厚(10 mm)。支模时,梁柱节点模板压梁模板(将梁的侧模及梁底模板伸入梁柱节点模板预留开口处),接缝贴海绵条或胶带(如图 1.8.8 所示)。

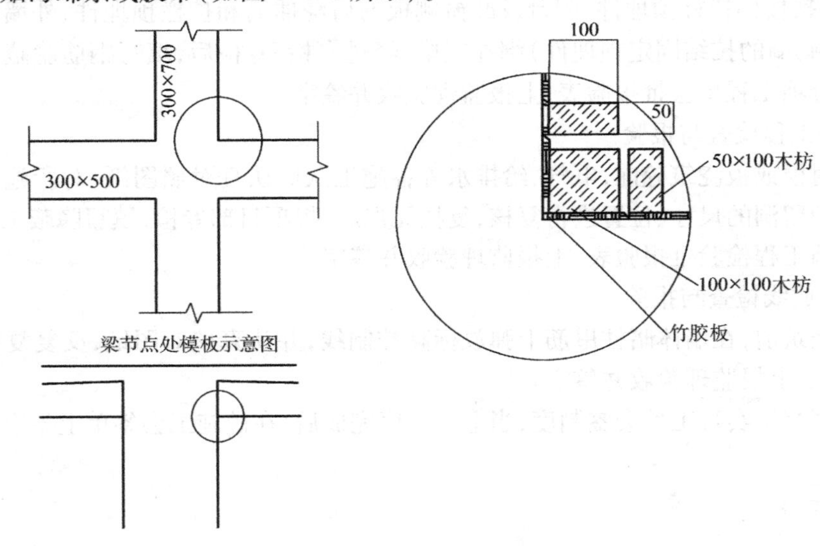

图 1.8.8 梁柱模板节点示意图

(4)顶板模板设计

1)模板选型　顶板模板采用 1 220 mm × 2 440 mm × 10 mm 高强双面覆膜竹胶板,其板面光洁,硬度好,周转次数较高,混凝土成型后表面平整度较好、表面光洁度高。采用钢管满堂脚手架支撑体系,该支撑体系具有多功能、效率高、承载力大、安装可靠、便于管理等特点。

2)模板配板　顶板模板根据房间实际尺寸及竹胶板尺寸确定铺设方向,以模板裁锯量最小为宜。竹胶板铺设在 50 mm × 100 mm 木托梁上,木托梁间距不大于 300 mm,沿竹胶板长边方向铺设。注意沿墙四周必须铺设木托梁(俗称“套框”),“套框”内侧贴海绵条,然后严格按已经弹好的标高线铺设,保证标高准确,最后通过满堂脚手架顶紧。竹胶板边缘也必须铺设木托梁,竹胶板用钉子钉在木托梁上,注意保证 4 块竹胶板边角相拼时没有错台。顶板模板铺好后弹放钢筋档位线、隔墙板线,保证钢筋及楼板预留、预埋位置正确。顶板模板和墙体接缝处理见图 1.8.9。

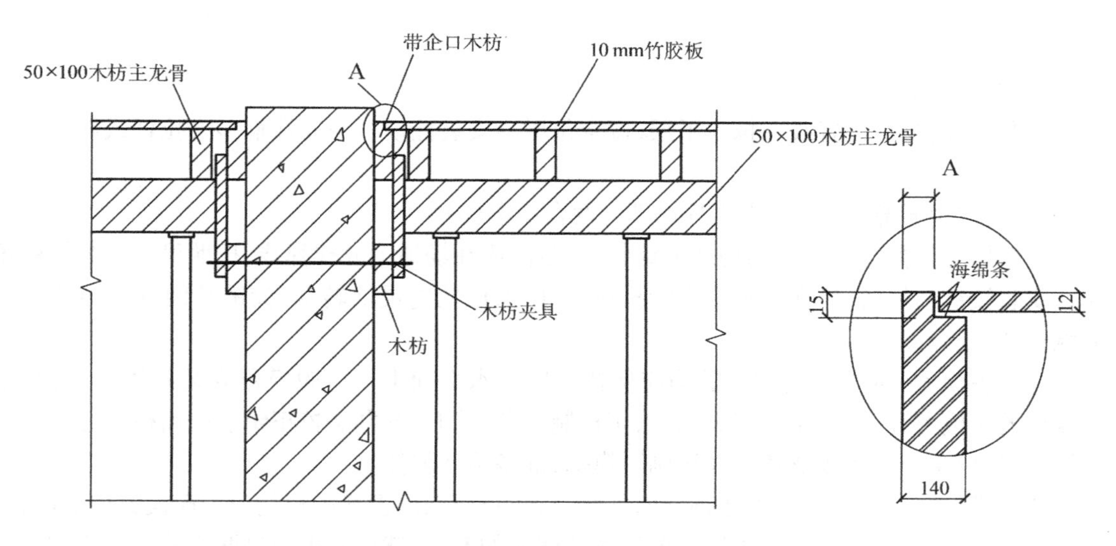

图 1.8.9 顶板模板和墙体接缝处理示意图

3)模板支撑 顶板模板采用满堂脚手架支撑,脚手架立杆高度为 2.8 ~3.05 m,纵横间距不大于 1 200 mm,横杆间距按实际情况取 1 200 ~1 500 mm,立杆下部必须垫设 50 mm ×100 mm 木枋,并架设扫地杆。满堂脚手架搭好后,根据板底标高铺设木托梁,间距不大于 300 mm,然后铺放板模。

4)模板起拱 梁、顶板模板按规范规定起拱。两端支撑的梁或楼板长度大于 4 m 的起拱高度为全跨长度的 1/1 000 ~3/1 000,悬臂梁、悬臂板起拱高度为 *L*/300。

(5)楼梯模板设计

本工程楼梯为板式单、双跑楼梯,为保证质量、节省工期,要求楼梯在结构阶段一次成活,这就要求楼梯模板必须精良,砼浇筑收光必须仔细。楼梯梯段板、平台板模板采用竹胶板和 50 ×100 木枋@ 250 支设;平台梁模板采用竹胶板和木枋制成的定型模板支设;楼梯踏步模板则采用定型模板。

(6)施工缝模板设计

楼板施工缝处用木枋封堵。支完顶板模板后,在计划施工缝处弹线,然后钉 15 mm 厚、30 mm 宽木条;等下网钢筋绑扎完毕之后,在钢筋间距内钉好与钢筋直径相同厚度的木条以固定钢筋间距;然后钉好厚(板厚 -2 ×15 - 上、下钢筋直径)、30 mm 宽的木条;等上网钢筋绑扎完毕后,在钢筋间距内钉好厚度与钢筋直径相同的木条以固定钢筋间距;最后在上部钉好 15 mm 厚、30 mm 宽的木条。顶板施工缝安装示意图如图 1.8.10 所示。

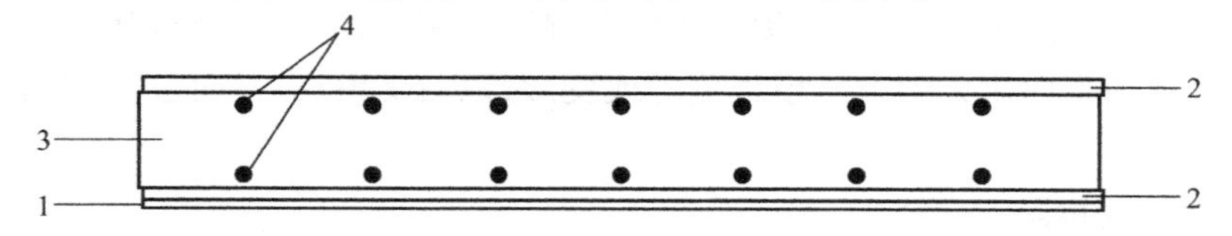

图 1.8.10 顶板施工缝安装示意图

1—10 mm 厚竹胶板 2—15 mm 厚木条 3—木枋剔槽 4—钢筋

5. 模板安装

(1)柱子模板安装

工艺流程:弹柱位置线→抹找平层,做定位墩→安装柱模板→安柱箍→安拉杆或斜撑→办预检。

(2)电梯井筒模的安装(本工程局部有两台小电梯)

①电梯井筒模应在平整的场地上组装,组装前应在场地上放样弹线,按照尺寸安装铰链角模。安装铰链角模时,应在铰链轴内涂抹黄油,以保证铰链灵活转动;铰链片间的空隙要嵌补油腻子,防止砼漏浆。

②装脱模器。4 个角的脱模器均应保持在同一水平面上。待脱模器安装好以后,将与平面连接的角模撑开,并用定位板具固定,用控制对角线相等的办法校正组装好筒模。经校正后的筒模,收拢 4 个角的铰链角模并涂刷脱模剂,准备吊装就位。

③筒模安装。用专人将墙体钢筋向外侧拉,防止因钢筋歪斜影响就位。筒模就位之前,先派两个人进入就位房间,筒模落地时要注意这两人的安全,就位后再由这两人检查筒模位置是否合适,不合适时用撬棍进行调整。

(3)顶板模板安装

工艺流程:放线并报验→搭设满堂脚手架→铺设木枋龙骨→铺竹胶板→自检→报验。

(4)楼梯模板安装

楼梯踏步及休息平台先在墙体上甩筋,墙体施工时先将梯段钢筋按锚固及构造要求埋入墙保护层内,拆模后将钢筋掰出调整,再进行楼梯平胎膜板施工,之后绑扎楼梯板钢筋,将楼梯踏步模板吊装就位后固定,砼达到拆模强度后松动紧固螺栓,用塔吊调运至模板堆放场清理。

6. 模板拆除

(1)墙体模板拆除

当墙体砼强度达到 1.2 MPa 时方可拆除模板,但在冬期施工时应视冬期施工方法和强度增长情况决定拆模时间(一般为 4 MPa)。

(2)柱模板的拆除

柱模板的拆除顺序是:先拆柱箍,再拆穿墙螺栓,放入工具箱内,再松动调整地脚螺栓,使模板与墙面逐渐脱离。脱模困难时,可在模板底部用撬棍轻微撬动,不得在上口使劲撬动、晃动和用大锤砸。

(3)角模的拆除

角模两侧都是混凝土墙面,吸附力较大,加之施工中模板封闭不严,或者角模移位,被混凝土握裹,因此拆模比较困难,可先将模板外表面的混凝土剔掉,然后用撬杆从下部撬动,将角模脱出,不得因拆模困难而用大锤砸。模板碰歪或变形,以后支模、拆模时会更加困难,以致损坏模板。

(4)顶板模板的拆除

①模板拆除的顺序应遵循先支后拆、先非承重部位后承重部位以及自上而下的原则。在模板拆除时,严禁用大锤和撬棍硬砸、硬撬。

②顶板模板拆除时砼的强度必须满足表 1. 8. 3 规定。

③多层楼板支柱的拆除：当上层楼板正在浇筑砼时，下层楼板的模板和支柱不得拆除，再下一层楼板的模板和支柱，仅可拆除一部分；跨度 4 m 及 4 m 以上的梁下均应保留支撑，而且其间距不得大于 3 m。

表 1. 8. 3　现浇结构拆模时所需的砼强度

结构类型	结构跨度/m	按设计的砼强度标准值的百分率计/%
梁、板	≤2	50
	$2<L\leqslant 8$	75
悬臂结构	≤2	75

(5)楼梯模板的拆除

楼梯模板应在砼 100% 达到设计强度后方可拆除；拆除过程中在起吊楼梯踏步模板时(特别是 1#楼梯和 1#反楼梯间)，要防止碰坏砼墙面。

7. 施工质量要求及验收标准

(1)模板及其支架

①保证工程结构和构件各部分的外形尺寸和相互位置的正确，偏差在其允许值之内。

②要求具有足够的承载力、刚度和稳定性，不出现凹凸或倾覆、失稳。

③构造简单，拆装方便，提高工效，尽量实现模板定型化、标准化、工具化和装配化，减少现场高空作业量。

④确保模板拼缝不漏浆，模板棱角顺直、平整。

⑤模板与砼的接触面应涂水溶性脱模剂，不允许使用油质脱模剂。

⑥模板应定期修理，不合格的模板严禁使用。

(2)模板安装质量控制

①竖向模板和支架的支撑部分必须坐落在坚实的基础上，并应架设垫板，使其有足够的支撑面积。

②一般情况下，模板自下而上安装。在安装过程中要注意模板的稳定性，可设临时支撑稳住模板，待安装完毕且校正完毕后方可固定牢固。

③模板在安装过程中应多检查，注意垂直度、中心线、标高及各部位的尺寸；保证结构部件的几何尺寸和相邻位置的正确性。

④现浇钢筋砼楼板，当跨度大于或等于 4 m 时，模板应按全跨度长的 2/1 000 起拱。

⑤现浇多层结构时，下层砼须达到足够的强度以承受上层荷载传来的力，且上、下层水平构件模板立杆应对齐，并铺设垫板。

⑥模板的制作尺寸应符合施工图纸的尺寸，各模板组装材料必须按计算要求选用，竹胶板模板面应平整，竹胶板封口要牢固。

⑦模板拆除后应堆放在塔吊工作范围之内以便吊运；楼板模板拆除时应小心操作，避免竹胶板折断、撕裂；模板拆下后应及时清理干净，涂刷脱模剂，分规格存放，以备下次使用。

(3)模板安装质量标准

顶板模板安装质量标准如下。

①保证项目:模板及其支撑必须具有足够的强度、刚度和稳定性;模板支撑部分应有足够的支撑面积。

②基本项目:模板接缝处应严密,缝隙应用腻子嵌缝或嵌油毡条,预埋件安装牢固,缝隙最大宽度不超过 1.5 mm;模板与砼接触面应平整干净,并涂刷脱模剂;模板粘浆和漏刷脱模剂累计面积不大于 400 mm^2。脱模剂涂刷应均匀,不得漏刷或污染钢筋。

③允许偏差项目:如表 1.8.4 所示。

表 1.8.4 允许偏差项目规定

项次	项目		允许偏差/mm				检验方法
			单层多层	高层框架	多层大模	高层大模	
1	相邻两板面高低差		2	2	2	2	尺量检查
2	板面平整度		5	5	2	2	用 2 m 靠尺和尺量检查
3	板底上表面标高		±5	±5	±5	±5	拉线和尺量检查
4	预埋钢板中心线位移		3	3	3	3	拉线和尺量检查
5	预埋管预留孔中心线位移		3	3	3	3	
6	预留洞	中心线位移	10	10	10	10	拉线和尺量检查
		截面内部尺寸	+10 −0	+10 −0	+10 −0	+10 −0	

8. 安全文明施工措施

①施工过程中使用的电动工具应采用 36 V 低压电源或采取其他有效的安全措施。

②高空作业时,各种配件应放在工具箱或工具袋中,严禁放在模板或脚手架上;各种工具应系挂在操作人员身上或放在工具袋内,不得掉落。

③装拆模板时,上下应有人接应,随拆随运,并应把活动部件固定牢靠,严禁堆放在脚手板上和抛掷。除操作人员外,施工作业面下不得站人。安装模板时,应随时支撑固定,防止倾覆。

④模板堆放场地应平整坚实,不要放在松土或冻土上,防止因地面不平、土方塌陷造成模板倾倒。模板安装、拆除的过程中要防止风力及其他外力引起突发的安全事故。如模板必须用水冲刷,堆放场地要先打一步灰土,再浇筑 5 cm 厚砼。

⑤模板拆除过程中,操作人员应站在安全处,以免发生安全事故。

8.4.2 脚手架工程

1. 外脚手架总体方案

外脚手架沿工程外围环绕一周,具体操作如下。

①本工程施工中采用双排扣件式脚手架,距结构边0.3 m,作为围护脚手架。在脚手架转角处设剪刀撑,并每隔4根立杆设一垂直剪刀撑,外架随结构层升高而升高,外排立杆高于施工层1.8 m,在1.2 m处拉一横杆作为围栏。

②脚手板采用钢筋焊接网脚手板,安全网采用密目式安全网,挂于外立杆内侧进行封闭。

③主要出入口、生产临建处搭设间距不小于0.7 m的双层竹笆防护棚,并挂安全警示标志。

④施工完成后,外脚手架的拆除随之进行。拆除过程由专人指挥,禁止让钢管由高空自由坠落,而应用绳索逐根放下,拆除过程中要确保安全。

2. 质量要求

①立杆垂直偏差:纵向不大于$H/400$且不大于100 mm;横向不大于$H/600$且不大于50 mm。

②纵向水平杆水平偏差:不大于总长度的1/300且不大于20 mm。

③横向水平杆水平偏差:不大于10 mm。

④脚手架的步距、立杆横距偏差不大于20 mm,立杆纵距不大于50 mm;扣件紧固力宜在45~55 N·m范围内,且不得低于45 N·m或高于55 N·m,连接大横杆的对接扣件,开口应朝向架子内侧,螺栓向上;连墙点的数量、位置要正确,连接牢固,无松动现象;卸荷钢丝绳必须拉紧,各条钢丝绳拉力要均匀。

3. 安全要求

①选用的钢管要符合相应的质量和技术要求,外径不得小于48 mm,壁厚不得小于3.5 mm,严重锈蚀、弯曲、压扁或有裂缝的钢管严禁被使用。

②部分立杆连接采用对接扣件,相邻两立杆接头应错开在两步距范围内,大横杆接头也采取对接接头。

③连墙杆预留时要对准立杆,尽量利用小横杆。

④脚手板铺设不得有超过50 mm的间隙,严禁留长度大于150 mm的探头,同时探头在脚手板两端和拐角处要固定。

⑤根据现场实际情况,必须按安全操作规程设置外脚手架防护。

⑥钢丝绳必须拉到位,钢丝绳安好后要定期检查,如有松懈应及时拧紧或更换。

⑦严格控制使用荷载,确保要有较大的安全储备,使用荷载要以脚手板上的实际荷载为准。

⑧要有可靠的安全措施。

⑨严禁违章作业。

8.4.3 钢筋工程

本项目的钢筋工程由专人翻样,加工制作和绑扎过程分别由专人负责,保证质量和连续性、一致性。

1. 钢筋工程总说明

(1)混凝土保护层

纵向受力的普通钢筋,其砼保护层厚度(钢筋外缘至砼表面的距离)不应小于钢筋的公称直径。

(2)钢筋设计用料及钢筋锚固搭接长度

钢筋的锚固长度要按设计要求,并符合下列要求。

当计算中充分利用钢筋的抗拉强度时,受拉钢筋的锚固长度应按下式计算。

普通钢筋:

$$l_a = \alpha \frac{f_y}{f_t} d$$

预应力钢筋:

$$l_a = \alpha \frac{f_{py}}{f_t} d$$

式中:l_a——受拉钢筋的锚固长度;

f_y、f_{py}——普通钢筋、预应力钢筋的抗拉强度设计值;

f_t——混凝土轴心抗拉强度设计值;

d——钢筋的公称直径;

α——钢筋的外形系数,按表 1.8.5 取用。

表 1.8.5　钢筋的外形系数

钢筋类型	光面钢筋	带肋钢筋	刻痕钢丝	螺旋肋钢丝
α	0.16	0.14	0.19	0.13

注:①光面钢筋是指 HPB235 级钢筋,其末端应做 180°弯钩,弯后平直段长度不应小于 $3d$,但用做受压钢筋时可不做弯钩;

②带肋钢筋系指 HRB335 级、HRB400 级钢筋及 RRB400 级余热处理钢筋。

(3)钢筋安装及预留预埋

①板、梁、柱、剪力墙的钢筋按配筋图和结构总说明放置。

②当主梁和次梁相交时,次梁的上部筋应置于主梁上部筋之上;当主梁与次梁底标高相同时,次梁下筋应置于主梁下筋之上。

③双向板的板底筋、长向筋放在短向筋之上。当板筋连续配置时,底筋在支座处搭接,面筋在跨中 $L/3$ 范围内搭接。

④楼板预留洞口尺寸不大于 300 mm 时,钢筋不切断,绕过洞口。板中预埋管设在上、下排钢筋之间,若预埋管上面无钢筋时,则须沿管长方向加设钢筋网。

⑤为了保证板面钢筋位置准确、牢固,在板上每隔 1 m 设一条直径 14 mm 的钢筋组焊成"铁板凳"支撑。

⑥对于双层配筋的墙,在两层筋之间加直径 10 mm 的钢筋弯成"Z"形拉筋,间距 600 mm,以保证相对位置准确。

⑦对于墙、柱的纵向筋的接长,为了保证钢筋的位置准确和避免其自由悬空过长,搭设钢筋架进行临时固定。

2. 钢筋接头形式

根据设计要求,钢筋接头优先采用焊接接头。接头的类型和质量应符合规范和设计要求。

3. 钢筋连接工艺

(1)钢筋闪光对焊

钢筋闪光对焊焊接是利用对焊机使两段钢筋接触，通以低电压的强电流，把电能转化为热能，当钢筋加热到一定程度后，立即施加轴向压力挤压(称为顶锻)，使形成对焊接头。钢筋的对接应优先采用闪光对焊。适用于热轧Ⅰ～Ⅲ级、直径10～40 mm，热轧Ⅳ级、余热处理Ⅲ级、直径10～25 mm的钢筋。

(2)钢筋电渣压力焊

1)适用范围　现浇钢筋混凝土结构中竖向或斜向(倾斜度在4:1范围内)钢筋的连接，宜采用电渣压力焊。电渣压力焊主要用于柱、墙等现浇砼结构中热轧Ⅱ级、直径14～40 mm受力钢筋的连接，不得用于梁、板等构件中水平钢筋的连接。

2)工艺流程　检查设备、电源→钢筋端头制备→选择焊接参数→安装焊接夹具和钢筋→安放铁丝球(也可省去)→安放焊剂罐、填装焊剂→试焊、做试件→确定焊接参数→施焊→回收焊剂→卸下夹具→质量检查。

4. 钢筋加工

在总平面图指定区域布置一个钢筋加工场，加工场内设置成套的钢筋加工设备。由专业人员进行配筋，钢筋配料技术要求见表1.8.6，配筋单要经过项目组技术部审批，才能送至加工厂进行加工。成品、半成品的钢筋要有明显标志，注明钢筋的名称、部位、型号、尺寸、直径、根数等，要分类堆放整齐，不能混放。成型后的钢筋转运到使用的部位。

5. 钢筋的绑扎

(1)施工准备

1)钢筋　应有出厂合格证，按规定做力学性能复试。若加工过程中发生脆断等特殊情况，还需做化学成分检验。钢筋应无老锈及油污。

表1.8.6　钢筋配料技术要求

<table>
<tr><th>序号</th><th>项目</th><th>图示</th><th>技术要求</th></tr>
<tr><td>1</td><td>钢筋下料长度计算</td><td>量度尺寸
下料尺寸
d
量度尺寸</td><td>钢筋下料长度=构件长度－保护层厚度+弯钩增加长度
弯起钢筋下料长度=直段长度+斜长度－弯曲调整值+弯曲增加长度
箍筋下料长度=箍筋周长+箍筋调整值</td></tr>
<tr><td>2</td><td>弯曲调整</td><td></td><td>钢筋弯曲处内皮收缩，外皮延伸，轴线长不变，弯曲处形成圆弧
钢筋弯曲调整值<table><tr><td>弯曲角度</td><td>30°</td><td>45°</td><td>60°</td><td>90°</td><td>135°</td></tr><tr><td>弯曲调整值</td><td>0.35d</td><td>0.5d</td><td>0.85d</td><td>2d</td><td>2.5d</td></tr></table></td></tr>
</table>

续表

<table>
<tr><th>序号</th><th>项目</th><th>图示</th><th>技术要求</th></tr>
<tr><td>3</td><td>弯钩增加长度</td><td>(a)半圆弯钩
(b)直弯钩
(c)斜弯钩</td><td>弯钩形式:半圆弯钩、直弯钩及斜弯钩
钢筋弯钩增加长度按图所示的计算简图计算,其计算值:
半圆弯钩为6.25d
直弯钩为3.5d
斜弯钩为4.9d
半圆弯钩增加长度参考值(mm)
<table>
<tr><td>直径</td><td>≤6</td><td>8~10</td><td>12~18</td><td>20~28</td><td>32~36</td></tr>
<tr><td>弯钩长度</td><td>40</td><td>6d</td><td>5.5d</td><td>5d</td><td>4.5d</td></tr>
</table></td></tr>
<tr><td>4</td><td>弯起钢筋斜长</td><td>(a)弯起30°
(b)弯起45°
(c)弯起60°</td><td>弯起钢筋斜长系数表
<table>
<tr><td>弯起角度</td><td>$\alpha=30°$</td><td>$\alpha=45°$</td><td>$\alpha=60°$</td></tr>
<tr><td>斜边长度s</td><td>$2h_0$</td><td>$1.41h_0$</td><td>$1.15h_0$</td></tr>
<tr><td>底边长度l</td><td>$1.732h_0$</td><td>h_0</td><td>$0.575h_0$</td></tr>
<tr><td>增加长度$s-l$</td><td>$0.268h_0$</td><td>$0.41h_0$</td><td>$0.575h_0$</td></tr>
</table></td></tr>
<tr><td>5</td><td>箍筋调整值</td><td>(a)外包尺寸　(b)内皮尺寸</td><td>箍筋调整值,即弯钩增加长度和弯曲调整值两项之差或和,应根据箍筋外包尺寸或内皮尺寸量度得出
箍筋调整值
<table>
<tr><td rowspan="2">箍筋量度方法</td><td colspan="4">箍筋直径/mm</td></tr>
<tr><td>4~6</td><td>6</td><td>8</td><td>10~12</td></tr>
<tr><td>量外包尺寸</td><td>40</td><td>40</td><td>60</td><td>20</td></tr>
<tr><td>量内皮尺寸</td><td>80</td><td>100</td><td>120</td><td>150~170</td></tr>
</table></td></tr>
<tr><td>6</td><td>弯曲画线尺寸的标注</td><td>$\phi22$ l=7 130
850　635　4 000　635　850
90　855　625　1 995　1 995　625　855　90
7 130</td><td>钢筋弯曲成型前,应根据图纸尺寸对下料的钢筋在配料单上标明尺寸,并应注明各弯曲的位置和尺寸</td></tr>
</table>

2)成型钢筋　必须符合配料单的规格、尺寸、形状、数量,并应有加工出厂合格证。

3)铁丝　可采用20~22号铁丝(火烧丝)或镀锌铁丝(铅丝)。铁丝切断长度要满足使用要求。钢筋绑扎用的铁丝,可采用20~22号铁丝,其中22号铁丝只用于绑扎直径12 mm以下

的钢筋。

4）垫块　准备控制混凝土保护层用的水泥砂浆垫块或塑料卡。

（2）施工工艺

a. 柱钢筋施工

工艺流程：套柱箍筋→搭接、绑扎竖向受力筋→画箍筋间距线→绑箍筋。

①套柱箍筋。按图纸要求间距，计算好每根柱的箍筋数量，先将箍筋套在下层伸出的搭接筋上，然后立柱子钢筋，在搭接长度内，绑扣不少于3个，绑扣要向柱中心。如果柱子主筋采用光圆钢筋搭接时，角部弯钩应与模板成45°，中间钢筋的弯钩应与模板成90°。

②搭接、绑扎竖向受力筋。柱子主筋立起之后，绑扎接头的搭接长度应符合设计要求和规范。

③画箍筋间距线。在立好的柱子的竖向钢筋上，按图纸要求用粉笔画箍筋间距线。

④柱箍筋绑扎。

ⓐ按已画好的箍筋位置线，将已套好的箍筋往上移动，由上往下绑扎，宜采用缠扣绑扎，见图1.8.11。

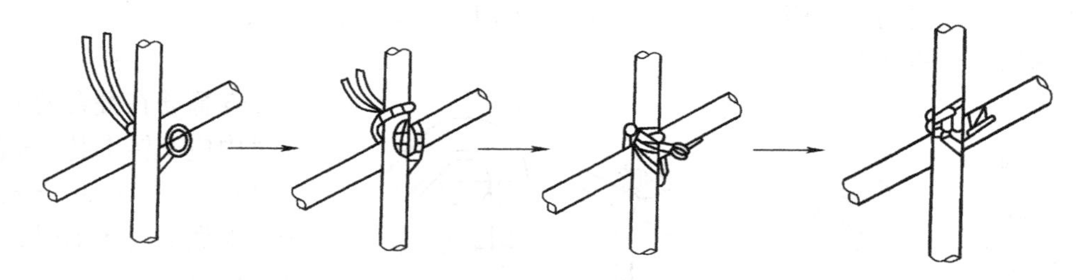

图1.8.11　柱箍筋绑扎

ⓑ箍筋的接头（弯钩叠合处）应交错布置在四角纵向钢筋上；箍筋转角与纵向钢筋交叉点均应扎牢（箍筋平直部分与纵向钢筋交叉点可间隔扎牢）。绑扎箍筋时，绑扣相互间应成八字形，箍筋与主筋要垂直。

ⓒ箍筋的弯钩叠合处应沿柱子竖筋交错布置，并绑扎牢固。

⑤有抗震要求的地区，柱箍筋端头应弯成135°，平直部分长度不小于10d（d为箍筋直径）。如箍筋采用90°搭接，搭接处应焊接，焊缝长度（单面焊缝）不小于5d。

⑥柱上、下两端箍筋应加密，加密区长度及加密区内箍筋间距应符合设计图纸要求。如设计要求箍筋设拉筋时，拉筋应钩住箍筋。

⑦柱筋保护层厚度应符合规范要求，主筋外皮为25 mm，垫块应绑在柱竖筋外皮上，间距一般为1 000 mm，或用塑料卡卡在外竖筋上，以保证主筋保护层厚度准确。当柱截面尺寸有变化时，柱应在板内弯折，弯后的尺寸要符合设计要求。

⑧下层柱的钢筋露出楼面部分，宜用工具式柱箍将其收进一个柱筋直径，以便上层柱的钢筋搭接。当柱截面有变化时，其下层柱钢筋的露出部分，必须在绑扎梁的钢筋之前，先行收缩准确。

⑨框架梁、牛腿及柱帽等的钢筋，应放在柱的纵向钢筋内侧。

⑩柱钢筋的绑扎,应在模板安装前进行。

b. 梁钢筋施工

模内绑扎工艺流程:画主次梁箍筋间距→放主梁、次梁箍筋→穿主梁底层纵筋及弯起筋→穿次梁底层纵筋并与箍筋固定→穿主梁上层纵向架立筋→按箍筋间距绑扎→穿次梁上层纵向钢筋→按箍筋间距绑扎。

模外绑扎工艺流程(先在梁模板上口绑扎成型后再入模内):画箍筋间距→在主、次梁模板上口铺横杆数根→在横杆上面放箍筋→穿主梁下层纵筋→穿次梁下层钢筋→穿主梁上层钢筋→按箍筋间距绑扎→穿次梁上层纵筋→按箍筋间距绑扎→抽出横杆落骨架于模板内。

①在梁侧模板上画出箍筋间距,摆放箍筋。

②先穿主梁的下部纵向受力钢筋及弯起钢筋,将箍筋按已画好的间距逐个分开;穿次梁的下部纵向受力钢筋及弯起钢筋,并套好箍筋;放主、次梁的架立筋;隔一定间距将架立筋与箍筋绑扎牢固;调整箍筋间距使间距符合设计要求,绑架立筋,再绑主筋,主次梁同时配合进行。

③框架梁上部纵向钢筋应贯穿中间节点,梁下部纵向钢筋伸入中间节点,锚固长度及伸过中心线的长度要符合设计要求。框架梁纵向钢筋在端节点内的锚固长度也要符合设计要求。

④梁上部纵向筋的箍筋宜用套扣绑扎法,见图 1.8.12。箍筋的接头(弯钩叠合处)应交错布置在两根架立钢筋上,其余同柱。

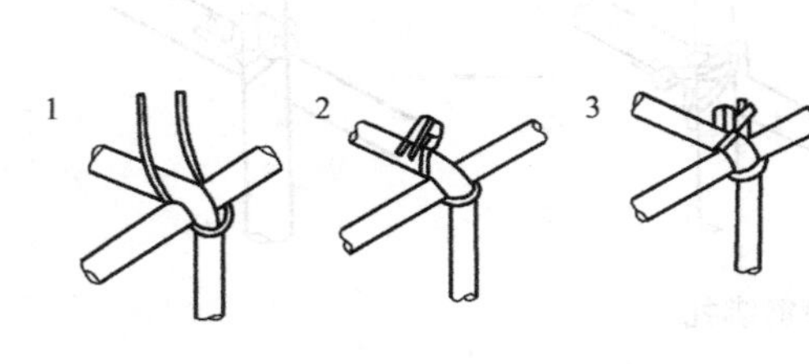

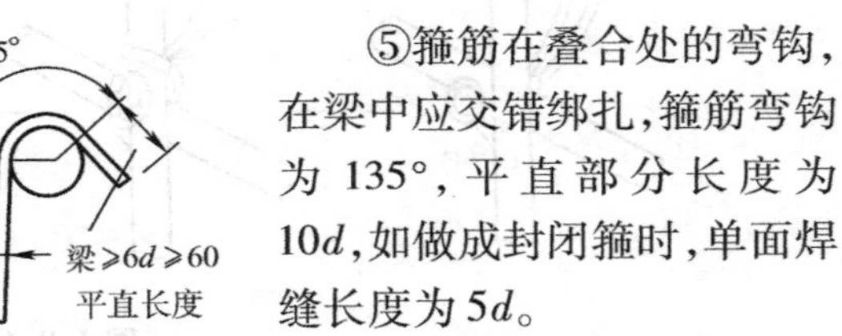

图 1.8.12 套扣绑扎法

⑤箍筋在叠合处的弯钩,在梁中应交错绑扎,箍筋弯钩为 135°,平直部分长度为 10d,如做成封闭箍时,单面焊缝长度为 5d。

⑥梁端第一个箍筋应设置在距离柱节点边缘 50 mm 处。梁端与柱交接处箍筋应加密,其间距与加密区长度均要符合设计要求。

⑦板、次梁与主梁交叉处,板的钢筋在上,次梁的钢筋居中,主梁的钢筋在下;当有圈梁或垫梁时,主梁的钢筋在上。在主、次梁受力筋下均应垫垫块(或塑料卡),保证保护层的厚度。纵向受力钢筋采用双层排列时,两排钢筋之间应垫以直径不小于 25 mm 的短钢筋,以保持其设计距离。

⑧梁筋的搭接。梁的受力钢筋直径不小于 22 mm 时,宜采用焊接接头,小于 22 mm 时,可采用绑扎接头,搭接长度要符合规范的规定。搭接长度末端与钢筋弯折处的距离,不得小于钢筋直径的 10 倍。接头不宜位于构件最大弯矩处。

⑨框架节点处钢筋穿插十分稠密时,应特别注意梁顶面主筋间的净距要有 30 mm,以利浇筑混凝土。

c. 板钢筋施工

工艺流程:清理模板→模板上画线→绑板下受力筋→绑负弯矩钢筋。

d. 楼梯钢筋绑扎

工艺流程:画位置线→绑主筋→绑分布筋→绑踏步筋。

(3)成品保护

①柱子钢筋绑扎后，不准踩踏。

②楼板的弯起钢筋、负弯矩钢筋绑好后，不准在上面踩踏行走。浇筑混凝土时，派钢筋工专门负责修理，保证负弯矩筋位置的正确性。

③绑扎钢筋时禁止碰动预埋件及洞口模板。

④钢模板内面涂隔离剂时不要污染钢筋。

⑤安装电线管线、暖卫管线或其他设施时，不得任意切断和移动钢筋。

⑥加工成型的钢筋运至现场，应分别按工号、结构部位、钢筋编号和规格等整齐堆放，保持钢筋表面清洁，防止被油渍、泥土污染或压弯变形；钢筋储存期不宜过久，以免钢筋严重锈蚀。

⑦在运输和安装钢筋时，应轻装轻卸，不得随意抛掷和碰撞，防止钢筋变形。

⑧构造柱、圈梁及板缝钢筋如采用预制钢筋骨架时，应在现场指定地点垫平堆放。往楼板上临时吊放钢筋时，应清理好存放地点，垫平放置，以免钢筋变形。

⑨钢筋在堆放过程中，要保持钢筋表面洁净，不允许有油渍、泥土或其他杂物污染钢筋；钢筋储存期不宜过久，以防钢筋再次锈蚀。

⑩避免踩踏、碰动已绑好的钢筋；绑扎构造柱和圈梁钢筋时，不得将砖墙和梁底砖碰松动。

(4)应注意的质量问题

①浇筑混凝土前检查钢筋位置是否正确，振捣混凝土时防止碰动钢筋，浇完混凝土后立即修整甩筋的位置，防止柱筋、墙筋移位。

②若梁钢筋骨架尺寸小于设计尺寸，配制箍筋时应按内皮尺寸计算。

③梁、柱核心区箍筋应加密，并应熟悉图纸，按要求施工。

④箍筋末端应弯成135°，平直部分长度为10d。

⑤梁主筋进入支座长度要符合设计要求，弯起钢筋位置应准确。

⑥板的弯起钢筋和负弯矩钢筋位置应准确，施工时不应踩到下面。

⑦绑板的钢筋使用尺杆画线，绑扎时随时找正调直，防止板筋不顺直、位置不准。

⑧绑竖向受力筋时要吊正，搭接部位绑3个扣，绑扣不能用同一方向的顺扣。层高超过4 m时，搭架子进行绑扎，并采取措施固定钢筋，防止柱、墙钢筋骨架不垂直。

⑨在钢筋配料加工时要注意，端头有对焊接头时，要避开搭接范围，防止绑扎接头内混入对焊接头。

8.4.4 混凝土工程

本工程混凝土采用现场自拌和泵送方式输送，因此在施工时必须严格把关，以保证混凝土的质量。由于本工程混凝土工程量大、工期紧，施工段划分较多，因此在施工时必须合理组织，保证施工机械设备连续运作，以实现工程施工顺利进行，最终保证工程工期。

1. 施工方法

1)柱砼施工　现场搅拌砼，因柱间距较远，采用输送泵浇筑，严格按照现行国家施工验收规范进行施工。

2)梁、板混凝土施工　采用混凝土泵送施工，梁、板混凝土采用连续浇筑，由于混凝土一次浇筑量较大，故要保证混凝土供应及浇筑的有序性，混凝土要有足够的缓凝时间，在连续浇筑区间防止出现冷缝。

2. 控制要点

①混凝土从搅拌到浇筑完毕的延续时间应符合表1.8.7的规定。掺有外加剂的混凝土的延续时间应通过试验确定。

表1.8.7　混凝土从搅拌到浇筑完毕的延续时间

气温	≤C30	>C30
≤25 ℃	120 min	90 min
>25 ℃	90 min	60 min

②超出延续时间时，现场搅拌混凝土质量负责人应立即确认混凝土状态，采取有效措施，防止质量隐患。

3. 主要施工工艺

(1)自拌混凝土施工工艺

1)作业准备　混凝土作业前，各种相关机械设备已经就位，相关施工人员已经到场，浇筑前先将模板内的垃圾、泥土等杂物及钢筋上的油污清理干净，并检查钢筋的水泥砂浆垫块是否垫好，柱子模板的扫除口在清除杂物及积水后再封闭，墙根部的松散砼要剔除干净。

2)计量　必须逐盘计量，并做好记录，存档备查。每一工作班在正式称量前应对计量设备进行零点校核；由于设计砼配合比时，所用集料是以干燥状态为准，所以生产过程中应随时测定集料的实际含水率，调整砼配合比，每一工作班不少于一次。

材料:	水泥	集料	水	外加剂	掺和料
每盘误差:	±2%	±3%	±2%	±2%	±2%
累计:	±1%	±2%	±1%	±1%	±1%

3)搅拌　拟进行集中搅拌，设3台JS500强制式搅拌机(其中两台工作，一台备用)，砂、石料由人工上料，用手推车分别在下料口接料。根据配合比车车过磅，及时调整配合比用水量，确保加水量准确。

4)装料顺序　先倒石子，再装水泥，最后倒砂子、减水剂、缓凝剂等，每盘用量与粗细骨料同时加入，如液状应按每盘用量与水同时装入搅拌机搅拌。

5)搅拌时间　为使砼搅拌均匀，自全部拌和料装入搅拌筒中起到砼开始卸料止，砼搅拌的最短时间为60秒。

为了保证砼有良好的和易性，砼各组成拌料必须拌和均匀。砼开始搅拌时，由技术人员和质量检查员、工长组织有关操作人员对出盘砼的坍落度、和易性等进行鉴定、检查，符合配合比通知单要求，或经调整合格后再正式搅拌。检查拌和物均匀性时在每盘砼卸料量的1/4到3/4之间部分采取试样。

(2)泵送混凝土施工工艺

1)施工准备　施工前要做好下列准备工作。

①主要机具设备。主要机具设备有：混凝土输送泵车、空气压缩机、插入式混凝土振动器、活扳手、电工常规工具、机械常规工具、对讲机、铁锹、铁钎等。

②技术准备。技术准备包括以下各项。

ⓐ编制泵送浇筑作业方案，确定泵车型号（本工程拟采用两台 HBT60 型泵，一台备用）；配备泵管铺设路线。

ⓑ灌筑混凝土前的各道工序，经隐、预检合格并办理验收手续。

ⓒ全套混凝土搅拌、运输、浇筑机械设备经试车运转均处于良好工作状态，并配备足够的泵机易损零件，以便出现意外损坏时及时检修；电源能满足连续施工的需要。

ⓓ现场已准备足够的砂、石子、水泥、掺和料以及外加剂等材料，能满足混凝土连续浇筑的要求。

ⓔ模板内的垃圾、木屑、泥土、积水和钢筋上的油污等已清理干净；木模板在混凝土浇筑前洒水湿润，钢模板内侧刷隔离剂。

ⓕ根据现场实际使用材料和含水量及设计要求，经试验测定，试验室已开具泵送混凝土配合比。

ⓖ浇筑混凝土必需的脚手架和马道已经搭设，经检查符合施工需要和安全要求。混凝土搅拌站至浇筑地点的临时道路已经修筑，能确保运输道路畅通。

ⓗ泵送操作人员经培训、考核合格，可持证上岗；已对全体施工人员进行了细致的技术交底。

2）混凝土泵送设备及管道的选择与布置　这项工作包括以下内容。

①混凝土泵的选择。混凝土泵的选型，应根据混凝土工程特点、要求的最大输送距离与最大输出量及混凝土浇筑计划来确定。

②混凝土泵的布置要求。在泵送混凝土的施工中，混凝土泵和泵车的停放布置是关键，这不仅影响输送管的配置，同时也影响到泵送混凝土的施工能否按质按量地完成，必须着重考虑。因此，混凝土泵车的布置应考虑下列条件。

ⓐ混凝土泵设置处，场地应平整、坚实，道路畅通，供料方便，距离浇筑地点近，便于配管，具有重车行走条件。

ⓑ混凝土泵应尽可能靠近浇筑地点，尽量少移动泵车即能完成浇筑。

ⓒ两台混凝土泵或泵车同时浇筑时，选定的位置要使其各自承担的浇筑量接近，最好能同时浇筑完毕，避免留置施工缝。

ⓓ接近排水设施，供水、供电方便。在混凝土泵的作业范围内，不得有高压线等障碍物。

ⓔ混凝土泵的转移运输要注意安全要求，应符合产品说明及有关标准的规定。

③配管设计。

ⓐ混凝土输送管有钢管、橡胶管和塑料软管，应根据粗骨料最大粒径、混凝土泵型号、混凝土输出量和输送距离以及输送难易程度等进行选择。输送管应使用无龟裂、无凹凸损伤和无弯折的管段。输送管的接头应严密，有足够强度，并能快速装拆。

ⓑ配管设计要点如下。

Ⅰ. 混凝土输送管，应根据工程和施工场地特点、混凝土浇筑方案进行配管。尽量缩短管线长度。为减少压力损失，少用弯管和软管。输送管的铺设应保证安全，便于管道清洗、排除故障和装拆维修。

Ⅱ. 在施工方案中要考虑混凝土输送管道的布置,管线要求布置得横平竖直。应绘制布管简图,列出各种管件、管连接环、弯管等的规格和数量,提出备件清单。应采用相同管径的混凝土输送管;同时采用新、旧管段时,应将新管布置在压力较大处。

Ⅲ. 垂直向上配管时,地面水平管长度不宜小于垂直管长度的1/4,且不宜小于15 m;或遵守产品说明书中的规定,在混凝土泵机Y形管出料口3~6 m处的输送管根部应设置截止阀,以防混凝土反流。

Ⅳ. 倾斜向下配管时,应在斜管上端设排气阀;当高差大于20 m时,应在斜管下端设5倍高差长度的水平管;如条件限制,可增加弯管或环形管,满足5倍高差长度要求。

Ⅴ. 当水平输送距离超过200 m、垂直输送距离超过40 m时,输送管垂直向下或斜管前面布置水平管;每立方米混凝土中水泥用量低于300 kg时,必须合理选择配管方法和泵送工艺,宜用直径较大的混凝土输送管和长的锥形管,少用弯管和软管。

④混凝土输送管的固定,不得直接支撑在钢筋、模板及预埋件上,并应符合下列规定。

ⓐ水平管宜每隔一定距离用支架、台垫、吊具等固定,以便排除堵管、装拆和清洗管道。

ⓑ垂直管宜用预埋件固定在墙和柱或楼板预留孔处。在墙及柱上每节管不得少于1个固定点;在每层楼板预留孔处均应固定,如图1.8.13所示。

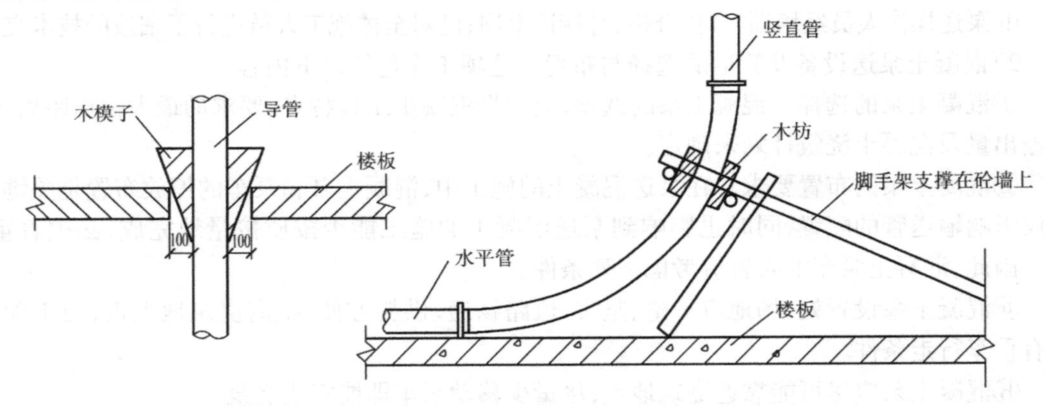

图1.8.13　输送管固定图

ⓒ垂直管下端的弯管,不应作为上部管道的支撑点。宜设钢支撑承受垂直管重量。当垂直管固定在脚手架上时,根据需要可对脚手架进行加固。

ⓓ管道接头卡箍处不得漏浆。

ⓔ炎热季节施工时,要在混凝土输送管上遮盖湿罩布或湿草袋,以避免阳光照射。同时每隔一定的时间洒水湿润。这样能使管道中的混凝土不至于吸收大量热量而堵塞,并能减少混凝土的温升。严寒季节施工时,混凝土输送管道应用保温材料包裹,以防止管内混凝土受冻,并保证混凝土的入模温度。

3)混凝土的泵送与浇筑　这项工作的要点如下。

①混凝土泵的操作。混凝土泵的操作是一项专业技术工作,应严格执行使用说明书的有关规定,同时应根据使用说明书制定专门操作要点。操作人员必须经过专门培训后,方可上岗

独立操作。

②泵送混凝土。混凝土泵启动后，应先泵送适量水（约 10 L）以湿润混凝土泵的料斗、活塞及输送管的内壁等直接与混凝土接触的部位。泵送时，混凝土泵应处于慢速、匀速并随时可能反泵的状态。泵送的速度应先慢后快。同时，应观察混凝土泵的压力和各系统的工作情况，待各系统运转顺利，方可以正常速度进行泵送。混凝土泵送应连续进行。

③泵送混凝土的浇筑。泵送混凝土浇筑前，应根据工程结构特点、平面形状和尺寸、混凝土供应和泵送设备能力、劳动力和管理能力以及周围场地大小等条件，划分好混凝土浇筑区域。

④泵送混凝土振捣时，插入式振动器的振动棒移动间距宜为 400 mm 左右，振捣时间宜为 15 ~30 秒，且隔 20 ~30 分钟，进行第二次复振。

对于有预留洞、预埋件和钢筋密集的部位，应采取技术措施，确保顺利布料和振捣密实。在浇筑混凝土时，应经常观察，当发现混凝土有不密实等现象时，应立即予以纠正。

水平结构的混凝土表面，应适时用木抹磨平搓毛两遍以上，且最后一遍宜在混凝土收水时完成。必要时，可先用铁滚筒压两遍以上，再用木抹磨平搓毛两遍以上，以防止产生收缩裂缝。泵送混凝土浇筑的其他要求及养护方法均与普通混凝土相同。

（3）混凝土的振捣

①混凝土应用混凝土振动器进行振实捣固，只有在工程量很小或不能使用振动器时才允许采用人工捣固。

②混凝土振动器按其传递振动方式分为内部振动器、外部振动器及振动台。内部振动器统称插入式振动器，它是由原动机、传动装置和振动棒三部分组成。

（4）混凝土的养护

混凝土浇筑完毕后，为保证已浇筑好的混凝土在规定龄期内达到设计要求的强度，并防止产生收缩，应按施工技术方案及时采取有效的养护措施。

（5）后浇带处理与保护

梁板施工缝处用钢板网封堵，如图 1.8.14 所示。注意施工缝留置必须与梁、板和墙的轴线垂直，不得留斜茬。在下次混凝土浇筑前，应将施工缝处的混凝土进行凿毛处理，不得留有浮浆和松动的石子，并用压力水冲洗。

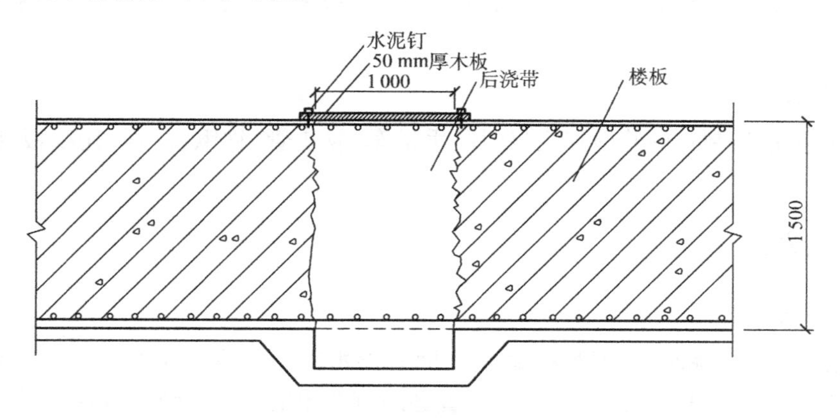

图 1.8.14　楼板后浇带处理示意图

施工缝、后浇带两端的支撑,应保留至该处膨胀砼补浇完并达到拆除强度时,方可拆掉。

8.5 砌体工程

本工程为框架结构,填充墙材料为轻质空心砌块。其中 ±0.000 以下采用 M7.5 水泥石灰砂浆砌筑, ±0.000 以上的砌体用 M5 混合砂浆砌筑。

8.5.1 工艺流程

工艺流程:基层清理→弹线→立皮数杆→绑构造柱钢筋→砌筑→浇构造柱混凝土→质量验收。

8.5.2 材料及机具准备

1. 砌块

砌筑所用砌块的质量、品种、规格及强度等级必须符合设计要求,具有出厂质量合格证,进场后现场取样进行试验。其产品龄期应超过 28 天。

2. 水泥

采用 325 号普通硅酸盐水泥,水泥需有准用证及出厂合格证,出厂日期不超过 3 个月,严禁使用超期水泥。水泥进场后应按出厂日期分别堆放,并保持干燥,待复试各项指标合格后方可使用。

3. 砂子

砂子应使用特细砂,其中不得含有杂物,含泥量不得超过 3%,进场复试各项指标合格后方可使用。

4. 皮数杆

皮数杆用 50 mm×40 mm 的木料制作,其上注明砖的皮数、灰缝厚、门窗洞口、拉结筋位置、圈梁和过梁的尺寸与标高。皮数杆间距为 15 m,在墙体转角处、丁字处及十字相交处必须设置。

5. 主要机具

主要机具包括强制式砂浆搅拌机、磅秤、手推车、胶皮管、铁锹、灰桶、托线板、线坠、大铲、瓦刀、刨锛等。

8.5.3 施工方法

1. 操作要点

①砌筑前,应适当浇水湿润砌块,砌块表面有浮水时不得进行砌筑。同时将楼面清扫干净,弹线验线,墙体位置和宽度、门窗洞口位置必须符合图纸要求。弹线时在楼板、框架柱及梁底或板底弹出闭合墙边线,按线砌筑,严防墙体里出外进。

②拌制砂浆时，严格按照实验室提供的配合比进行计量，投料顺序为砂子、水泥、水、石灰膏，搅拌时间不少于90秒砂浆随拌随用，常温下砂浆应在3小时内使用完毕，气温超过30 ℃时要在2小时内用完。砌筑用砂浆要按规定制作试块。

③砌至板或梁底时留一定高度用红砖斜砌挤紧沉实，砖倾斜度为60°左右，砂浆应饱满。水平缝、竖缝不低于80%。每天砌筑高度不得超过1.8 m。

④砌筑时，上下皮应错缝搭砌，竖向灰缝相互错开1/3砌块长，如不能保证时，在水平灰缝中设置2根直径6 mm的钢筋或直径4 mm的钢筋网片，加筋长度不小于700 mm。

⑤墙体砌筑灰缝应横平竖直，砂浆饱满，水平灰缝厚度不得大于15 mm，竖向灰缝用内外临时夹板夹住后灌缝，其宽度不得大于20 mm，并在砂浆终凝前后将灰缝刮平。

⑥施工时严格按照要求位置设置构造柱、圈梁、过梁和现浇混凝土带，并与其他专业密切配合，各种施工洞及预埋件事先设置，避免剔凿影响墙体质量。

⑦拉通线砌筑时，随砌、随吊、随靠，保证墙体垂直度、平整度达到要求，不允许砸砖修墙。切锯砌块应使用专用工具，不得用斧或瓦刀任意砍劈。

⑧所有留洞待管道安装完毕后，周边必须封堵严密，所有通风竖井、管道井要求边砌边抹灰，保证内壁光滑平整，气密性良好。但应注意先安装管道设备，后砌筑管井。

⑨砌体底部应先砌20 cm高的普通黏土砖，卫生间应用素混凝土，此道混凝土应与楼板同时浇筑。

2. 墙体的构造措施

①砌块墙与柱交接处，应在柱内沿柱高每500 mm预埋6 mm厚钢板(带直径6 mm钢筋脚)，一层预埋钢板尺寸为100 mm×220 mm，三层预埋钢板尺寸为100 mm×120 mm。每道拉结筋为2根直径6 mm的钢筋(带弯钩)与预埋件焊接，伸出柱面长度不应小于墙长的1/5且不应小于1 000 mm，在砌筑砌块时，将此拉结筋伸出部分埋置于砌块墙的水平灰缝中。

②砌块墙上不得留脚手眼。

③当隔墙水平长度大于5 m，或墙长超过层高2倍而墙端没有钢筋混凝土柱子时，应在墙端或墙中部加构造柱，构造柱的尺寸为$t \times t$(t为墙厚)，构造柱的柱顶、柱脚处应在主体结构中预埋4ϕ12竖筋，钢筋接驳长度为40d。先砌墙，后浇柱，柱的混凝土等级为C15，竖筋用4ϕ12，箍筋用ϕ6@150，柱和墙的拉结筋应在砌墙时预埋。墙与柱应做成马牙槎状，并在构造柱处设与结构柱相同的拉结筋。

④墙高超过4 m的250墙体和高度超过3 m的150墙体，半高处设置与柱连接且沿墙全长贯通的钢筋砼水平连系梁。梁高为250 mm，竖筋为4ϕ12，箍筋为ϕ6@200，此钢筋要锚入与之垂直的墙体或两端的构造柱内。

⑤钢筋混凝土墙柱与砌体的连接，应沿钢筋混凝土墙柱高度每隔500 mm预埋2ϕ6钢筋，锚入混凝土墙柱内200 mm。

⑥砌体墙内的门窗洞口或设备的预留洞，其洞顶均需设钢筋混凝土过梁。梁宽同墙体厚度，梁高为1/8洞宽，底筋为2ϕ12，梁立筋为2ϕ10，箍筋为ϕ6@200。梁的支座长度不小于250 mm，混凝土的强度等级为C20，当洞顶离结构梁(或板)底小于1/8洞宽时，应与结构梁或板浇为整体，如图1.8.15所示。

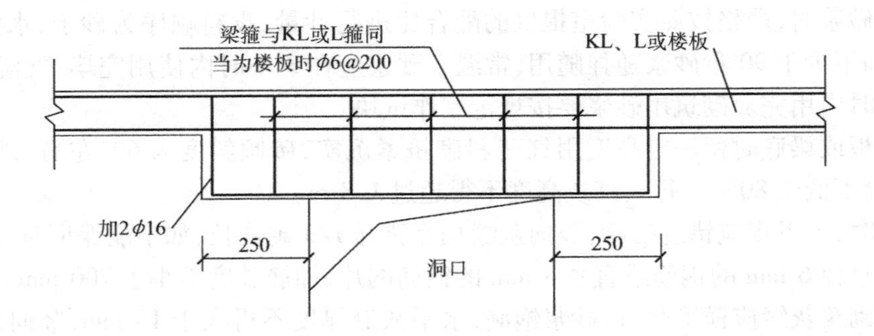

图 1.8.15 墙体在门窗洞口处构造图

8.5.4 质量要求

砌体结构尺寸和位置的允许偏差见表 1.8.8。

表 1.8.8 砌体结构尺寸和位置的允许偏差

项次	项目	允许偏差/mm	检验方法
1	砌体厚度	±4	用尺量
2	基础顶面和楼层标高	±15	用水平仪、经纬仪复查或检查施工记录
3	轴线位移	5	
4	墙面垂直度 a. 每层 b. 全高	 5 10	 用吊线法检查 用经纬仪复查或检查施工记录
5	表面平整度	6	用 2 mm 长直尺和塞尺检查
6	水平灰缝平直度	7	灰缝上口处用 10 m 长的线拉直并用尺检查

8.6 抹灰工程

本工程顶棚采用大竹胶板模板，达到清水混凝土效果，不需抹灰，可直接批腻子。填充墙砌体上采用水泥砂浆抹灰。

8.6.1 工艺流程

工艺流程：弹线找规矩→打饼冲筋→做护角→抹底灰→修补预留洞→抹罩面灰。

8.6.2 施工工艺

1. 作业条件

①结构施工完毕、墙体砌筑完毕并经有关部门检验合格，抹灰前检查门框的位置是否正确，与墙体连接是否牢固，连接处用掺入少量麻刀的 1:3 水泥砂浆分层嵌塞密实。

②清理墙体表面的灰尘、油污，并洒水湿润。

③大面积施工前，按前面的样板计划先做样板，经各方确认后再大面积施工。

2. 材料及机具准备

①水泥。325 号普通硅酸盐水泥，有出厂证明和复试报告。

②砂。用中砂，使用前过 5 mm 孔径的筛子，进场后复试，各种物质含量指标符合设计要求。

③麻刀。均匀、柔软、干燥，敲打松散，不含杂质，长度 10 ~ 30 mm。

④主要机具。搅拌机、平推车、2 m 靠尺、抹子、灰桶、脚手架、脚手板等。

3. 操作要点

①抹灰前先检查基体表面的平整度，按基层表面平整垂直情况吊垂直、套方、找规矩，经检查后确定抹灰厚度，但最少不应小于 7 mm，灰饼用 1∶3 水泥砂浆抹成 5 cm 见方形状。

②墙面冲筋。用与抹灰层相同的砂浆冲筋，冲筋的条数根据房间的宽度和高度决定，筋宽为 5 cm。

③做水泥护角。墙面抹灰为混合砂浆时，室内墙面、柱面和门洞口阳角用 1∶3 水泥砂浆打底与所抹灰饼找平，待砂浆稍干后，再用素水泥膏抹成小圆角，其高度为 1.5 m，每侧宽度不小于 5 cm，门洞口护角做完后，及时刷洗门框上的水泥浆。

④抹底灰。冲筋结束、灰层终凝后抹底灰，分层装档，找平，用大杠垂直水平刮找一遍，用木抹子搓毛，然后全面检查底子灰是否平整，保证阴阳角方正，管道处灰抹齐，墙与顶棚交接处光滑平整，并用托线板检查墙面的垂直与平整情况，抹灰后及时清理散落在地上的砂浆。

⑤修补预留孔洞和电气箱槽、盒。当底灰抹平后，专人将预留孔洞和电气箱槽、盒周边 5 cm石灰砂浆刮掉，改用 1∶1∶4 水泥混合砂浆把该处抹光滑、平整。

⑥抹罩面灰。当底灰抹好后，第二天即开始抹罩面灰。抹罩面灰分二遍，厚度 5 ~ 8 mm，两人同时操作，一人薄薄刮一遍，另一人随即抹平，按先上后下的顺序进行，再赶光压实，然后用铁抹子压一遍，最后用铁抹子收光。

抹灰中应注意，凡遇到砌块墙与混凝土墙交接处，在抹灰前均加钉 300 宽钢丝网，以防裂缝。

4. 质量要求

室内混凝土及砌块墙面抹灰允许偏差及检验方法见表 1.8.9。

表 1.8.9　室内混凝土及砌块墙面抹灰允许偏差及检验方法

序号	项目	允许偏差/mm			检验方法
		普通	中级	高级	
1	立面垂直度		5	3	用 2 m 托线板检查
2	表面平整度	5	4	2	用 2 m 靠尺及楔尺检查
3	阴阳角垂直度		4	2	用 2 m 托线板检查
4	阴阳角方正		4	2	用 20 cm 方尺和楔尺检查
5	分格条(缝)平直度		3		拉 5 m 小线和尺量检查

8.7 屋面工程

本项目防水工程为业主指定分包,屋面防水设防三道,屋面保温层采用加气砼保温隔热。本节就聚氨酯涂膜防水进行重点阐述。

8.7.1 屋面构造

①结构层。

②找平层。

③隔气层。

④聚氨酯涂膜防水。

⑤刚性防水层。

⑥加气砼保温层。

8.7.2 聚氨酯涂膜防水

聚氨酯涂膜防水是指以聚氨酯涂膜材料涂覆于结构表面,固化后形成柔韧的整体防水涂层,以达到防水的目的。这种防水层具有不需卷材、涂膜柔软、富有弹性,耐水性、整体性好,施工操作简便等优点。

1. 工艺流程

工艺流程:基层清理→底胶涂刷→刮第一遍涂膜层→刮第二遍涂膜层→闭水试验。

2. 主要机具设备

①机械设备。电动搅拌器、水泵等。

②主要工具。拌料桶、小型油漆桶、胶皮刮板、塑料刮板、长把滚刷、油漆刷、小抹子、铲刀、管帚、磅秤等。

3. 作业条件

①基层表面应平整、牢固,不得有起砂、空鼓等缺陷;阴阳角处,应做成圆弧形或钝角,同时表面应洁净干燥,达不到规定要求,不得进行防水层施工。

②防水材料已配备,运至现场,并经复查,质量符合设计要求。

③施工操作人员经培训、考核方可上岗操作,并进行详细技术交底和安全教育。

④防水层应在天气良好的条件下铺设,雨天、大风天、大雪天、环境温度低于 5 ℃时,不宜施工。

4. 施工工艺

(1)基层清理

①基层表面凸出部分应铲平,凹陷处用掺建筑胶的水泥砂浆填平密实,将沾污尘土、砂粒砂浆、灰渣清除干净,油污应清洗掉,并用清洁湿布擦一遍。

②基层表面应平整,不得有松动、起砂、空鼓、脱皮、开裂等缺陷,表面层含水率应小于9%。

(2)底胶涂刷

①底胶的配制是将聚氨酯材料按甲料：乙料：二甲苯为1：1.5：2的重量比配合搅拌均匀即可。

②底胶涂刷应先立面、阴阳角、排水管、立管周围、混凝土接口、裂缝处以及增强涂抹部位，然后大面积涂刷。

③涂刷时用长把滚刷均匀，将底胶涂刷在基层表面，在常温环境一般经4小时手触不粘时，即可进行下一道工序。

(3)涂膜防水层施工

1)涂膜防水材料的配制　主要有两种配制方法。即按聚氨酯甲料：乙料为1：1.5的重量比配合，用人工或电动搅拌器强力搅拌均匀，必要时掺加甲料0.3%的二月桂酸、二丁基锡促凝剂并搅拌均匀备用；或按聚氨酯甲料：乙料：莫卡(固化剂)为1：1.5：0.2的重量比配合，按同样方法搅拌均匀。此外，还可只用聚氨酯甲料、乙料，不再掺加任何外加剂的聚氨酯防水涂料。

2)涂膜程序　涂膜方法不同，程序不一样。

①当采用外防外贴法时，先涂刷平面，后涂刷立面，平、立面交接处，应交叉搭接，涂膜固化后，及时砌筑保护墙。

②当采用外防内贴法时，先涂刷立面，后涂刷平面，刷立面应先刷转角处，后刷大面。在涂膜未固化前，在涂层表面稀稀撒上一些砂粒，待固化后，再抹水泥砂浆保护层。

3)细部处理　细部处理要特别仔细。

①突出地面、墙面的管子根部、地漏、排水口、阴阳角、变形缝等薄弱部位，应在大面积涂刷前，先做一布二油防水附加层，底胶表面干后，将纤维布裁成与管根、地漏等尺寸、形状相同并将周围加宽200 mm的布，套铺在管道根部等细部。

②在根部涂刷涂膜防水涂料，常温表面干后，再刷第二遍涂膜防水涂料。经24小时干燥后，方可进行大面积涂膜防水层施工。

4)刮涂膜防水层　刮涂膜防水层也要非常小心。

①刮第一遍涂膜是在基层底胶基本干燥固化后进行。将配制好的聚氨酯涂膜用塑料或橡胶刮板均匀刮涂一层涂料，刮涂时用力要均匀一致，不得有漏刮和鼓泡现象。

②刮第二遍涂膜是在第一遍涂膜固化24小时后进行，刮涂方法同第一遍，方向与第一遍垂直，要求均匀刮涂在涂层上，刮涂量略少于第一遍，不得有漏刮和鼓泡等现象。

5)做保护层　涂膜刮完固化后，厕浴间应做好闭水试验，合格后，涂40 mm厚刚性防水层。

5. 质量标准

(1)保证项目

①所用涂膜防水材料的品种、牌号及配合比，必须符合设计要求和有关现行国家标准的规定。每批产品应有产品合格证，并附有使用说明等文件。

②涂膜防水层及其变形缝、预埋管件等细部做法，必须符合设计要求和施工规范的规定。

③涂膜防水层不得有渗漏现象。

(2)基本项目

①涂膜防水层的基层应牢固,表面平整、洁净,阴阳角处呈圆弧形或钝角;聚氨酯底胶应涂布均匀,无漏涂。

②聚氨酯底胶、聚氨酯涂膜附加层的涂刷方法、搭接收头,应符合设计要求和施工规范的规定,并应黏结牢固、紧密,接缝严密,无损伤、空鼓等缺陷。

③聚氨酯涂膜防水层应涂刷均匀,保护层与防水层黏结牢固,紧密结合,不得出现起鼓、皱折、砂眼、脱层、损伤、厚度不匀等缺陷。

④涂抹防水层底板表面坡度应符合设计要求,不得有局部积水现象存在。

6. 成品保护

①操作人员应按作业顺序作业,避免过多人在已施工的涂膜层上走动,同时工人不得穿带钉子的鞋操作。

②穿过地面、墙面等处的管根、地漏时,应防止碰损、变位。地漏、排水口等处应保持畅通,施工时应采取保护措施。

③涂膜防水层未固化前不允许上人作业;干燥固化后应及时做保护层,以防破坏涂膜防水层,造成渗漏。

④涂膜防水层施工时,应注意保护门窗、墙壁等成品,防止污染。

⑤严禁在已做好的防水层上堆放物品,尤其是金属物品。

8.7.3 压型钢板坡屋面

1. 材料要求

做压型钢板坡屋面的材料如下:自攻螺栓 6.3 mm、45 钢镀锌、塑料帽、拉铆钉、铝质抽芯拉铆钉、压盖、不锈钢、密封垫圈、乙丙橡胶垫圈、密封膏、丙烯酸、硅酮密封膏等。

2. 质量要求

彩色涂层钢板要完整,不得有划伤或锈斑;螺栓和拉铆钉应拧紧,不得松弛;板间密封条应连续,拉铆钉和搭接口均应用密封材料封堵。

3. 型材连接方法

压型钢板铺设与钢梁连接:板端头与钢梁熔透点焊,中间采用栓钉与钢梁穿透熔焊;压型钢板间用专用夹紧钳咬合压孔连接;堵头用专用镀锌堵头板与压型钢板及钢梁点焊。弧形区压型钢板异型裁切采用等离子切割机切割,其切口光滑,表面镀锌层完整。压型钢板焊接采用手工电弧点焊,焊条为 E4303,直径 3.2 mm,熔透焊接点为 16 mm。

4. 安装工艺

(1)工艺流程

工艺流程:弹线→清板→吊运→布板→切割→压合→侧焊→端焊→留洞→封堵→验收→栓钉→布筋→埋件→浇筑→养护。

(2)主要施工方法

①先在铺板区弹出主梁的中心线,主梁的中心线是铺设压型钢板固定位置的控制线。由

主梁的中心线控制压型钢板搭接钢梁的搭接宽度,并决定压型钢板与钢梁熔透焊接的焊点位置。次梁的中心线将决定熔透焊栓钉的焊接位置。因压型钢板铺设后难以观测次梁翼缘的具体位置,故将次梁的中心线及次梁翼缘宽度反弹在主梁的中心线上,固定栓钉时,应将次梁的中心线及次梁翼缘宽度再反弹到次梁面上的压型钢板上。

②在堆料场地将压型钢板分层分区按料单清理出并注明编号,区分清楚层、区、号,用记号笔标明,并准确无误地运至施工指定部位。

③吊运时采用专用软吊索,以保证压型钢板板材整体不变形、局部不卷边。压型钢板吊运时只能从上层的梁柱间穿套,而起重工应分层在梁柱间控制。

④采用等离子切割机或剪板钳裁剪边角,裁切放线时富余量应控制在 5 mm 范围内,浇筑混凝土时应采取措施,防止漏浆。

⑤压型钢板与压型钢板侧板间的连接采用咬口钳压合,使单片压型钢板间连成整板。先点焊压型钢板侧边,再固定两端头,最后采用栓钉固定。

⑥加强混凝土养护。

8.8 装饰工程

本项目装修等级为中档,工期要求紧,为了能保质、保工期地完成装修工作,项目经理部将精心组织内抹灰、面砖、涂料、吊顶等多种专业班组,施工前,对各专业班组进行详细的技术交底和必要的操作培训,施工中保持人员稳定。

8.8.1 主要分部工程施工顺序

在室内,原则上按先上后下、先内后外的施工顺序,每道工序完成后,必须经专业人员按时验收。房间装修施工顺序:放线→穿套管→按标准严格检查验收→下一道工序施工。

在施工中,对每层每个房间都要提供土建、装饰等专业共同使用的统一标高线(50 cm 线)和十字中心线。十字中心线既弹在地板上,又弹到天棚上和墙上,十字线上下要一致。施工顺序:面修整→安电气管线→抹天棚腻子→刷涂料→安装设备、开关→墙面饰面→地面饰面板施工。

卫生间装修施工顺序:放线→安电气管线→修整墙、地面孔洞(第一次灌水试验)→做地面防水(第二次灌水试验)→做防水保护层→地面防滑砖(第三次灌水试验)→贴墙面瓷砖→安卫生洁具→安装电气→做五金配件→刷油漆。

8.8.2 外墙面砖镶贴

本工程外墙面砖采用优质瓷质外墙砖。

1. 工艺流程

工艺流程:基层清理→挑砖浸砖→面砖排版→铺贴标砖→铺结合层→铺贴面砖→面砖勾缝→面砖养护。

2. 主要施工工艺

①底层抹灰要分层,分层厚度不超过1 cm,底层砂浆应平整、清洁,且隔天浇水养护。

②弹线分格。等基层灰干至六至七成时,即可按图纸要求进行分段分格弹线,同时亦可进行面层贴标准点的工作,以控制面层出墙尺寸及垂直、平整度。

③排砖。根据大样图及墙面尺寸进行横竖向排砖,以保证面砖缝隙均匀,符合设计图纸要求,注意墙面、柱子和垛子要排整砖,在同一墙面上的横竖排列,均不得有一行以上的非整砖。非整砖行应排在次要部位,如窗间墙或阴角处等,但亦要注意一致和对称。如遇有突出的卡件,应用整砖套割吻合,不得用非整砖随意拼凑镶贴。

④浸砖。面砖镶贴前,首先要将面砖清扫干净,放入水中浸泡2 h以上,取出等表面晾干或擦干净后方可使用。

⑤镶贴面砖。镶贴应自上而下进行。在最下一层砖下皮的位置线先稳好靠尺,以此托住第一皮面砖。在面砖外皮上口拉水平通线,作为镶贴的标准。面砖背面用1:1水泥砂浆加水重20%的建筑胶,在砖背面抹5~8 mm厚粘贴即可。但基层灰必须抹得平整,而且砂子必须过筛后使用。

⑥面砖勾缝与擦缝。面砖铺贴拉缝时,用1:1水泥砂浆勾缝。先勾水平缝再勾竖缝,勾好后要求凹进面砖外表面2~3 mm。若横竖缝为干挤缝或小于3 mm者,应用白水泥配颜料进行擦缝处理。面砖缝勾完后,用布或棉丝蘸稀盐酸擦洗干净。

3. 质量标准

①饰面砖的品种、规格、颜色、图案必须符合设计要求和现行标准的规定。饰面砖镶贴必须牢固,无歪斜、缺楞、掉角和裂缝等缺陷。

②外墙面砖镶贴表面平整、洁净,颜色一致,无变色、起碱、污痕,无空鼓。接缝填嵌密实、平直,宽窄、颜色一致,阴阳角处压向正确,非整砖的使用部位适宜。用整砖套割吻合,边缘整齐;墙裙、贴脸等突出墙面的厚度一致。

4. 成品保护

①及时擦净残留在门窗框上的砂浆,门窗框宜粘贴保护膜,预防污染。

②认真贯彻合理的施工顺序,少数工种(水、电、通风、设备安装等)应提前施工,防止损坏面砖。

③油漆粉刷时不得将油漆喷滴在已完的饰面砖上,必须采取贴纸或塑料薄膜等措施,防止污染。

④各抹灰层在凝结前应防止风干、暴晒、水冲和振动,以保证各层有足够的强度。

⑤装饰材料和饰件以及有饰面的构件,在运输、保管和施工过程中,必须采取措施防止损坏和变质。

8.8.3 楼地面工程

本项目楼地面主要有抛光地砖楼地面、卫生间及屋面防滑地砖地面、地砖踢脚板。

1. 地砖镶贴

基层必须清理干净,露出混凝土的本色,黏结材料选用建筑胶,此胶自身有较好的防水性能,黏结效果良好。黏结层厚度要控制在5~7 cm。

(1)操作要点

①地砖使用前应进行挑选,按大中小分类,并挑出不合格品,分类后在清水中浸泡24小时阴干备用。

②镶贴前进行试排,确保接缝均匀。同一地面上的横竖排列均不得有一行以上的非整砖行,非整砖行应排于次要部位或阴角处。

③地砖要由门口向里排,内侧阴角处允许出现半砖,但不允许出现半砖以下的条砖。内窗口两侧要对称,窗台下口尽量避免出现半砖。铺贴范围要弹线规方,按其标高要求先铺贴标砖,标砖可条形布置。砖缝宜为1~2 mm,嵌缝材料应根据砖的颜色而定,涂色砖要使用与砖近似的颜料调制的胶泥。

④镶贴时如遇突出的管线、卫生设备的支撑架等,应用整砖套割吻合,不得用非整砖拼凑,镶贴墙裙、水池等上口和阴阳角处时,应使用配件砖。

⑤铺好的地砖要注意成品保护,控制上人时间,避免强烈震动。

2. 地面工程质量标准

(1)地砖表面、地漏及泼水

地砖表面、地漏及泛水的质量应符合以下要求。

①表面洁净,图案清晰,色泽一致,接缝均匀,周边顺直,勾缝平整光滑,板块无裂纹、掉角和缺楞等现象;坡度符合设计要求,不倒泛水,无积水,与地漏(管道)结合处严密牢固,无渗漏。

②检验方法:观察检查、泼水检查。

(2)踢脚板

踢脚板安装的质量符合以下要求。

①表面洁净,缝平整均匀,颜色一致,结合牢固,出墙高度、厚度一致,上口平直。

②检验方法:观察,拉线、尺量检查。

8.8.4 内墙涂料

本工程内墙饰面为乳胶漆饰面。

1. 工艺流程

工艺流程:做样板间→基层清理→刮腻子→打磨→刷第一遍涂料→刷第二遍涂料。

材料及工具如下。

①乳胶漆要有出厂合格证、产品说明书,其种类、颜色、性能及技术指标应满足设计要求及有关规范规定的质量标准。存储时不得直接曝晒。

②白水泥、建筑胶、大白粉、石膏粉、滑石粉、熟桐油、清油、合成树脂溶液、聚醋酸乙烯乳液等材料应符合规范规定的质量标准。

③主要工具包括铲刀(腻子刮刀)、钢刮板、小提桶、滤漆筛(箩)、托板、橡皮刮板、刮刀、搅拌棒、大排笔(羊毛刷)、毛刷和圆盘打磨器等。

2. 作业条件

①基层抹灰要经过全面检查验收。

②要搭好内脚手架。

③提前做好涂刷涂料样板,并经设计、质量检查和监理人员、建设单位等有关部门检查鉴定,达到设计及规范要求后,方可组织施工。

④施工现场的环境温度不低于 10 ℃。

3. 施工工艺

(1)基层处理

将基层灰尘、油污和灰渣清理干净。用白水泥(或大白粉)、滑石粉与建筑胶调腻子,补平基层表面和凹凸不平处,干透后用砂纸磨平,然后满刮腻子,待干燥后用 1 号砂纸打磨平整,并清除浮灰,然后刮第二遍腻子,再用 1 号砂纸打磨平整。

(2)涂刷第一遍乳胶漆

先将墙面仔细清扫干净,用布将墙面粉尘擦净。涂刷顺序为先上后下,自左向右。一般用排笔(羊毛刷)涂刷。使用新排笔时,注意将活动的笔毛去掉。涂料使用前应搅拌均匀,根据基层及环境温度情况,可加 10% 水稀释,以防头遍乳胶漆施涂不开。干燥后复补腻子,待复补腻子干透后,用 1 号砂纸磨光,并清扫干净。

(3)涂刷第二遍乳胶漆

操作要求同第一遍乳胶漆,涂刷前要充分搅拌,若不是很稠,不宜加水或尽量少加水,以防露底。漆膜干燥后,用细纱纸将墙面小疙瘩和排笔毛打磨掉,磨光滑后用布擦干净。

4. 质量要求

乳胶漆饰面质量要求见表 1.8.10。

表 1.8.10 乳胶漆饰面质量要求

项次	项目	质量要求
1	透底、流坠、皱皮	大面无,小面明显处无
2	光亮和光滑	光亮和光滑均匀一致
3	装饰线、分色线平直度	偏差不大于 1 mm(拉 5 m 小线检查,不足 5 m 拉通线检查)
4	颜色、刷纹	颜色一致、无明显刷纹

8.8.5 吊顶工程

本项目吊顶有铝扣板吊顶和硅钙板轻钢龙骨吊顶。其中铝扣板吊顶主要用于卫生间等部位。

1. 施工工艺流程

施工工艺流程:弹线→安装主龙骨吊杆→安装主龙骨→安装次龙骨→安装面板→分项验收。

2. 主要施工技术措施

①弹线。根据楼层标高水平线、设计标高,沿墙四周弹顶棚标高水平线,并沿顶棚的标高水平线,在墙上画好龙骨分档位置线。

②安装主龙骨吊杆。在弹好顶棚标高水平线及龙骨位置线后,确定吊杆下端头的标高,安装吊筋。

③安装主龙骨。其间距宜为900~1 200 mm。

④安装边龙骨。边龙骨安装时用水泥钉固定,间距在300 mm左右。

⑤安装次龙骨。次龙骨间距为400 mm,横撑龙骨间距为600 mm。

⑥安装面板。次龙骨面板与轻钢龙骨固定的方式采用自攻螺钉固定法或者直接扣在龙骨上。

⑦刷防锈漆。轻钢龙骨架罩面板顶棚吊杆、固定吊杆铁件,在封罩面板前应刷防锈漆。

3. 质量要求

①吊顶面板要表面平整、洁净,无污染。边缘切割整齐一致,无划伤、缺楞掉角。

②注意龙骨与龙骨架的强度与刚度。

③所有连接件、吊挂件要固定牢固,龙骨不能松动。

④控制吊顶的平整度。应从标高线水平度、吊点分布与固定、龙骨的刚度等几方面来考虑。标高线水平度准确,就要求标高基准点和尺寸准确,吊顶面的水平控制线应拉通线。吊点应分布合理,安装牢固,吊杆安装后不松动、不变形,龙骨要有足够的刚度。

⑤要处理好吊顶面与吊顶设备的关系。

⑥吊筋应符合设计要求,吊筋顺直与吊挂件连接应符合安装规范及有关要求,使用前应进行除锈,涂刷防锈漆要均匀,表面要光洁。

吊顶工程质量的验收标准见表1.8.11。

表1.8.11 吊顶工程质量的验收标准

项目	允许偏差/mm	检验方法
表面平整度	3	用2 m靠尺和楔形塞尺检查,观感平整
压条平直度	3	拉5 m线,不足5 m拉通线和尺量检查
接缝平直度	3	
接缝高低	1	用直尺和塞尺检查

4. 成品保护

待吊顶内管线、设备施工安装完毕,办理好交接后,再调整龙骨,封罩面板,并做好吊顶内的管线、设备的保护,配合好各专业对灯具、喷淋头、烟感、回风、送风口等用纸胶带、塑料布进行粘贴、扣绑保护。

8.8.6 门窗工程

本项目的塑钢(铝合金)门窗属于业主指定分包范围,因此本方案重点就胶合板门制作安装进行重点阐述。本项目的防火门、防火卷帘门均由专业生产厂家负责供货及安装,胶合板门在现场制作及安装。

1. 施工准备

(1)材料

本工程所用材料包括硬木、柚木、胶合板、硬木板、纤维板、榈板、钉子及螺钉、黏结剂等。

(2)作业条件

结构工程已完成并验收完毕,室内 +500 mm 水平线已弹好。所有的木制构件和表面处理均正确,工艺按详图进行,并配以所有必需的低碳钢连接件、搭接件、螺栓、螺钉等;门框扇在安装前应检查有无窜角、翘曲、劈裂或其他缺陷,如有以上缺陷要在楔接前更换之后,再行拼装。

门框扇制作好后,组织油漆工将门框杠靠墙、靠地的一面涂刷防腐油,其他各面涂刷底油一道,刷油后分类码放平整,底层垫平垫高,每层框间衬木板通风,不得露天堆放。

在地面工程完成并达到强度后进行门安装。

2. 操作工艺

(1)做样板

安装门扇及小五金件等,依照图纸及规范要求进行施工。安装后经业主、专职质检员按验评标准检查,符合标准则为样板,并以此作为门扇安装的标准。

(2)门框的安装

门框根据所处位置及安装详图固定,砖墙采用 3 个 3 mm×40 mm×188 mm 低碳钢固定件固定于每一边门框,混凝土墙使用 2 个低碳钢固定件固定于每一边门框。

(3)木门扇的安装

门框扇安装应在内外抹灰之前进行。

(4)门压缝条安装

根据木门类别、位置,按照设计图纸要求在门框与墙体的接缝处钉固柚木门缘,以遮蔽两种不同质材料间由于伸缩变形不同而引起的裂缝。部分门缘安装后,由于紧贴墙体抹灰层,在此部位要沿缝长打密封胶。

3. 质量要求

(1)保证项目

①门框安装位置必须符合设计要求。

②门必须安装牢固,固定点符合设计和施工规范的规定。

(2)基本项目

①门框与墙体间需填塞水泥砂浆,且应饱满、均匀。

②门扇安装:裁口顺直,刨面平整光滑,开关灵活、稳定,无回弹和倒翘。

③小五金件安装应位置适宜,槽深一致,边缘整齐,尺寸正确;小五金件齐全,规格符合要求,木螺丝拧紧卧平。

④门盖口条、压缝条安装尺寸一致,平直光滑,与门结合严密,无缝隙。压缝条打胶顺直、光滑。

(3)质量标准

符合建筑工程质量检查评定标准。

(4)成品保护

一般木门框安装后应用铁皮或纤维板保护,防止砸碰门框,破坏裁口,影响安装和质量。调整修理门扇时不得硬撬,以免损坏扇料和五金件。

4. 门窗塞缝

窗框与墙体间隙过小时,一定要返修,留出足够的空间位置抹防水砂浆。

8.8.7 不锈钢栏杆

不锈钢栏杆的施工采用厂内下料制作、栏杆散件运至施工现场安装的施工方法。

1. 工艺流程

工艺流程为:下料→铣槽→打磨→运输→安装。

(1)下料

栏杆应严格按图纸尺寸下料,不锈钢管切割面要光滑,不允许有毛刺,切割边缘要打磨平滑。

(2)铣槽

栏杆扶手与立柱的开槽尺寸须准确。

(3)打磨

栏杆需进行抛光处理。抛光时要仔细,抛光材料的选用不低于原材料抛光颗粒细度的10%。

(4)运输

厂内下料完成后,用塑料膜包装好,运至施工现场。运输时要用木板垫好、绑牢。

(5)安装

栏杆安装时,立柱要垂直,间距要准确。现场安装完毕后,用软布将栏杆上的污物擦拭干净。

2. 质量要求

①栏杆所用的材料必须符合图纸和规范要求,具有出厂合格证及原始资料。

②栏杆的连接要牢固、稳定,不得晃动。

③栏杆立柱要垂直,垂直偏差不大于2 mm;栏杆立柱与扶手连接处的缝隙不大于0.2 mm。

④栏杆接口处的焊缝应打磨光滑,与原材无明显差异。

⑤栏杆表面要清洁,不允许有划痕。

8.8.8 外墙漆

本项目外墙局部装饰采用外墙漆。

1. 底材要求

外墙涂装漆的表面最基本的要求是干燥、牢固、清洁、平整。

若底材不符合要求将严重影响漆膜性能。墙面湿度大可能造成漆膜起泡、起皮、剥落以及墙面渗碱、漆膜失光甚至长霉;底材松动有污物黏附会影响漆膜附着力,导致起皮、剥落等现象发生,如有霉菌滋生,更会造成漆膜长霉。

2. 涂装体系

外墙漆涂装体系分为三层:底漆、中涂漆、面漆。

(1)底漆

底漆的作用是封闭墙面碱性,提高面漆附着力,对面漆性能及表面效果有较大影响。如不使用底漆,漆膜附着力会有所削弱,墙面碱性对面漆性能的影响更大,尤其使用白水泥腻子的底面,可能造成漆膜粉化、泛黄、渗碱等问题,破坏面漆性能,影响漆膜的使用寿命。

(2)中涂漆

中涂漆的主要作用是提高附着力和遮盖力,提供立体花纹,增加丰满度,并可减少面漆用量。

(3)面漆

面漆是涂装体系中的最后涂层,具装饰功能,抗拒环境侵害。

3. 外墙漆涂装

首先,外墙涂装所用涂料浓度要合适,过量稀释会使涂料不遮底、粉化,有光泽涂料会失光,色彩不一。其次,好的施工用具也是必需的。

外墙漆涂装顺序为先上后下,从屋顶、檐槽、柱顶、横梁和椽子到墙壁、门窗和底板。其中每一部分也须自上而下依次涂刷。在涂刷每一部位时,中途不能停顿,如果必须停顿,也要选择房子结构上原有的连接部位,如墙面与窗框衔接处,以免产生难看的接缝。在涂刷檐板时要分两步,即先刷檐板的底部,再刷向阳部位。同时刷几块檐板时,移动梯子,顺着墙依次进行,涂刷过程中动作要快,并不时地在已干和未干的接合部位来回刷几下,以避免留下层叠或接缝。

8.8.9 其他装饰工程分项

1. 施工工艺流程

施工工艺流程:基层处理→刷第一遍漆→补腻子→再刷漆→饰面板修色→刷面漆。

2. 操作工艺

①基层处理:清除表面的尘土和油污,木质饰面板表面的油污用汽油或稀料擦洗干净,用砂纸抹平基层,清扫干净。对施工周围不该油刷的部位应先保护起来,严禁油漆黏土后再作铲

除处理。

②刷第一道漆:漆不宜太稠,涂刷时要横平竖直,顺着木纹刷,厚薄均匀,不流不坠,刷纹通顺又不漏刷,干后用砂纸打磨,再用湿布擦净,以后每道漆间隔时间为6小时。

③钉眼、拼缝处补腻子:用色粉加适量的水或白乳胶等含水性物质调至与饰面板颜色相近,干湿度适宜,然后再进行钉眼、拼缝处的修补。待腻子干后,用砂纸打平,再刷漆。如果腻子有萎缩变色现象,则应及时修补,待干后用砂纸打平,再刷漆。这样反复进行,一般要刷8遍左右。

④饰面板修色:若饰面板有黑点和人为造成的污点等缺陷均需进行修色。首先将存在缺陷的部位凿下来,找一块颜色、纹理与之接近的小板,补在凿下来的地方。要求四周接缝严密,周围纹理要对好,不能出现高低不平现象。然后再进行上述工序,但应注意每道漆完成后,需进行修色。

⑤刷面漆:待上面工序做好后,用460号水砂纸或机械打磨工具打磨好饰面板基层,擦净,然后刷亚光漆。面漆应根据设计和现场情况选用不同的材料。涂刷的表面不得有流坠、漏刷、微小气泡等现象。油漆未干时,严禁吸烟、生火,以免引起火灾。

8.8.10 装饰成品保护措施

装饰成品保护措施有以下几方面。

①工程开工前,根据工程的特点及交叉配合的施工情况,制定详细的成品保护方案,并进行方案交底。施工过程中使用的材料、半成品按照材料保管要求进行入库、码放、保管。

②墙砖、地砖及石材包装完好,立放、散放的砖、石材光面相对码放。

③硅钙板等饰面材料入库保管,放置在干燥的地方,平放在垫木上,保证材料上部不受挤压。为防止受潮,应用塑料布盖好。

④层板、木门及门框等木制品应放置在干燥的地方,下部用木枋垫起,上部用塑料布覆盖,以防止木材受潮变形,影响施工质量。

⑤贵重的五金件应放置在安全的地方(入箱或分类保管),以免硬物划伤。

⑥从正式施工开始到竣工为止,每一楼层应安排佩戴明显标志的成品保护人员进行看护。

⑦不锈钢制品应用塑料布包捆,不得磨损。

⑧木门油漆施工前应对五金用纸胶带进行保护,门锁用塑料布捆绑保护。

⑨墙面刮腻子、滚刷涂料过程中,用纸胶带、旧报纸或塑料布对消防箱、配电箱、开关、插座进行粘贴遮盖保护。

⑩安装硅钙板吊顶时要戴白手套,以免污染已完工的装饰面。

九、施工进度计划与确保工期的技术、组织措施

9.1 工期目标

若有幸中标,我方郑重承诺2005年1月28日开工,2005年7月28日竣工交付使用,总工期180日历天。在工程施工中,按照以下阶段工期施工,并确保该目标的实现。

基础结构完成: 2005年3月15日

主体结构完成: 2005年4月28日

内外装饰完成: 2005年7月18日

工程竣工交付: 2005年7月28日

9.2 工程施工总进度计划

工程施工总进度计划见图1.9.1、图1.9.2和图1.9.3。

9.3 确保工期的技术、组织措施

9.3.1 加强施工组织与协调管理

①为保证计划完成,某公司选派曾经施工过同类工程的一级项目经理担任该工程的项目经理,该同志有丰富的现场施工组织管理经验;总工程师由有类似工程施工经历并有多年施工经验的高级工程师担任;同时将集中公司经验丰富、精力充沛的现场工程师任工长。

②采用微机技术加强调度管理,合理安排工序穿插和工期,建立主要形象进度控制点,运用网络计划跟踪技术和动态管理方法,坚持月平衡、周调度,确保总进度计划实施。为了充分利用施工空间、时间,应用流水段均衡施工工艺,合理安排工序,在绝对保证安全质量的前提下,充分利用施工空间,科学组织结构、设备安装和装修三者的立体交叉作业。

③根据结构施工进度,早日插入装修,争取尽快全面展开装饰及安装施工。

④对各专业分包实施严格的管理控制。各专业分包单位进场前,必须根据项目部进度计划编制各专业施工进度计划,报项目经理部。各分包单位必须参加项目工程部每日召开的生产例会,把每天存在的问题、需协调的问题当天解决。如因专业分包延误,影响总进度工期,项目部应要求其编制追赶计划并实施,否则对其处以罚款直至解除合同。

⑤严格控制各工序的施工质量,确保一次验收合格,杜绝返工,以一次成优的良好施工质量获取工期的缩短。

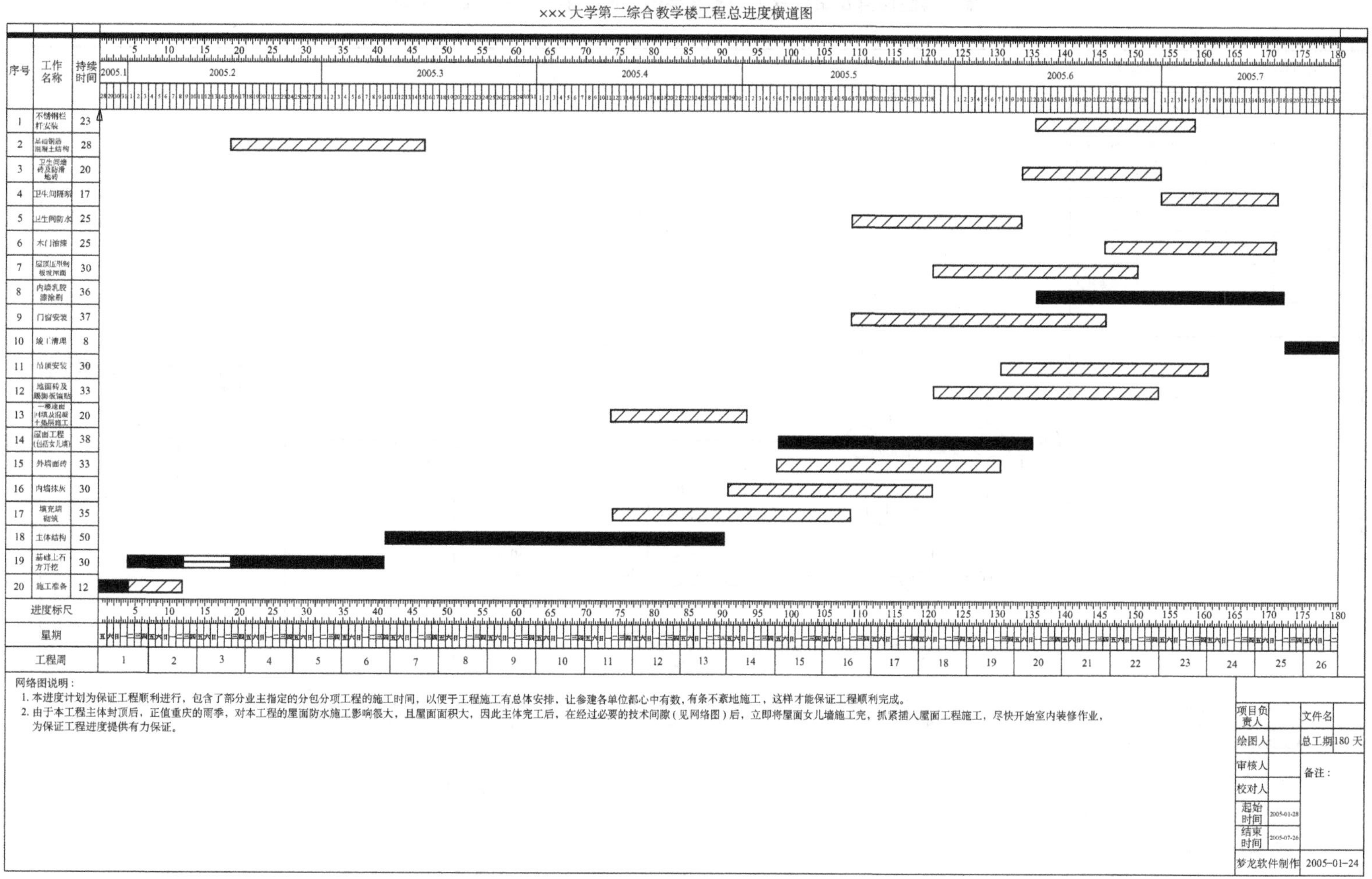

×××大学第二综合教学楼工程总进度横道图

序号	工作名称	持续时间
1	不锈钢栏杆安装	23
2	基础钢筋混凝土结构	28
3	卫生间墙砖及防滑地砖	20
4	卫生间隔断	17
5	卫生间防水	25
6	木门油漆	25
7	屋顶压型钢板坡屋面	30
8	内墙乳胶漆涂刷	36
9	门窗安装	37
10	竣工清理	8
11	吊顶安装	30
12	地面砖及踢脚板镶贴	33
13	一楼地面回填及混凝土垫层施工	20
14	屋面工程(包括女儿墙)	38
15	外墙面砖	33
16	内墙抹灰	30
17	填充墙砌筑	35
18	主体结构	50
19	基础土石方开挖	30
20	施工准备	12

进度标尺：5 10 15 20 25 30 35 40 45 50 55 60 65 70 75 80 85 90 95 100 105 110 115 120 125 130 135 140 145 150 155 160 165 170 175 180

月份：2005.1 2005.2 2005.3 2005.4 2005.5 2005.6 2005.7

星期

工程周：1 2 3 4 5 6 7 8 9 10 11 12 13 14 15 16 17 18 19 20 21 22 23 24 25 26

网络图说明：

1. 本进度计划为保证工程顺利进行，包含了部分业主指定的分包分项工程的施工时间，以便于工程施工有总体安排，让参建各单位都心中有数，有条不紊地施工，这样才能保证工程顺利完成。
2. 由于本工程主体封顶后，正值重庆的雨季，对本工程的屋面防水施工影响很大，且屋面面积大，因此主体完工后，在经过必要的技术间隙（见网络图）后，立即将屋面女儿墙施工完，抓紧插入屋面工程施工，尽快开始室内装修作业，为保证工程进度提供有力保证。

项目负责人		文件名	
绘图人		总工期	180 天
审核人		备注：	
校对人			
起始时间	2005-01-28		
结束时间	2005-07-26		
梦龙软件制作	2005-01-24		

图 1.9.1 ×××大学第二综合教学楼工程总进度横道图

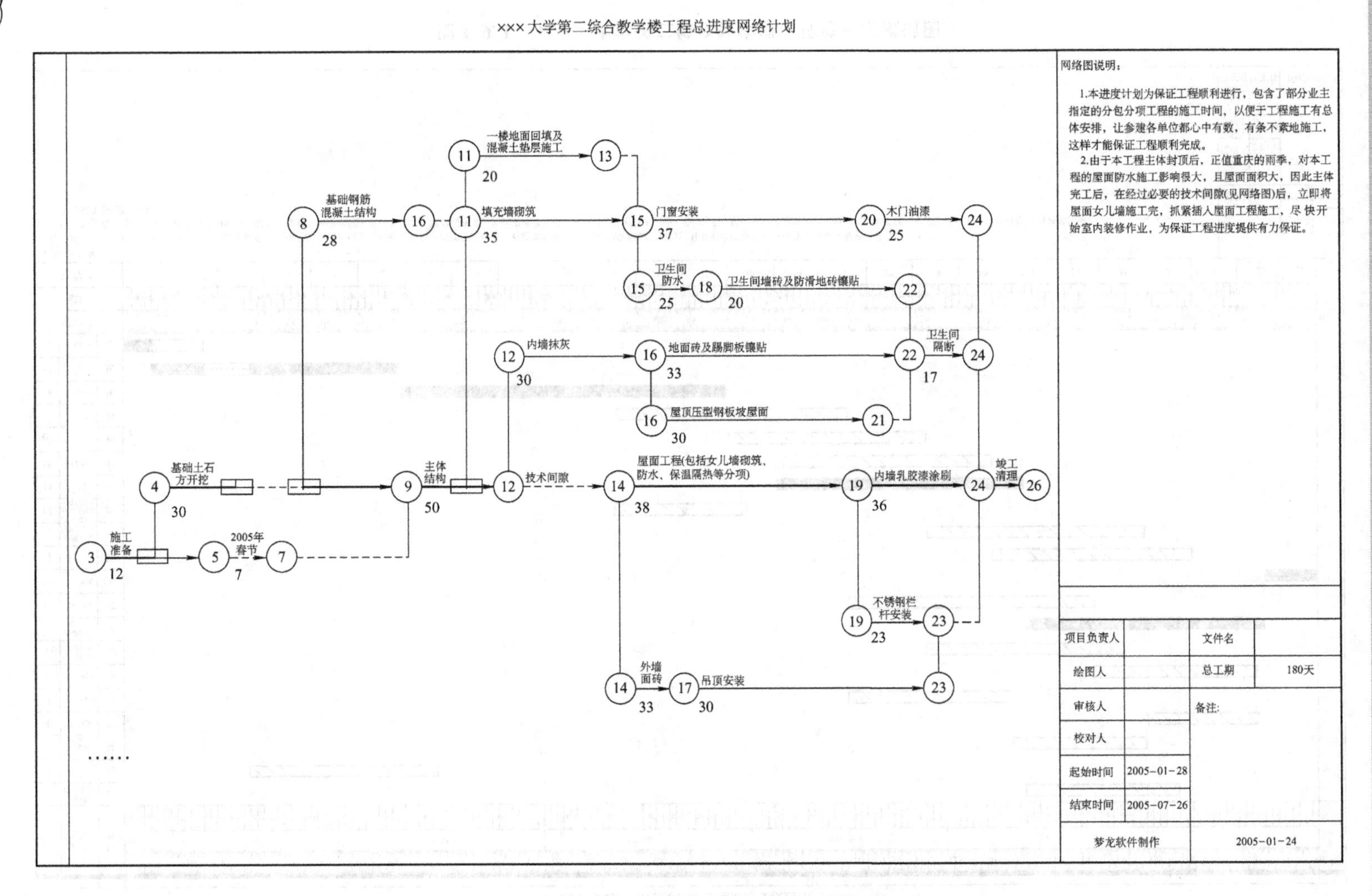

图 1.9.2　×××大学第二综合教学楼工程总进度标时网络计划

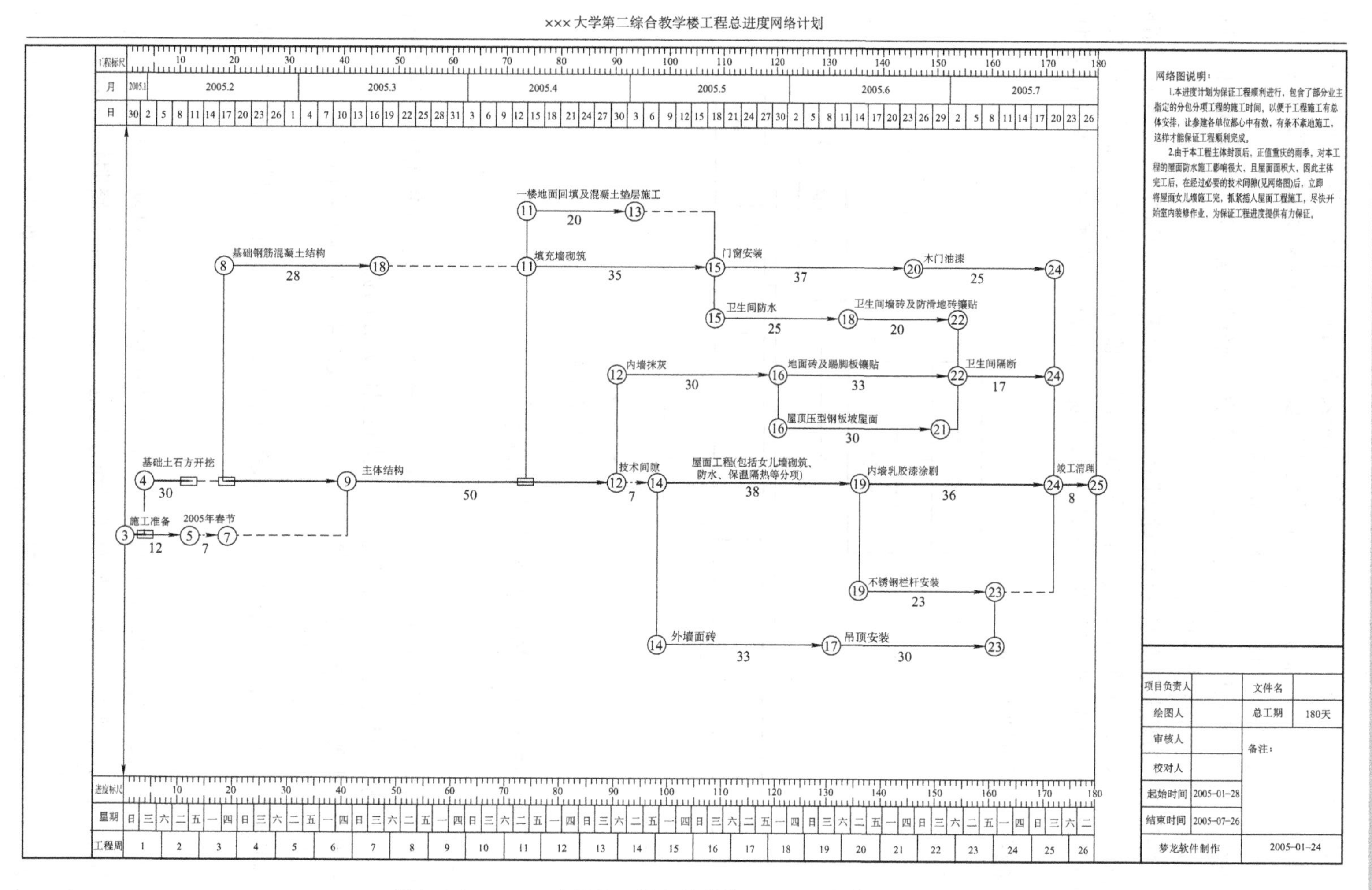

图 1.9.3 ×××大学第二综合教学楼工程总进度时标网络计划

⑥建筑施工综合性强、牵扯面广、社会经济联系复杂,有可能由于难以预见的因素而拖延工期,尤其在装修阶段,为保证工期,在结构施工阶段就必须开始装修施工方法认定、材料选定、样板确定,当然这些工作也需要业主的密切配合。

⑦充分发挥群众的积极性,开展劳动竞赛,对完成计划好的班组、个人予以表扬和奖励,对完成差的班组、个人予以批评和处罚。

⑧工序管理。为最大限度地挖掘关键线路的潜力,各工序的施工时间尽量压缩。结构施工阶段随时插入水电埋管、留洞,不占用工序时间;装修阶段各工种之间建立联合签认制,确保空间、时间充分利用,同时保证各专业良好配合,避免互相破坏或影响施工,造成工序时间延长。

工期保证体系见图 1.9.4。

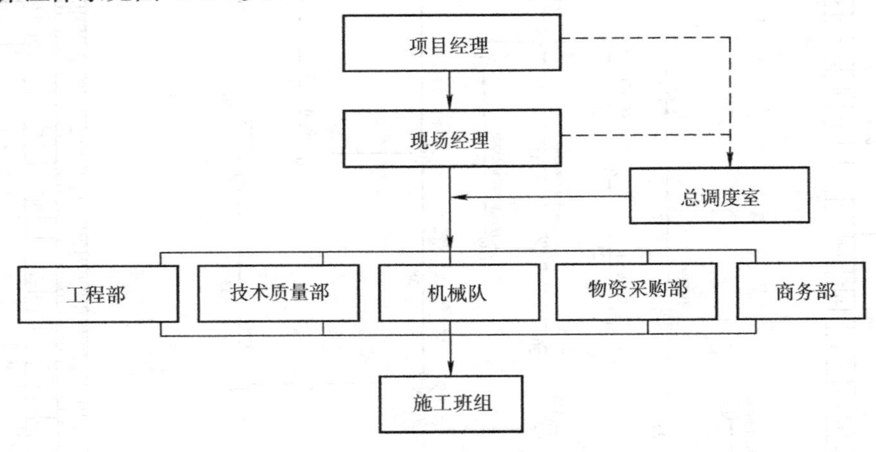

图 1.9.4 工期保证体系

9.3.2 合理的施工部署与施工进度计划编制

1. 施工部署

①将本工程列为某单位的重点工程,全力以赴。充分发挥某单位的集团优势,调集精锐力量,加大人力、物力、财力投入,为确保施工顺利进行提供充分的资源保证。

②选派具有类似工程施工经验的管理人员和较高技术素质的施工队伍参加本工程施工,从人员素质上保证施工的顺利进行。

③应用科学的方法,合理配置各种资源、设备,统筹安排、合理调配,编制、优化总控制进度计划。

2. 计划的编制

①根据以往同类工程施工经验和科学的施工组织及先进的计算机网络控制技术,制定网络控制计划。科学合理的施工计划使总承包和分包施工有了可靠的指路明灯,是保证总计划实现的关键性措施。

②为保证总计划的实现,在总体网络计划中设置了 4 个关键日期控制点。该控制点是施

工阶段性目标,是编制各专业进度计划的依据,也是与各专业分包单位签定合同的依据。

③依据总进度计划,项目总调度室将编制月度进度计划,施工专业队依据月进度计划编制周进度计划,并报项目工程部审批;现场施工工长依据周计划编制日进度计划,并于每天生产例会提出,经各专业队平衡认可后作为第二天的计划,发给各有关执行人。经过这样编制的计划确保了其可操作性及实用性。

9.3.3 强化施工进度计划管理

①建立定期的生产计划例会制度,下达计划,检查计划完成情况,解决实际问题,协调各施工队之间的工作,统一、有序地按总进度计划执行。

②控制关键日期(里程碑),以滚动计划为链条,建立动态的计划管理模式,如图 1.9.5 所示。在总控制进度计划的指导下编制阶段、月、周、日等各级进度计划,一级保一级,不能拖延总控制进度计划。

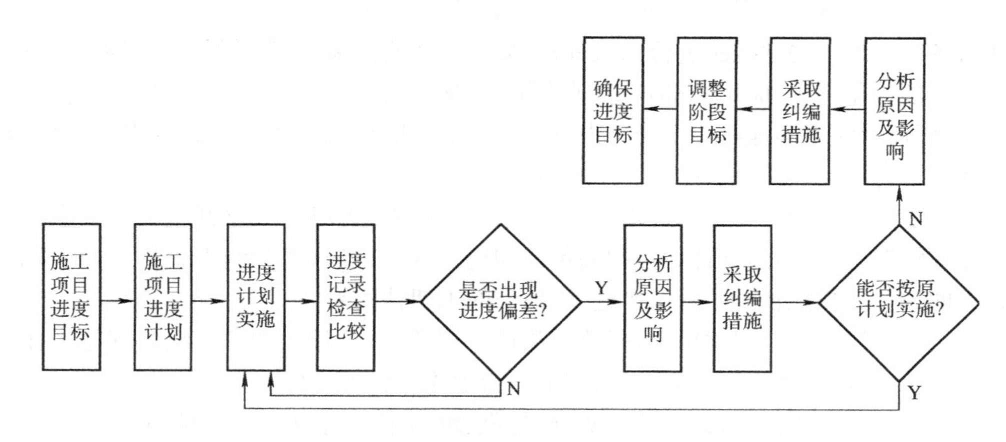

图 1.9.5 进度计划控制循环图

③采取多种形式的施工计划,以保证月进度计划、周进度计划的实施。

分步作业计划是确保总计划实施的重要方法。根据土建施工、材料设备供应等情况,将安装工程总进度计划分解为月、周、日分步作业计划,实行月计划、周实施、日落实的计划管理体系。

ⓐ三周滚动计划。本工程施工过程中存在着许多动态的因素,需不断地进行调整解决。实行检查上周、实施本周、计划下周的三周滚动计划管理办法。本办法将计划的实施、检查、调度集于一体,使管理工作具体化、细量化,以业主、监理组织召开的工程协调会的工程进度布置为目标,项目内部协调会检查实施情况为依据,通过严密的分析讨论,制定下周的工作计划。同时进行严格的组织管理,以确保总计划的顺利实现。

ⓑ日检查工作制。专业责任工程师是施工技术、进度、质量的主要责任人,责任工程师每日进行现场检查,并将检查的结果以书面的形式报给项目调度室,调度室收集、汇总、分析后报给分管项目副经理,使其及时了解施工动态,监督和督促各专业工程师及施工班组按计划完成

工作,或者进行必要的调整。

ⓒ周汇报工作制。配合三周滚动计划的实施,建立每周进度汇报分析制。汇报分析会由现场经理主持,项目经理、项目总工、项目总调度和各级主管人员参加,检查落实一周工作情况,并将检查分析的结果书面汇报给监理单位、业主,备份并存档。若有因外部原因影响工程进度的,在汇报中提出建议及要求,在业主主持的协调会上提出解决方案。

ⓓ月分析调整制度。项目部按月对总进度计划、区域进度计划进行分析、总结。根据具体情况对进度的个别节点进行调整,并在内部协调会上进行必要的生产要素调整。由项目经理主持,现场经理、调度室、总工程师及有关人员参加,最终将分析调整的结果书面汇报公司及业主、监理单位,备份存档。

ⓔ加强计划的严肃性。在计划确定后加强计划的严肃性是非常关键的,各级施工进度计划是完成本工程的基础,必须在日常工作中提到首位,以计划管理带动施工各要素管理。要求施工中各级管理人员必须坚持严谨的工作作风,做到当天的工作不过夜,本周的工作不过周,一环扣一环地完成每一节点计划,使工程向着纵深的方向正常发展。

④对各级计划的关键线路进行深入分析,最大限度地控制缩短关键线路。同时,利用计算机实现计划的优化管理,应用 Project 系列软件、梦龙智能项目管理系统编制各级进度计划并进行优化,以便及时准确地将实际施工中各种反馈信息反映到修改的进度计划中,不断修改计划中存在的不合理性,提高滚动计划的编制效率和准确度。

⑤对施工进度实行三级计划管理,及时调整计划偏差,现场每天召开一次碰头会,检查当天计划完成情况,提高对进度计划控制的预警和应变效率,确保各控制点目标按期实现,对完不成计划的单位,要分析原因、采取措施,将损失的工期补回来。

⑥实行项目法施工。组建精干、高效的项目经理部,由项目经理部直接指挥施工作业层,减少中间环节,提高工作效率,确保灵活的生产指挥体系顺畅运行。

⑦充分发挥群众积极性,开展队与队、班与班、组与组之间的劳动竞赛,争取流动红旗,对完成计划好的予以表扬和奖励,对完成差的给予批评和经济制裁,充分利用经济杠杆作用。

⑧施工中影响进度及各专业协调的问题在例会上要及时解决。如工期有延误要找出原因制定追赶计划。编制施工进度计划的同时也应编制相应的人力、资源需用量计划。如劳动力计划,现金流量计划,材料、构配件、加工、装运到场计划等,并派人追踪检查,确保人力资源满足计划执行的需要,为计划的执行提供可靠的物资保证。

9.3.4 资金、材料对工期的保证

1. 资金对工期的保证

本工程的资金供应管理由项目财务在公司财务经理的领导下有原则、有计划地进行,保证本项目的资金更好地服务于项目,确保工程施工高速、高效地正常运行。

2. 材料对工期的保证

加强施工材料计划管理与采购管理力度,确保按计划进度实施。各专业技术人员应及时准确地提出材料设备需用计划,根据总体进度安排,提出材料、设备的进场时间,并与材料采购

部门(甲方提供部分则与业主)经常保持联系,督促材料设备按计划进场。

9.3.5 施工新技术对工期的保证

积极推广应用新工艺、新材料、新设备、新技术,增加科技含量以争取缩短工期。

1. 新型轮扣式脚手架应用

此种脚手架仅用横杆的插头与立杆的轮扣连接,装拆速度快,用量少,且其整体刚度大,每根立杆的承载力高,能明显地提高工效、缩短工期。

2. 信息化施工技术应用

利用微机查询、优化方案,信息化施工,传递施工信息速度快,能体现一个单位的综合施工能力。

3. 测量新技术(全站仪)应用

全站仪可以同时测距测角,提高工效,降低劳动强度,缩短工期。

4. 电气接线采用新型安全压线帽

新型安全压线帽的绝缘性能好,耐压大于2 000 V,内层为镀银紫铜管或合金铝管,因而导电性能好,钳压后接触电阻为0.002 3 ~0.001 7 Ω,施工速度快。

5. 电缆头应用热缩电缆头及附件制作技术

使用该产品制作的电缆头,具有体积小、重量轻、质量好、速度快、施工操作方便的特点,提高了电力系统运行的安全性和可靠性。

9.3.6 劳动力与施工机械化对工期的保证

为确保工期完成,将选择具有高专业素质的劳务队进场承担施工任务,施工人员相对固定,不会因节假日或农忙季节导致劳动力缺乏。

根据本工程施工进度要求,将采取“协调配合,立体交叉,纵横施工”的劳动组织形式,确保每一项计划的切实完成。某公司为国家级大型企业,施工人员多,技术素质高,中级以上专业技术职称的管理人员约占项目管理人员的60%,作业人员的平均专业技术等级为6.5级。在本工程中将实行管理和劳务两层分离的管理办法,建立双向选择机制,提供充足的劳动力作为本项目的施工主体。

在项目劳动力的配置上,以“计划管理,定向输入,双向选择,统一调配,合理流动”为原则,以劳务承包合同和任务书管理为纽带来组织施工。由于该项目施工周期长,会有许多外部因素影响施工,诸如设计变更、材料供应、土建工期、装修施工、节假日多等,但该公司却不会因上述因素而拖延工期。同时,将采取积极有效的措施,把非属施工方因素造成延误的工期抢回来。为此,在保证劳动力正常配备的条件下,始终保证一定的后备力量,绝不因施工力量不足造成工期拖延。

为缩短工期、降低劳动强度,将最大限度地采用机械作业,如基础部分的垂直运输,在塔吊安装前配备汽车起重机解决;砼采用混凝土泵输送;各专业配备专用中、小型施工机具。现场大型机械将配备塔吊、龙门架、混凝土泵等,这是完成计划的有力保证。

①建立施工机械管理制度、岗位责任制及各种机械操作规程,对现场的机械做到定人定机管理,明确每个人的职责,保证现场机械的管理处于受控状态。并要求设备管理部门对重要设备(如起重设备、打压设备、检测和试验设备等)协调好。

②按照施工组织设计的要求,组织施工机械按期进场,对所有进场的机械进行检查,并进行全面的保养,掌握各机械的性能状态,建立现场机械台账。

③施工期间,定期对施工机械进行检查,随时掌握现场机械的使用情况和状态情况。确保机械处于最佳的运行状态,为施工生产服务,并使现场机械得到充分的利用。

④对出现故障的机械,立即组织专业人员进行维修,如无法短时间内修复,将立即组织备用机械进场,以满足现场施工的需求。

9.3.7 季节性施工措施对工期的保证

该工程施工阶段跨越冬季和雨季,做好冬、雨季施工是能否保证工期的关键,为此该公司制订了完善的季节性施工措施。

9.3.8 良好的外围环境对工期的保证

积极主动与各级政府主管部门联系,为施工提供方便。做细致的工作争取相关人员的理解和支持,减少扰民和民扰,尽量延长工作时间。

9.3.9 完善的技术管理措施

在工程施工过程中,必须采用先进的施工方法和合理施工流程,才能保证工程按业主要求的总工期高质量地完成施工任务。为此,该公司从以下几方面来实现施工技术对工期的保证。

①采用长计划与短计划相结合的多级网络计划进行施工进度计划的控制与管理,并利用计算机技术对网络计划实施动态管理,通过施工网络节点控制目标的实现来保证各控制点工期目标的实现,从而进一步通过各控制点工期目标的实现来确保总工期控制进度计划的实现。

②建立以总工程师为首的技术管理体系,明确体系中各部门各岗位的职责,严格执行设计文件审核制、质量负责制、定期审查制、工前培训和技术交底制、测量复测制、隐蔽工程检查制、"三检制"、材料成品试验及检测制、技术资料归档制等管理办法。确保施工的全过程始终处于受控状态,使各种可能影响工期的技术因素消灭在萌芽状态中。

③施工之前编制实施性的施工组织设计和专题施工方案,应按合同规定期限报呈业主和监理单位进行审批。在施工过程中,要不断对施工组织设计尤其是专题施工方案进行优化,以确保施工组织设计和专题施工方案的科学性和先进性。通过不断优化施工组织设计和专题施工方案,提高安装的施工水平和进度。同时,根据业主的要求及工程的具体情况不断地完善施工工艺,使之更能保证各分部分项工程在时间、空间的充分利用与紧凑搭接。加强施工工艺、质量技术数据的测量、监控力度,确保现场每一道施工工序都能以最短的施工周期保质保量地进入下一道工序,从而减少因措施不适用或不合理造成施工资源和时间的浪费,而达到缩短施

工周期的目的。

④采用成熟的新技术向科学技术要速度、要质量,并通过新技术的推广应用来缩短各工序的施工周期,从而缩短工程的施工总工期。要求专业技术人员对本工程采用的"四新"技术及施工关键技术编制专题施工方案。在方案中,详细说明采用的施工方法、施工机具、质量标准、安全措施等,防止出现错误操作和施工。

⑤做好技术交底工作。采用图示或现场演示等方法,使作业人员了解掌握设计意图、施工程序、质量标准、工期要求、安全措施、施工中的特殊要求等,把技术问题解决在施工之前,确保施工人员能正确有序地进行施工。

⑥做好施工测量工作,测量的原始记录资料必须真实、完整,并妥善保管。测量的仪器必须按计量部门的规定,定期进行计量检定,并做好日常的保养工作,保证仪器状态良好。

⑦采用先进的管理手段。积极开展 QC 小组攻关活动,针对较难控制的质量问题,采用 PDCA 循环,找出产生问题的主要原因,提出对策,并落实、整改。

⑧做好施工技术文件、资料的整理工作。在施工期间,必须注意对施工图纸、图纸会审记录、设计变更、施工记录、分部分项工程评定及工程联络单等施工资料的收集、汇总、整理与保管,为后期工程交工资料的汇编工作做好充分准备。

⑨在施工中,严格按国家颁发的验收规范、操作规程和质量评定标准统一施工,坚持认真审图、按图纸施工,发现质量问题立即采取有效措施,不留隐患。

⑩分部分项工程执行好自检、互检、交接检制度,并将资料在下道工序施工前报送监理检验,待监理检验认可后,再进行下道工序施工。

⑪各种原材料、半成品必须有材质证明或复试报告、出厂合格证,不合格的原材料、半成品在工程中禁止使用。在施工过程中,认真做好检验及计量工作,保证技术资料的完善工作与工程施工同步进行。

⑫分片区落实责任制,做到工完场清,并加强产品保护。

十、确保工程质量的技术、组织措施

10.1 ISO 9001 体系认证

某公司是国内最早通过 ISO 9001 体系认证的建筑企业之一,有完整的质量保证运行体系:项目班组有兼职质量检查员,项目经理部有专职质量检查员,项目经理和项目工程师对质量全面负责,在整个施工过程中,严格按质量技术实施细则执行,全面实行质量责任制。

公司健全了以经理为首、总工程师挂帅,纵到底横到边的质量保证体系。坚持"抓质量求效益,以质量创信誉"的经营方针,运用全面质量管理的原理、思想和方法,开展全面质量管理的宣传教育,强化全员质量意识,形成了全员、全方位、全过程的质量管理网络。将管理程序贯穿于施工全过程中。

10.2 质量保证体系

本工程将以项目经理和总工程师为质量控制总负责人,专业工程师负责基层检查,作业层负责操作质量管理,建立三级质量管理系统,形成一个横向从土建、安装、装饰到各分包项目,纵向从项目经理到作业班组的质量管理网络。使质量保证体系延伸到各施工单位、公司内部各专业分公司,保证实现质量目标。建立高度灵敏的质量信息反馈系统,以试验、技术管理、质量检查为信息中心,负责收集、传递质量信息,供决策机构对异常情况迅速做出反应,并将新的指令信息传递到执行机构,调整施工部署,纠正质量偏差,确保工程质量目标的实现。质量保证体系见图1.10.1。

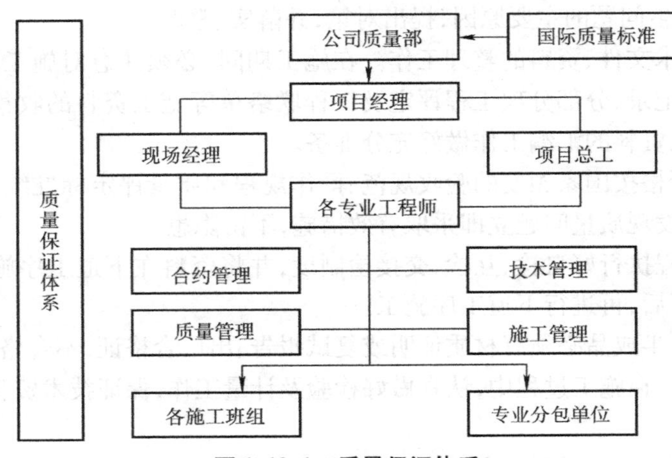

图1.10.1 质量保证体系

10.3 质量管理程序与质量预控

10.3.1 过程质量执行程序

过程质量执行程序见图1.10.2。

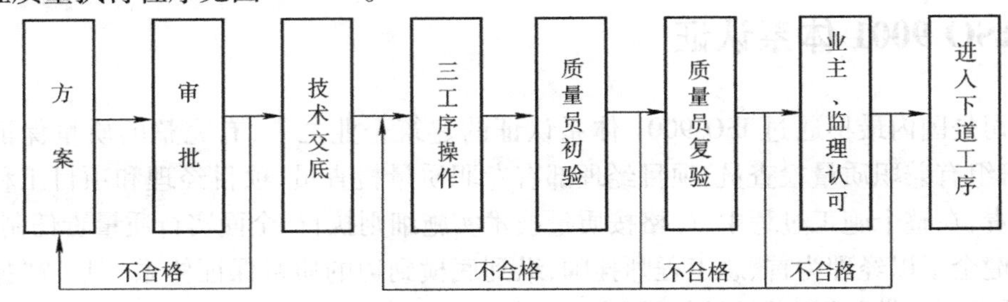

图1.10.2 过程质量执行程序

10.3.2　质量保证程序

质量保证程序见图 1.10.3。

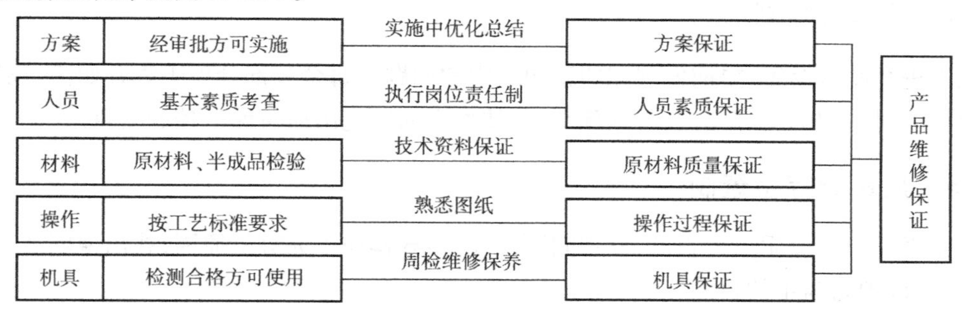

图 1.10.3　质量保证程序

10.4　基础工作

施工前，应严格按照国家现行施工规范和验评标准，组织编写工程施工组织设计。认真组织员工学习执行有关规章制度，对全体员工进行质量意识教育，人人牢固树立“质量是企业的生命”和“为用户服务”的思想。按照 ISO 9001 体系运行文件的要求建立质量保证组织体系，设立专职质检员和成品保护管理员岗位，建立岗位责任制，并建立相应的台账，单位的领导要经常检查质量保证体系的运转情况。要根据专业特点制定本工程的质量管理重点，并成立 QC 小组，经常开展质量分析活动和劳动竞赛活动，做好记录。

10.5　各种质量管理制度

本项目制定了各种质量管理制度，如质量奖罚制度、三检制度、问题会诊制度等来加强项目的质量管理。

10.5.1　技术质量责任制

由项目经理和项目工程师对工程质量全面负责，班组要保证分部分项工程质量，个人要保证操作面和工序质量，施工的每一道工序，都要认真把关，以严格的工作纪律和处罚措施来保证施工质量。

10.5.2　原材料、构配件的试验和检测制度

凡进入工地的原材料和构配件，必须先检查合格证，再按有关要求取样复验，合格者方可使用。严禁不合格的原材料、构配件进场。

10.5.3　质量岗位制度

严格执行“三检制度”，即自检、互检和专职检查。班组在分项工程施工完毕后，必须进行

自检和互检，并评定分项工程质量等级。没有自检、互检或自检互检不合格者，专职质量检查员不予核验质量等级，不准进行下道工序施工。

10.5.4 质量预控制

认真进行图纸会审，提前发现和纠正图纸中的问题。每个分部分项工程开始前，逐级进行技术交底。对工程的关键部位、关键环节，从技术方面制定出质量保证控制要点。

10.5.5 质量跟踪检查制

施工现场设专业质量检查员，发现问题，及时指导操作工人分析原因，找出薄弱环节，制定对策，达到以预防为主的目的。

10.5.6 样板引路制度

对于重要分部工程，特别是装饰工程，大面积施工前要做出样板，经甲、乙、丙三方确认后，方可大面积施工；组织施工人员观摩，让施工人员明确质量标准，做到心中有数。

10.5.7 质量评定程序

质量评定程序是为了解决多工种、多家单位、同一场地多工序施工质量责任问题的有效管理控制手段，鉴于本工程的实际情况，本评定程序将在管理中发挥重要作用。

1. 工序交接评定程序

无论是同一单位还是多家单位之间，每道工序完成后由分包单位、总包单位会同业主共同检查，上道工序不合格，不得进行下道工序。只有每道工序完工组织交接评定，才能保证整体完工后符合质量标准。

2. 专业交接评定程序

牵涉到前后专业衔接的工程部位，经各专业主管人核验，认定每一专业的工作全部按质完成，进行会签后，才能进行下一个专业的施工。

3. 工作面交接评定程序

由于工程是多家单位施工，几个单位在同一工作面上施工，不易管理且容易产生质量破坏，责任难以分清。为解决这一问题，特建立中间交接验收程序。某一分包单位完成某区域的工作，由总包方主持进行上、下两道工序的交接，会签认可后，下道工序分包单位开始施工并负责保护好上道工序的成品。

10.5.8 工程资料管理制度

为了充分满足工程质量的可溯性，总包方将按照工程资料管理制度中规定的内容和格式，在质量管理过程中留下详尽的包含材料证明和检验报告、工程验收等证件，质量管理过程中的行文以及照片和实物资料供业主及其他各方调用。此方面的工作由质量工程师进行总协调。

10.6 物资检验规定

对所有进场的原材料、半成品组织检查验收，建立台账。所有进场物资如由分包单位自行采购的，分包单位必须随材料进场向总包单位提供合格的材质证明、出厂合格证和试验报告。对需要做复试的原材料，如水泥、钢材、钢筋、砂石料、各种附加剂、焊条、焊剂、防水材料等，必须按照规定及时取样试验，并将试验报告向监理报验。对进场的物资必须进行标志，按照已经经过检验、未经检验和经检验不合格等三种状态进行分类堆放，严格保管，避免使用不合格的材料。对不合格的物资，坚决不准进场，同时要注明处理结果和材料去向。对不合格材料的处理，应建立台账。

10.7 过程检验及报验规定

严格执行国家现行规范、标准及企业的各项规定，严格按照设计要求组织施工。每个分项工程（工序）开工之前，严格按工艺标准要求对操作班组进行技术、质量自检及填写自检记录。分部分项（工序）工程完成后，分包单位组织自检和工序间的交接检查，不合格的分项工程或工序，不经返修合格不得进行下道工序的施工。分项工程或工序合格后填好报验单报监理和总包责任工程师复查验收，报验单附自检与交接检记录、隐藏记录、预检记录、质量评定等资料。严格按照“三检制”组织检查各道工序质量，不合格的工序不移交。质检人员必须严格控制施工过程中的质量，在施工过程中严格把关，不得隐瞒施工中的质量问题，并督促操作者及时整改。

10.8 不合格分项（工序）处理的规定

施工中出现施工质量严重不合格时，不得擅自进行处理，必须及时汇报，由总包方会同业主、设计院、监理单位制定处理方案。施工方必须严格按照处理方案进行返修，并将处理结果报总包方质检站复查，复查不合格的应重新处理，直至合格。

凡因施工不当造成的一切后果，包括按规定填写质量事故报告单，须及时上报总包方质检站。出现质量事故，必须认真对待，严格按照“三不放过”的原则，追查责任者和事故原因。对责任者进行严格处理，不得讲情面、说人情、包庇责任者。

10.9 工程质量验收记录

分项工程质量验收记录应按照国家质量验收规范进行实事求是的评定，不得闭门造车。分项工程质量验收，由分包单位组织自检，报项目总包单位质检站进行核定，主要分部工程由公司质检站核定。分项工程质量验收必须在班组自检的基础上，由工长组织有关人员进行，由总包方项目专职质检员进行质量验收。

分项工程质量评定过程中出现不合格，由专职质检员填写不合格品通知单，技术部门提出纠正措施，整改后重新评定。质量目标：本单位工程必须一次验收合格，观感质量评定得分率达到85%以上，混凝土外观质量达到清水混凝土标准，符合装修基层要求，顶棚不做剔凿、抹灰等。

10.10 质量保证资料管理规定

质量保证基础资料由分包单位负责填写、整理，报总包方质检站，并严格执行地方行业标准。各种质量保证资料，必须与施工同步进行，不得后补，以保证资料的完整、真实、整齐。总包方质检站会同技术部定期对各分包方进行资料查验。分包单位质检组必须编制每周质量检查计划，并列出检查标准的依据，严格按照检查计划进行控制检查、评定。质量评定资料必须统一，格式标准化，严格按照《建筑安装工程质量检验评定标准》进行质量检查、评定。

10.11 工程质量奖罚规定

分包单位对工程质量认真负责，分期、分阶段、分部位达到预期质量目标的给予奖励。奖励额度按照双方约定的合同条款执行。

分项、分部工程质量，达不到预期目标，或经上级部门检查工程质量低劣，给工程带来不良影响的，给予处罚。处罚额度按照双方约定的合同条款执行。

进场材料把关严格，保管、发放等管理好的，原材料、半成品控制严格的，给施工质量创造了良好基础的，按双方合同约定给予奖励。物资把关不严，使用不合格材料，给工程质量带来不可挽回损失的，按双方合同约定给予处罚。不按图施工、违章操作、造成返工的，根据返工损失大小给予加倍处罚。

10.12 加强成品保护工作

加强成品保护工作是保证交工质量的一项重要内容。

10.12.1 成品保护的组织管理

各专业负责人在技术负责人的领导以及与质量工程师的统一协调下，研究细化成品保护的组织管理模式，细化相关规章制度以及具体的保护方法方案，负责本专业的所属劳务、分包单位的成品保护工作的监督管理。每日巡查过程中，将成品的监护当做一项重要的和主要的工作。加强对职工的质量和成品保护教育，树立工人的保护意识，使其在操作、搬运和行走过程中相互监督、自觉维护。除在施工现场加设标语外，还应该在必须注意保护的成品处标写醒目的警示，唤起来往人员注意。对成品保护不力的单位和个人以及因粗心、漠视或故意破坏他人成品的单位和个人，区分不同情况和损失，予以不同程度的处罚。

10.12.2 成品保护技术措施

1. 钢筋

钢筋绑扎好后，要及时在过往通道上铺垫木板，防止踩踏，浇筑混凝土前必须搭马凳。浇筑混凝土时不要将混凝土过于集中堆放。

2. 楼梯

楼梯踏步做完后未达到强度要求前要封闭，达到强度要求后方能通行。

3. 地面

工人在地面工程已完的区域作业，只能用脚包橡皮的木梯，着胶底鞋，随身工具不得重放或者放在高处边缘。

4. 水

各种临时和永久用水管道、设施对水的使用、调试、排放前，必须检查是否会造成渗漏，并在用水时派专人看管，在可能渗漏处备水桶、木渣预防。

十一、确保安全、文明施工的技术、组织措施

11.1 确保安全施工的技术、组织措施

11.1.1 安全管理方针

安全管理方针是“安全第一，预防为主”。

11.1.2 安全组织保证体系

以项目经理为首，由现场经理、安全员、专业工程师、各专业分包单位管理人员组成安全组织保证体系（图1.11.1）。

11.1.3 安全管理

严格执行国家及地区有关现场安全管理条例及方法。制定实施现场安全防护标准、施工现场消防管理标准等。建立严格的安全教育制度，坚持入场教育，坚持每周按班组召开安全教育研讨会，增强安全意识，使安全工作落实到人。编制安全措施，设计和购置安全设施。加强施工管理人员的安全考核，增强安全意识，避免违章指挥。对于各种外架、大型机械安装实行

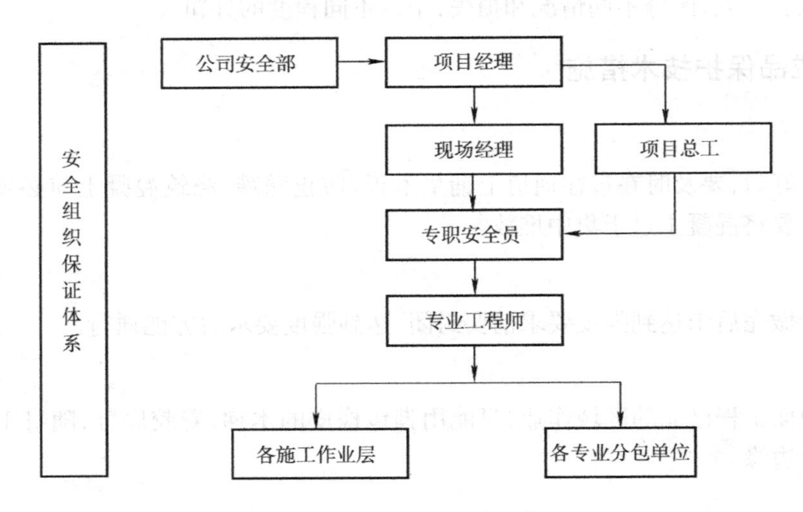

图 1.11.1　安全组织保证体系

验收制，验收不合格的一律不允许使用。建立定期检查制度。经理部每周组织各部门、各分包方对现场进行一次安全隐患检查，发现问题立即整改；对于日常检查，发现危急情况应立即停工，及时采取措施排除险情。

11.1.4　安全教育

1. 三级教育

坚持监督各劳务、分包单位的三级教育，并留有包括被教育人的照片、受教育内容、受教育人签名的详细档案备查。项目部对其内部职工也要进行三级教育。

2. 日常教育

项目部应要求并督促劳务单位和各分包人将安全教育落实到方方面面，以多种生动的形式将安全观念和安全知识灌输给每一个职工。项目部还要为施工现场提供各种标语、规章制度，使工人和管理人员随时都能接受教育。

3. 班前班后教育

每班班前要求对工人进行简洁而明确的教育和动员，并交代好操作注意事项。班后进行简要讲评。

4. 节假日前后教育

节假日及其他有可能导致职工思想波动的时期，反复细致地做好职工思想工作，稳定情绪，防止因精神恍惚造成事故。

5. 特殊工种教育

对特殊工种加强教育力度，并针对其专业特点，加强操作要点的教育。

6. 奖励与处罚

对一贯重视安全教育的单位和个人，进行精神和物质奖励；对不重视安全教育工作，未对下属职工进行有效教育的单位和个人进行处罚。

11.1.5 操作工艺与交底

技术负责人和土建、安装工程师应保证项目部自行完成工程的操作工艺无先天安全缺陷。劳务单位各级管理人员应当向下级职工进行安全技术交底。分包单位应自行保证操作工艺的安全性并向下级职工交底。交底分工种交底、分部分项工程交底、机械使用交底。交底应以书面方式进行，并需要交底人、接受人签字。务必使工人对操作的危险性和防卫措施有充分的了解。

11.1.6 安全检查

检查是安全管理的重要工作。安全工程师与土建队、安装队安全员应当坚持每日巡查工地，对发现的问题，及时责令有关机构和人员解决。每周安全工程师会同技术负责人及其他各工程师，土建、安装、各分包单位领导及安全员进行全面检查。每日巡视和每周检查发现的问题，相关单位、机构和个人必须在规定期限内整改完毕，否则，将受到严厉经济制裁。

11.1.7 安全管理中的几个重要问题

1. 进场许可

对整个工程进行封闭管理，任何未佩戴标牌或未正确佩戴安全帽者不得进入施工现场。进入施工现场的人员必须熟知基本安全常识，听从指挥，并被认为已经认可了总包单位的各项规章制度，违反必究。

2. 上岗许可

醉酒、伤病、未休息好的职工，禁止上岗操作。未经过核发相应操作证的职工不得进行特殊工种作业。

3. 标牌标志

在工地上安放多个安全规章制度牌及安全标志、危险警示标志等标牌；各劳务、分包单位在因作业引起危险时，应向他人做出警示。

4. 垂直交叉作业

预先安排好穿插作业，尽可能地避免垂直交叉作业。如不可避免，将尽最大能力采取防护措施，并做好教育，派专人现场监督。

5. 危险作业

对危险作业如脚手架的搭设与拆除等，应考核每个作业者的身体和精神状态，反复交底，并派专人监护，禁止危险范围内任何人作业和通过。

6. 恶劣天气与天气预报

与气象台密切联系并高度重视天气预报的接收工作。如有恶劣天气，提前检查电器、防雷、塔吊、龙门架、脚手架等各种设施的安全可靠性,及时停止室外作业尤其是登高作业。遇到突然的恶劣天气,各操作岗位应自动停止作业,并转移到安全地带。

7. 作业现场清理

要求各下属单位在作业前及作业后,对作业环境进行勘察处理,以避免对作业者、过路人员和财物造成损伤。

8. 消防

作为总包方,要在现场配置充足的消防设施,项目部及各劳务分包单位要加强预防教育和应急措施教育,并加强防范,避免因火灾给工程带来损失。

9. 现场医疗与抢救

劳务单位配有卫生员,总包单位现场有值班车辆,保证伤害和疾病能够得到及时抢救、处理。

11.1.8 安全防护措施

1. 洞口安全控制

1)洞口防护的设置　楼层、屋顶等外边长小于50 cm的洞口,必须加设盖板,盖板须能保持四周均衡,并有固定其位置的措施。边长为50~150 cm的洞口,必须设置以扣件接钢管而成的网格,并在上面满铺脚手板。边长大于150 cm的洞口,四周除设防护栏杆外,洞口下面还要设水平安全网。

2)临边防护措施　所有临边部位均设置防护栏杆,防护栏杆由横杆及栏杆柱组成,上杆距地高度为1.2 m,下杆离地高度为0.5 m;如楼层进行砌筑时,护栏下口须设挡脚板,防护栏杆与框架柱连接坚固。楼、电梯洞边,外用龙门架接料平台必须安装临时栏杆,并加挂立网,间隔2 m设栏杆柱。

3)洞口的安全规定　严禁私自拆除洞口的防护设施。利用较大洞口上下传递模板时必须有操作平台,平台应设防护栏。在开放的洞口(大于1 000 m)处工作时,必须挂安全带。经常检查各洞口防护设施及安全标志情况,发现损坏及时整改。楼梯间附近必须有足够照明,暂不使用的楼梯间及通道口加两道隔离栏杆,并设置禁止通行安全标志。

2. 钢筋工程安全控制

1)钢筋加工　钢筋机械如钢筋切断机、钢筋弯曲机、砂轮切割机要有漏电保护。砂轮切割机要有砂轮防护罩,严禁使用不圆、有裂纹和直径小于25 cm的锯片。钢筋机械传动部位必须有防护罩。人员操作应避开钢筋运动方向,停用机械时将电源切断。

2)钢筋施工　钢筋吊运由持证起重工指挥,严格遵守操作规程。无论采用何种焊接方法,在现场焊接操作必须有操作架(特别是绑扎、焊接梁钢筋时),操作架上必须铺跳板,绑好防护栏杆。在极特殊情况下(如焊接柱筋或墙钢筋的特殊部位),难以搭设防护架时,操作人员应挂好安全带。所有焊接操作人员必须经考试合格持证上岗。

3. 砼工程安全控制

1)砼浇筑使用工具　塔吊由持证起重工指挥,严格遵守操作规程。地泵在指定电箱接

线；砼泵输送管接头必须卡紧。振捣棒要求绝缘良好。

2）人员操作　在溜槽上工作，必须有操作面及防护栏杆，溜槽上铺跳板；接拆砼泵输送管时，工人在泵管架子上应挂安全带；操作振捣棒应戴绝缘手套。

3）临时用电　振捣棒应有专用开关箱，接漏电保护器（必须达到两极以上漏电保护）。电缆线必须架空，严禁落地。振捣棒线严禁任意接长。夜间施工必须有足够的照明。

4. 机械安全控制

各种机械按照《建筑机械使用安全技术规程》（JGJ 33—2001）、《龙门架及井架物料提升机安全技术规范》（JGJ 88—92）、《施工现场临时用电安全技术规范》（JGJ 46—88）进行防护、检查、使用和维修。所有机械的安全装置必须完好。所有电动机械必须保证其绝缘良好，并接有漏电保护器。大型机械必须由持证人员操作，并严格遵守本工种操作规程。使用木工机械、机具严禁戴手套。使用振捣棒、打夯机等移动式机械设备应戴绝缘手套并穿绝缘鞋。塔吊必须由持证起重工指挥。各分包单位建立机械安全管理制度，由项目安全员监督执行。

5. 脚手架安全控制

脚手架上必须铺跳板、设防护栏杆，严禁在单跳板、飞跳板上作业。脚手架上严禁堆放模板、钢筋和其他杂物。严禁攀爬脚手架，严禁踩在钢管上操作。未经批准任何人不得私自拆除各种脚手架。在独立柱架上严禁堆放过多的钢筋套，在高且难以防护的位置操作时，人员应挂安全带。铺梁底模前，必须在两侧铺好跳板、做好防护栏；操作人员应挂安全带。特殊部位的脚手架（如上人马道等）在其出入口处加挂安全标志牌。

6. 模板工程安全控制

（1）模板加工

1）加工机械　木工机械严禁使用倒顺开关。圆锯：有皮带防护罩；有锯片防护罩和分料器；接漏电保护器。严禁电锯和电刨同时使用，必须采用隔离措施。电刨：传动轴和皮带要有防护罩，电刨护手装置要接漏电保护器。电锯和电刨严禁带伤作业，特别是锯片发现裂纹应立即更换。

2）操作人员　使用木工机械严禁戴手套；锯长度小于 50 cm 或厚度大于锯片半径的木料严禁使用电锯；使用电锯、电刨时，两人操作要注意相互配合，不得硬拉硬拽避免伤人，机械停用时要断电加锁。

（2）现场施工

1）现场加工的安全防护　使用手电锯和手电刨时严禁戴手套。

2）支模板　支柱模、梁底模之前必须先搭好柱、梁脚手架，两侧铺跳板、设防护栏杆。支顶板模板要搭好脚手架。支梁模板或其他模板，若没有可靠的防护架时，操作人员必须挂好安全带。

3）拆模板　在拆柱模前不准将脚手架拆除。利用塔吊拆柱模时应有起重工配合，木工在拆除时若有必要则必须挂安全带。

7. 安全用材料

本工程应用的所有临时供电、安全防护材料，均符合国家和地方规定，如为指定产品或推荐产品，将用指定产品和推荐产品，并将根据有关规定做检验，保留各种检验证明。

8. 高处作业防护

所有楼层外临边、楼梯侧边、电梯井、管道井、施工洞口、外脚手架网的防护以及防护棚、安全通道的做法，均严格按照《建筑施工高处作业安全技术规范》(JGJ 80—91)进行。

主楼外墙6 m内为安全警戒区，用栏杆防护，不得堆放物料，不允许行人靠近和无监护的人员楼下操作。

9. 安全防护图

洞口、楼梯及平台防护示意图见图1.11.2、图1.11.3。

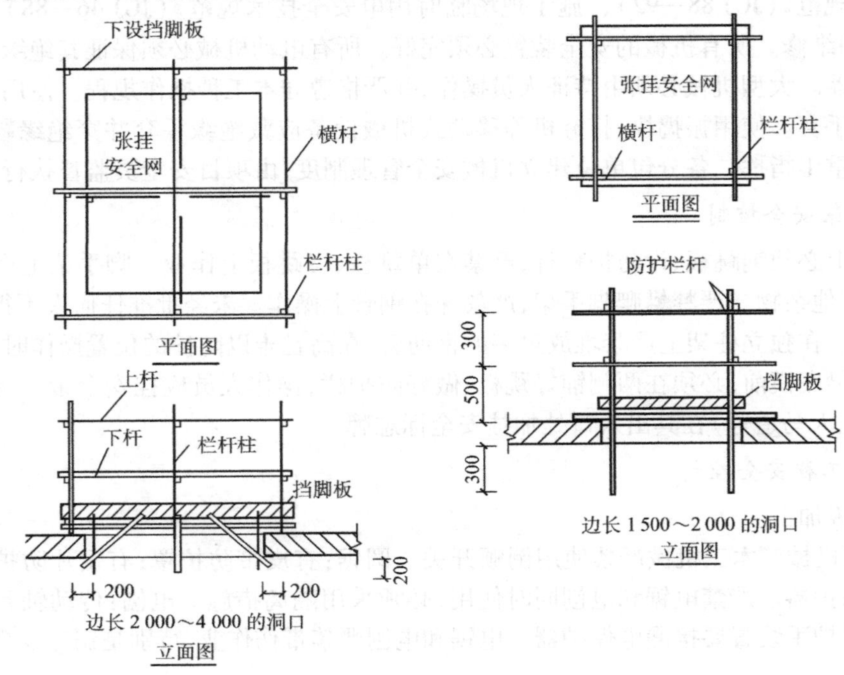

图1.11.2 洞口防护示意图

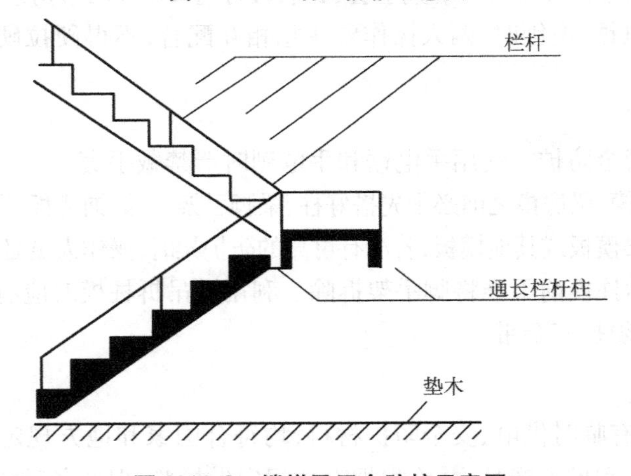

图1.11.3 楼梯及平台防护示意图

11.1.9　分析安全难点，确定安全管理重点

在每个施工阶段开始之前，分析该阶段的施工条件、施工特点、施工方法，预测施工安全难点和事故隐患，确定管理点和预防措施。安全难点一般集中在：多层施工防坠落，立体交叉施工防物体打击；塔吊、龙门架使用中的违章操作以及施工人员的防范意识不足；楼梯间、楼层洞口、管道井处防坠落；外架的安全防护措施及操作前的检查、整改；各种电动工具的不安全使用，对临电设施的维护、检修。

11.1.10　安全控制要点

安全控制要点见表1.11.1。

表1.11.1　安全控制要点一览表

控制过程	控制环节		控制要点		责任人	控制内容	控制依据	控制记录
施工准备阶段	一	设计交底图纸会审	1	设计安全交底	项目安全负责人	理解设计意图，提出不安全因素	设计图及技术文件	设计交底及记录文件
			2	图纸会审	项目安全负责人	对提出的不安全因素定性	施工阶段图纸及技术文件	会审记录
	二	制定施工工艺文件	3	施工组织设计	项目安全负责人	按企业标准要求编制并进行会审	施工图及国家验收规范	批准的施工组织设计
			4	专题施工方法	项目安全负责人	组织审批	符合安全要求	批准的专题施工方案
	三	施工设备	5	施工设备验收使用		审核设备质保书清查数量	符合安全要求	验收及运输记录
	四	安全交底	6	安全总交底和分专业交底	项目安全负责人项目经理	组织	施工图验收规范安全标准	安全交底
施工阶段	五	基础工程	7	基坑稳定	专业工程师	地质情况边坡稳定	验收规范	验收记录
	六	主体工程	8	四口防护	专业工程师	搭设及封闭情况	安全交底	安全记录
			9	脚手架及安全网	专业工程师	搭设及封闭情况	安全交底	安全记录
装饰及安装阶段	七	装饰工程	10	装饰材料	专业工程师	检验材料的防火性	验收规范	试验记录
	八	电动机械	11	电机防触电	专业工程师	检查绝缘及接零接地	验收规范	安全记录

在敏感区域施工,应在噪声影响区域的作业层采用降噪安全围帘包裹。施工现场的木工棚应作封闭处理,并能有效降低噪声。施工场地噪声超过标准限制,或因工艺等技术原因需连续施工时,必须报建设部门批准,在环保部门备案,并按规定对周围居民发放扰民费。

11.1.11 废水管理

开工前应到环保部门进行排污申报登记。临建阶段,统一规划排水管线:建立雨水排水系统,并接入市政雨水管网;建立独立的污水管网,并与市政污水管网相接。现场厕所产生的污水在经过分解、沉淀后通过施工现场内的管线排入市政的污水管线,清洁车每月一次对化粪池进行处理。搅拌机冲洗、运土车清洗所产生的污水在初步沉淀后排入市政污水管线,严禁在施工现场出现乱流现象。

11.1.12 管理基础建设

1. 封闭式管理

对现场各参建单位统一核发胸卡,对施工现场进行封闭式管理,无胸卡不得进入施工现场。来客理由充分并进行登记后方可进场。

2. 区域分工

作为总承包方,要提供公共区域卫生服务;独立分包单位负责每班后将自己作业区域的施工垃圾清理干净,并运至地面指定地点。

3. 现场占用

所有现场占用应按平面布置计划进行,平面布置计划应及时根据工程情况进行调整。各施工单位的临时住所、临时仓库、临时堆料地点,必须事先向项目部申请空间和时间范围,并堆放整齐。

4. 现场料具管理

现场料具管理是施工现场管理的重要内容,也是场容场貌的具体表现,现场料具的管理到位对减少安全隐患起着关键作用。现场材料存放要达到以下要求:根据现场平面布置图,各种料具应按指定位置存放,并分规格码放整齐、稳固,做到一头齐、一条线。施工现场的机具保管中,应依据材料性能采取必要的防雨、防潮、防火、防爆、防损坏措施,贵重物品,易燃、易爆和有毒物品应及时入库,专库专管,并加设明显标志,严格执行领退手续。砌块在码放时注意实心砖应成丁、成行,高度不得超过1.5 m,空心砌块码放高度不得超过1.8 m。

模板要存放在专用的堆放架内,木枋、木制多层板必须按规格码放整齐。材料要根据需要分批进场,以免进料太多造成拥挤,夜间进场的料具要及时吊至所需部位,不能占用大门口或道路。

11.2　环境保护管理方案

11.2.1　概述

本环境保护管理方案是根据某单位《环境管理手册》及相关程序文件编制，与本项目施工现场有关的所有人员必须遵照执行。

1. 重大环境因素的确定

①本项目位于重庆×××地。本工程结构形式为框架结构。

②根据工程实际情况，由项目技术负责人组织识别，填写“施工现场环境因素调查评价表”。

③ 依据“施工现场环境因素调查评价表”，确定施工现场重大环境因素清单。

2. 项目环境目标和指标

针对施工现场重大环境因素清单内容，确定本项目的环境目标和指标如下。

(1) 噪声排放达标

在结构施工阶段场界噪声值昼间小于70 dB，夜间小于55 dB；装修阶段昼间小于65 dB，夜间小于55 dB。

(2) 减少粉尘排放

达到场界目测无扬尘要求，烟尘达标排放，场区道路硬化面积大于90%。

(3) 减少运输遗洒

现场设洗车池，采取清洗、覆盖等措施，杜绝运输遗洒现象。

(4) 防止化学危险品、油品泄漏

对施工现场的油漆、涂料等化学品和含有化学成分的特殊材料、油料等实行封闭储存，随取随用，做到化学危险品无泄漏，油品无遗洒。

(5) 有毒有害废弃物定点排放

对废弃物分类管理，有毒有害废弃物联系回收单位，做到定点排放，并注意其他废弃物的分类回收和再利用。

(6) 最大限度避免光污染

施工现场夜间照明全部采用定向式灯罩，避免影响周围社区。

(7) 杜绝火灾、爆炸事故发生

加强消防意识培训，完善消防管理制度和消防设施，严格控制易燃易爆物品，杜绝火灾、爆炸事故发生。

(8) 污水排放达标

生产及生活污水经沉淀后排放，达到地方标准规定。

(9) 节约水电和纸张

采取切实措施控制水电消耗，并逐步扩大无纸化办公范围，减少纸张消耗，内部办公用纸全部双面打印。

实现环境目标和指标的方法与时间见表1.11.2。

表1.11.2　实现环境目标和指标的方法与时间

序号	环境目标和指标	实现方法	责任人	实施时间
1	噪声排放达标	控制机械使用		全程
		控制模板清理、吊运时间		主体
		控制砼浇筑时间和工艺		主体
2	减少粉尘排放	楼层清理时洒水		全程
3	减少运输遗洒	对进出场车辆进行清洗		全程
		运输垃圾时进行覆盖、派专人打扫		
4	防止化学危险品、油品对人体造成伤害和泄漏	控制有毒内墙乳胶漆、油漆、外墙漆等进场		装饰
		材料员编制存放和使用办法，并监督实施		
5	有毒、有害废弃物定点排放	单独存放，明确标志		全程
		专人管理，定点处理		
6	最大限度避免光污染	控制夜间照明灯光方向，关闭不必要的灯		全程
7	杜绝火灾、爆炸事故发生	封闭乙炔、煤气罐，单独存放		全程
		专人管理，严格领用		
		技术交底		
8	污水排放达标	机械设备清洗用水设沉淀池并定期清理		全程
		生活污水经沉淀、隔油后排放		
9	节约水电、纸张	合理布置和使用现场临时水电		全程
		纸张尽量双面使用		

11.2.2　项目管理组织机构和环境职责

1. 项目环境管理组织结构

项目环境管理组织结构见图1.11.4。

2. 职责

(1)项目经理

明确项目的环境目标并分解落实；根据项目管理人员的配备情况，明确相关人员的环境职责和权限；组织施工现场环境管理的策划，编制环境管理方案，审批项目受控文件清单；审批项目记录管理清单；建立适当的信息交流渠道，对环境管理体系的有效性进行内部沟通和外部交流；组织项目管理人员学习标准、规范和环境管理体系文件及其他有关知识，满足各项管理工作的需要；组织搞好施工现场管理，满足环境法律法规的要求与项目环境管理策划的安排；审批项目编制的环境不符合处置方案，督促项目技术负责人组织项目环境不符合的处置；组织环

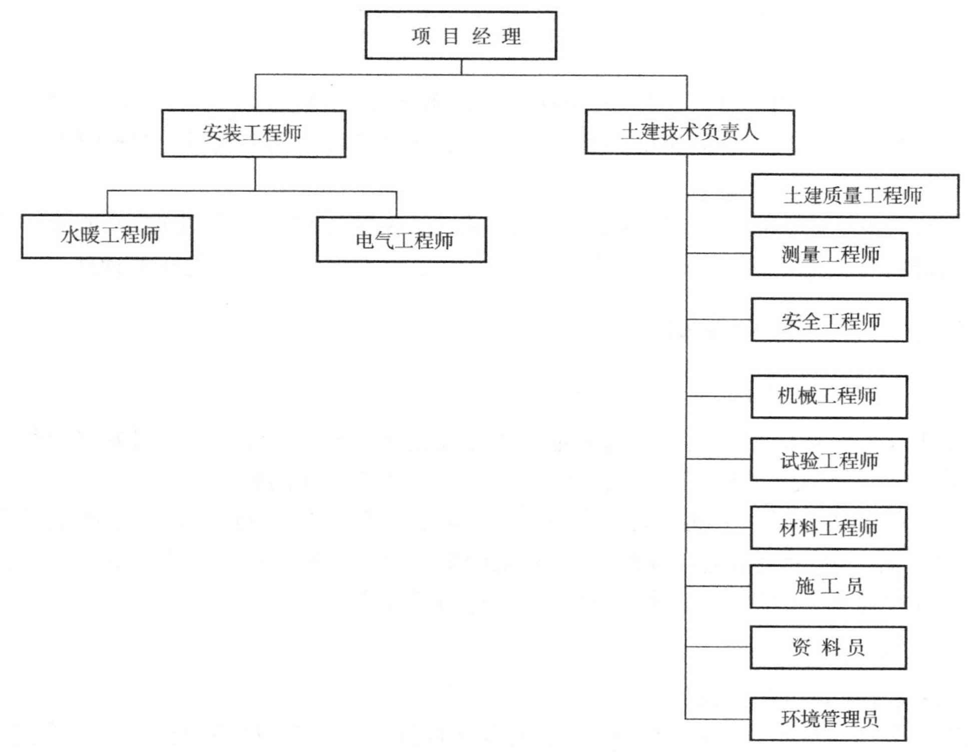

图 1.11.4　项目环境管理组织结构

境信息分析，审批项目制定的纠正和预防措施。

（2）项目技术负责人

组织实施项目环境管理方案；负责项目工程技术文件的控制，包括对图纸、图纸会审记录、设计变更、技术交底、作业指导书、标准、规范、规程、图集等的控制；全面负责工程记录的控制；组织实施项目的环境监测和测量；分管项目监视和测量装置的控制；编制环境不符合处置方案并组织实施；根据环境信息的分析情况，制定项目的纠正和预防措施。

（3）项目环境管理员

负责施工现场的环境管理和监督，实施环境监测和测量；负责监督环境不符合的处置，对不能立即整改的事项下达整改通知单，并负责处置后的环境验收与评定；按分工做好记录；行使现场环境奖惩权。

（4）项目施工员

参与施工现场环境管理方案的制定，负责本专业相关内容的落实；按分工做好相关记录；按分工实施施工现场的环境监测和测量；负责本专业环境不符合的处置；参与环境信息分析，协助技术负责人制定和实施纠正和预防措施。

（5）项目安全员

组织项目的安全生产教育，落实消防管理制度；按分工做好记录。

（6）项目材料员和保管员

负责工程项目的易燃和易爆及化学品、油品等物资的控制；对工程分包商自行采购物资进行监督检查,按分工做好记录。

(7)项目计量员

负责现场监视和测量设备的控制,包括建立设备台账、按规定周期送检、做好检定记录和标志、搞好设备的使用管理等;协助环境管理员实施项目环境监测和测量;按分工做好记录。

(8)项目资料员

实施项目的文件控制,负责项目所有文件的报批、收发、标志、记录、更改等;收集整理工程竣工技术资料和其他记录资料;协助技术负责人的工作,参与施工过程的技术管理。

11.2.3 施工现场运行控制

1. 施工现场总体规划

①施工现场总体规划必须满足施工生产和环保需求,充分考虑对周围相关方的影响及消防安全的需要,并满足项目所在地建管处的规定,兼顾成本方面的要求。

②项目部按功能将施工现场划分为施工区、办公区、生活区。施工区、生活区庭院全部硬化,入口主干路面由于经常进出各种车辆,砼地面要加厚到100 mm(用标号C10砼)。其余未硬化的场区合理进行绿化,未硬化、绿化的区域保持地面干净无垃圾。

2. 施工现场临时设施

(1)各功能区设置相应设施

施工区设置材料库、材料堆场、加工场、混凝土搅拌站、砂浆搅拌站、厕所、门卫、饮水处、吸烟室、试验养护室等。办公区设会议室、办公室、宣传栏等。

(2)对临时设施的要求

材料库采用砖砌库房或设置在楼内,内配灭火器,门上加锁,物料上架,以达到防雨、防晒、防潮、防火、防盗等功能;存放油漆、乳胶漆、防水材料等特殊物资的库房及其管理,按材料员制定的保管方案执行。木工房由安全员根据相关规定配置足够的灭火器,用电线路由电工负责配置,经项目验收后投入使用。钢筋加工场场地硬化,堆放处砌300 mm高砖垅,以防钢筋浸水锈蚀;砂、砖堆场设在大楼东侧,场地大小按总平面规划确定;职工宿舍每人住宿面积不小于3 m^2,在建建筑物内不允许住人;职工宿舍区配备消防设施,由安全员进行布置。工人生活基地的职工食堂设消毒设施、挡鼠板、防蚊蝇纱网。施工现场设施搭设完毕,由项目经理组织验收,合格后方可投入使用。

3. 常见重大环境因素的控制

施工准备阶段,项目部按市建委的有关规定,办理夜间施工审批手续、占路执照、周边环境安全评估等与环保有关的手续,经批准后方可施工。

4. 噪声的控制

本项目根据施工现场重大环境因素清单中造成噪声污染的因素,按《建筑施工场界噪声限值》(GB 12523—90)标准确定需要采取控制措施的声源。

5. 粉尘的控制

本项目根据施工现场重大环境因素清单中造成粉尘污染的因素,编制控制措施,确保满足相关法律法规的要求。

6. 遗洒的控制

本项目根据施工现场重大环境因素清单中造成遗洒污染的因素，编制控制措施，确保满足相关法律法规的要求。控制措施如下：现场全部硬化，划分卫生责任区，保持场区清洁，不污染车轮；自卸车、垃圾运输车运输时，用苫布覆盖；按地方规定和指定的地点弃运废弃物。

7. 易燃、易爆及化学危险品、油品对人体伤害及泄漏的控制

本项目根据施工现场重大环境因素清单中关于易燃、易爆及化学危险品、油品的因素，编制控制措施，确保满足相关法律法规的要求。控制措施如下：施工现场设立封闭式存放区，不同性质、不同应急响应方法的物品应单独存放，提供适宜的储存环境，使用密闭式容器储存，防止泄漏。专人负责保管，严格执行领用审批手续，做好发放记录，定期进行清点，控制库存量；易燃、易爆及化学危险品、油品使用前，由项目技术负责人组织专业施工员进行技术交底，必要时进行应急准备和响应培训，严格按操作规程和产品使用说明执行；施工过程按规范使用专用容器和工具进行操作，尽量避免遗洒；备好防护用品，做好应急准备。

8. 有毒有害废弃物的控制

本项目根据施工现场重大环境因素清单中关于有毒有害废弃物的因素，编制控制措施，确保满足相关法律法规的要求。分析及控制措施如下：对废弃物分类管理，有毒有害废弃物单独存放，设有防雨、防流失、防泄漏、防飞扬等设施，并设"有毒有害"标志；项目经理部设专人负责有毒有害废弃物的管理，对其收集、运输、排放等环节进行监督；联系有毒有害废弃物回收单位，定点排放。

9. 光污染的控制

本项目根据施工现场重大环境因素清单中关于光污染的因素，编制控制措施，确保满足相关法律法规的要求。控制措施如下：施工现场夜间照明全部采用定向式灯罩，避免影响周围社区；夜间尽量避免焊接等产生强光源的施工活动，或采取必要的围护措施。

10. 火灾、爆炸事故的控制

本项目根据施工现场重大环境因素清单中关于易燃、易爆的因素，编制控制措施，确保满足相关法律法规的要求。控制措施如下：对现场人员进行消防意识教育和消防知识培训，增强员工的消防意识；对木工棚、油料库、化学品仓库等易燃易爆区域，按消防规定配备环保型灭火器，做好应急准备；建立和完善现场消防管理制度，每月进行一次消防安全检查，发现隐患及时整改；发生紧急情况时，按"应急准备和响应"执行。

11. 生产生活污水的控制

本项目根据施工现场重大环境因素清单中关于污水污染的因素，编制控制措施，确保满足相关法律法规的要求。控制措施如下：砼和砂浆搅拌机、输送泵等排水点设置沉淀池并定期清理，污水经沉淀后排入市政污水管网；生活区污水集中收集沉淀后排放，食堂餐具清洗处设隔油池。

12. 水电能源和纸张的控制

按生产生活需要，合理布置现场临时用水、用电管线；项目经理部制定节水、节电措施，完善管理制度，杜绝跑、冒、滴、漏。纸张双面使用，并逐步扩大无纸化办公范围，减少纸张消耗。

11.2.4 应急准备和响应

①根据本工程的特点，确定以下物资或场所为应急准备和响应的重点。易燃易爆液(气)体：氧气、乙炔、液化气等。可(易)燃物体：木材、建筑垃圾、保温材料、装饰材料等。应急准备和响应的作业点或场所：电气焊作业点、木工棚、装饰作业点、防水作业点、仓库、配电室等。

②根据上述识别的应急情况制定应急准备措施，规定响应程序，措施如下。

ⓐ对易燃易爆液(气)体、可(易)燃物体和应急准备和响应的作业点或场所，做出分类、分库单独保管存放，由仓库保管员负责管理、检查、发放易燃、易爆物品，并制定应急准备措施。

ⓑ项目经理部成立治安消防领导小组、义务消防队和防汛抢险队；对应急场所的工作人员和管理人员进行岗位教育、消防知识教育、应急准备和培训；根据施工生产情况，组织进行必要的消防演习及其他应急响应训练，每月一次检查应急准备工作情况，并做好记录。

ⓒ发生紧急情况时，立即按“紧急事故处理流程”采取应急措施，防止扩散。本项目施工现场紧急事故处理流程如图1.11.5所示。

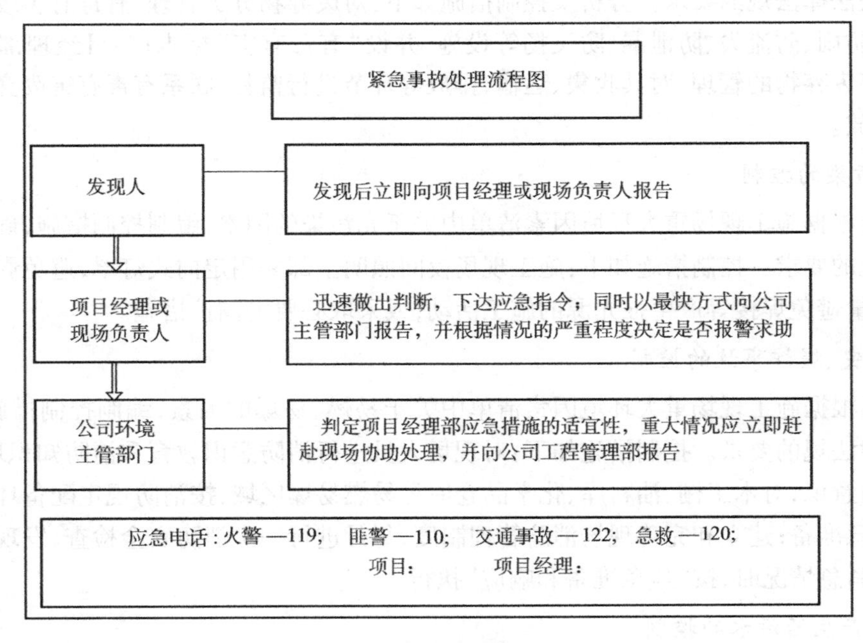

图1.11.5 紧急事故处理流程

ⓓ当紧急事故威胁到人身安全时，必须首先确保人身安全，迅速组织人员脱离危险区域或场所，同时采取应急措施，以尽可能减少对环境的影响。

ⓔ紧急事故处理结束后，项目技术负责人填写应急准备和响应报告，经项目经理签字确认

后报公司环境主管部门，由公司主管部门报上级相关部门。

ⓕ项目技术负责人召集项目有关人员分析发生事故原因，按有关规定制定和实施纠正措施，并跟踪验证。

11.2.5 环境管理监督检查及监测

1. 管理责任区

项目经理部成立文明施工或环境管理领导小组，实行分片负责制，把现场施工区、生活区、办公区的环境管理职责落实到具体人员，并每月一次对职责落实情况进行检查。

2. 监督监测记录

施工现场的环境监测由技术负责人组织实施，指定施工员负责。监测的对象为场界噪声、废水排放、粉尘及有害气体排放等；每月委托环保部门进行一次监测，保存其监测记录。

3. 环境监督

每月进行一次运行控制的检查和监督，做好记录，发现问题及时纠正，确保各项活动符合环境法律法规要求。

4. 不符合的控制及纠正与预防措施

(1)施工现场不符合的控制

①施工现场不符合的控制由项目技术负责人组织，环境管理员、专业施工员共同参与实施。项目实施环境监测、监控和监督过程中发现不符合时，应分析确定引起不符合的原因，能及时整改的应监督整改；不能及时整改的，下达书面整改通知单，并对整改情况进行复查。所采取的措施应与该问题的严重性和伴随的环境影响相适应。当不符合较严重时，由项目技术负责人编制处置方案，经项目经理审批后组织实施。

②上级和地方检查发现的不符合，按上级和地方要求进行整改，并保存有关整改活动的记录。

③本项目部结合生产协调会，分析施工现场的环境保护情况。对经常发生的一般不符合、较严重的不符合或潜在不符合情况，由技术负责人组织制定纠正或预防措施，经项目经理审批后组织实施。纠正和预防措施的制定和实施按《纠正和预防措施程序》执行。

(2)相关方投诉和抱怨的处理

①由项目环境管理员负责处理项目收到的投诉和抱怨。

②本项目部建立环境投诉台账，收到投诉或抱怨后，在台账中予以记录，并根据投诉意见确定处理措施。

③项目部处理好相关方的投诉和抱怨后，对处理情况进行记录和复查。

④发生重大投诉时，由项目经理组织制定和实施纠正措施，防止重复发生。

11.2.6 信息交流的安排

①项目部每月进行一次环境信息交流，做好记录。

②内部信息交流的内容和方式如下。

ⓐ对某单位环境方针、环境管理体系的有关要求、环境知识等，通过宣传、会议传达方式传达给现场有关人员，以增强员工的环保意识。

ⓑ对国家、行业和地方有关环保法律法规及其他要求，通过组织学习、培训的方式予以贯彻。

ⓒ对项目环境目标和指标以及环境管理方案等，通过书面印发、组织学习的方式贯彻落实。

ⓓ对项目运行控制、环境监测信息、存在的不符合等情况及拟采取的纠正与预防措施，通过例会、监测记录、整改通知单、纠正措施记录、预防措施记录等方式进行交流和整改。

ⓔ对规定需要上报的有关信息，通过书面报表、电子邮件等方式传递。

③外部信息交流的内容和方式通常如下：地方环保主管部门的有关规定，通过走访、信息媒体等方式获取；对来自各相关方的文件，按程序进行控制。当污染可能影响到相关方（如噪声、光污染敏感地区）时，应主动与相关方联络并达成一致，需要时按地方规定办理相关手续。

11.3 消防保卫措施

11.3.1 消防措施

①消防工作必须列入现场管理重要议事日程。加强领导，健全组织，严格执行制度，建立现场防火领导小组，统筹施工现场生活区等消防安全工作。定期与不定期开展防火检查，整治隐患。

②对消防员进行培训，使其熟练掌握消防操作规程。请专职消防员对现场所有管理人员进行消防常识教育，演习灭火器的操作。

③在施工现场，每层楼设大容量灭火器，确保消防安全。施工现场的可燃气体及助燃气体不得混乱堆放，并防止露天曝晒。按施工现场有关规定配备消防器材，对易燃、易爆、剧毒物品设专库专人管理，严格控制电焊、气焊操作位置，采取保证消防用水的措施。

④楼层采用低压型灯变压器，不准使用碘钨灯。

11.3.2 保卫措施

1. 组织机构

针对本项目成立保卫工作领导小组。以项目经理为组长，项目安全负责人为副组长，各工种工长、作业队队长、安全员为组员，依此健全项目保卫工作组织机构。

2. 治安保卫措施

为了加强施工现场的保卫工作，确保建设工程的顺利进行，根据地区建设工程施工现场保卫工作基本标准的要求，结合本工程实际情况，为预防各类盗窃、破坏案件的发生，制定保卫工作方案。

3. 治安保卫教育

由保卫小组负责人组织,定期对职工进行治安保卫教育,提高思想认识。每月对职工进行治安教育,每季召开一次治保会,定期组织保卫检查。

4. 现场保卫定期检查

为了维护社会治安,加强对施工现场保卫工作的管理,保护国家财产和职工人身安全,确保施工现场保卫工作的正常有序,促进建设工程顺利进行,按时交工,根据本项目实际情况每周对现场保卫工作进行一次检查,对现场保卫定期进行检查,对提出的问题限期整改,并按期进行复查。检查各施工队人员底数及职工“三证”是否齐全,无证人员立即退场。门卫值班记录必须完整清楚,上班时不得睡觉、喝酒,不得随意离开岗位。进入工地的材料,门卫值班人员必须进行登记,包括材料规格、品种、数量,车的种类和车号。

11.4 现场文明施工措施

①建立总平面管理及文明施工责任制,实行划区负责制。

②严格按总平面规划布置临时建筑和施工机具,堆放材料、成品、半成品,埋设临时管线和电路,未经审准不得任意变更。

③严格按程序组织施工,以正确的施工程序,协调和平衡土建与安装、内部与外部的关系,保证工程紧张有序地顺利进行。

④现场材料堆放要砖成垛、砂成方。原材料及成品要堆放整齐,分类、分规格标志清楚,不占用施工道路和作业区。

⑤坚持文明施工,提高施工现场标准化、规范化、科学化管理水平,设置标准的“六牌一图”,工地四周封闭,出入口设专人指挥车辆进出。

⑥安全标志、防火标志和安全图牌要明显醒目,“三保”使用严肃认真。“四口”防护严密周到,施工现场按规定设消防器材。

⑦经常保持施工现场场地平整及道路排水畅通,照明充足,无长流水、长明灯和路障。生活区设立垃圾堆放点,经常清理;施工现场保持工完场清。

⑧现场设立治安保卫小组,出入现场一律凭证,各种来往车辆按指定路线行驶,职工携带物品出门要有出门条,现场不会客,外来单位拍摄须经领导批准。

11.5 防止扰民的协调措施

①在现场内近居民区设一个降噪观测点,采用专业噪声测量仪进行噪声测量控制;主体工程施工时,近居民楼处采用消音板进行围挡,以减少噪声污染;搭设屋棚封闭设备噪声;在22时至次日6时原则上不进行现场施工。

②采用早拆支撑体系,减少因装拆扣件引发的噪声。

③主动与当地政府联系,申请政府予以协助,处理好噪声污染问题。

十二、季节性施工措施

12.1 冬雨期施工部位

根据本工程的特点和施工总进度计划,本工程施工期间将遇到1个冬期和1个雨期,各期的施工项目如下。

12.1.1 雨期施工

基础施工:本工程基础施工处雨期施工阶段。

主体施工:本工程主体施工所涉及的砼结构、水电预留预埋等均处于雨期施工阶段。

装饰施工:本工程装饰收尾,如外墙装饰等处于雨期施工阶段。

12.1.2 冬期施工

本工程主体施工处于冬期施工阶段内。

12.2 雨期施工措施

雨期施工前,认真组织有关人员分析雨期施工生产计划,根据雨期施工项目编制雨期施工措施,所需材料要在雨期施工前准备好。

成立防汛领导小组,制定防汛计划和紧急预防措施。夜间设专职值班人员,保证昼夜有人值班并做好值班记录;同时设置天气预报员负责收听和发布天气情况。组织相关人员进行一次全面检查施工现场的准备工作,包括临时设施、临电、机械设备防雨、防护等。检查施工现场及生产基地的排水设施,疏通各种排水渠道,清理雨水排水口,保证雨天时通畅。在雨期到来前,做好塔吊和高脚手架防雷装置,质量检查部门要对避雷装置作一次全面检查,确保防雷安全。

12.2.1 砼工程雨季施工措施

砼施工应尽量避免在雨天进行。大雨和暴雨不得浇筑砼,新浇砼应覆盖,以防雨水冲刷。防水砼严禁在雨天施工。在雨期浇筑板、墙砼时,可根据实际情况调整坍落度。浇筑板、墙、柱砼时,可适当减小坍落度。梁、板同时浇筑时应沿次梁方向浇筑,此时如遇雨而停止施工,可将施工缝留在次梁和板上,以保证主梁的整体性。

本工程主体施工必须在雨季到来前全部完成,在主体完成后立即组织屋面施工,以保证不影响室内装饰施工,争取在4月底、5月初雨季到来前实现全面断水。

12.2.2 钢筋工程雨季施工措施

钢筋加工区应砌在240 mm×300 mm(宽×高)、间距2 m的砖垄上,以避免污垢或泥土的污染。绝对不允许钢筋存放在积水中。

钢筋加工区应搭设钢筋棚,加工出的成品应垫高存放,不得直接放在地上,以防雨天泥土污染成品钢筋。闪光对焊钢筋应在钢筋棚内进行,不得在室外对焊,以防雨淋。尤其是刚对焊出的钢筋,绝对禁止放在雨中或水中冷却,大风雨天气对焊钢筋应终止进行。现场焊接钢筋,应选在无风雨天气进行,刚焊出的钢筋也应禁止雨淋,以防止改变钢筋受力性能。总之,焊接钢筋应避开阴雨天气,否则应用石棉瓦遮挡,避开雨水直淋钢筋焊区。

在绑扎钢筋中,有时遇到阴雨天气,一般情况不影响钢筋绑扎施工。但工人在上下班或搬运钢筋时,鞋上沾的泥土易污染钢筋网片,应采取以下措施:一是钢筋上的泥土,应用钢丝刷刷掉,配合自来水冲洗干净;二是工人在进入钢筋绑扎区前清理干净鞋底或穿干净的鞋进行施工。

12.2.3 模板工程雨季施工措施

模板拼装后尽快浇筑砼,防止模板遇雨变形。若模板拼装后不能及时浇筑砼,又被雨水淋过,则浇筑砼前应重新检查,加固模板和支撑。大块模板落地时,地面应坚实并支撑牢固。竹胶板应平放在平整的砼地面上,下部垫以10 cm×10 cm木枋,间距50 mm,上部应覆盖塑料薄膜防雨淋变形。绝对禁止竹胶板浸泡在水中。

12.2.4 脚手架工程雨季施工措施

雨期前对所有脚手架进行全面检查。外用脚手架要与墙体拉结牢固。外架基础要随时观察,如有下陷或变形,应立即处理。

12.2.5 装饰工程雨季施工措施

装饰施工阶段所需装饰材料、门窗及安装用的保温棉、电力设备等均应采取防雨措施,如覆盖塑料布。受潮易变形的成品、半成品应储存在仓库内,否则变形后无法安装使用。

12.2.6 其他工程雨季施工措施

做好塔吊、脚手架等高耸物件的防雷与防台风措施。塔吊要顺风停放。避雷采用ϕ12钢筋接地。脚手架上应铺防滑材料。落地脚手架立杆应垫在5 cm厚木枋上,基础应有良好的排水措施,脚手架底部均设扫地杆。大风雨过后,应重新检查塔吊和脚手架,确保无变化后,方可继续使用。

对临时道路和排水沟要经常维修和疏通,以保证暴雨后能通行和排水。雨季时准备2台ϕ50水泵排水。现场使用的中小型机械必须按规定加设防雨罩,安装漏电保护器。

12.3 冬期施工措施

12.3.1 钢筋工程冬季施工措施

钢筋冷拉温度不应低于 -20 ℃。如必须在室外焊接钢筋,其环境温度不宜低于 -20 ℃,风力超过3级以上时,应有挡风措施。焊后未冷却的接头,严禁碰到冰雪。闪光对焊应搭设钢筋对焊棚,钢筋端面不平整时,应采用闪光—预热—闪光焊工艺。钢筋端面平整时,应采用预热闪光焊。在构造上应防止在接头处产生偏心受力状况。所有焊接应有试焊,检验合格后方可正式焊接。

12.3.2 砼工程冬季施工措施

由于项目所在地区冬季气温一般不低于0 ℃,所以不需采取特殊措施,但针对多年一遇的严寒天气,应采取如下措施。

①采用综合蓄热法养护计算。选取计算构件,计算表面系数、砼的入模温度,确定预养时间、冷却过程的平均温度、冷却过程的等效龄期。

②本工程采用自拌砼,水泥采用普硅42.5水泥,水化热量大。

③冬期施工期间砼浇筑应安排在上午进行,此时大气温度逐渐上升,对砼早期正温养护非常有利。夜晚温度下降时,对砼表面进行覆盖,砼内因水化热使温度上升,从而保证早期有一个较好的温度环境,避免受冻。在白昼浇筑砼,因环境温度与砼出机温度温差小,还可减少热量损失,确保初始养护温度。冬期施工期间,砼试块应至少比常温多留两组同条件养护试块,一组用来测定砼的同养强度,另一组用来做28天的强度测试。试块应在浇筑现场取样制作。试压前,试块应在拥有正温条件的室内停放6~12小时。

④砼输送采用HBT60型泵,泵管采用热水预热,并采用保温被包裹保温。

⑤柱、墙体拆模后喷养护剂,然后用一层塑料薄膜和一层聚苯板覆盖保温,直至达到砼受冻临界强度及爬架提升要求。砼顶板上面覆盖一层塑料薄膜和两层保温被进行保温、保湿养护。顶板保温层应在浇筑完毕后、夜间降温前及时覆盖,但覆盖时要注意成品保护,保持顶板砼面的平整度。

⑥在随层增长的外防护架上,用彩布进行围护。对墙上大小洞口等进风部位采用塑料薄膜、聚苯板、木板等封堵,达到防风保温目的。房间内采用焦炭加热,每5 m^2 设置一个火炉子,并设专人负责,要求室内温度不低于5 ℃,使砼迅速达到抗冻临界强度,这样有利于外墙砼强度迅速增长。室内生火时应注意防止发生火灾。

⑦完善和强化砼浇灌申请、墙板拆模申请制度,并设专人负责。

⑧为便于了解和观察砼的温度变化,对砼原材料温度和浇筑后的温度变化均应进行检测。每段取测温点测温,其中墙体测温点每处分上、中、下三点,在砼内预埋测温导线,用电子测温计测温。在砼达到抗冻临界强度之前每2小时测一次,以后每6小时测一次。

⑨现场设标准养护室,室内温度20±3 ℃,湿度90%以上,进行试件的标准养护,同条件试块按砼实际状况进行保温。

⑩为确保砼不受冻,应注意收集天气预报信息,当风力在 5 级以上时不得浇筑砼。砼浇筑时环境温度不得低于 -10 ℃。浇筑期间当夜环境温度不得低于 -15 ℃。应根据天气情况安排砼施工。

12.3.3 冬期施工技术质量、安全管理

冬期施工前,应将冬期施工所用的材料、机械、工具等备足备齐、落实到人,专人负责、统一调度。建立健全冬期施工领导班子,确保冬期施工措施落到实处。在冬期施工中,多注意收集天气预报,做好测温工作。

安装用的塑料管线应妥善保管,避免露天存放,造成管线变脆,影响工程质量。

冬天气温低,各种钢制构件韧性偏差,应每日例行检查爬架用的固定螺栓、脚手架的连接扣件、马道平台、安全网用的悬挑钢管连接等是否有裂缝和变形现象,做到及时发现及时处理,防患于未然,并记录在案。冬期施工中,高空作业应系安全带、穿胶底鞋、防止滑落及高空坠落。生活及施工道路、架子、坡道应经常清理积水、积雪,斜跑道要有可靠的防滑条。

现场明火作业,必须有经理部签字的动火证。加强现场消防工作,备足消防器材,施工现场水源、灭火砂及消火栓应设明显标记,注意保管,不得随便动用。

十三、"四新"科技成果应用

13.1 "四新"科技成果应用计划

13.1.1 科技成果推广组织管理

为把本工程建成技术一流、管理科学、工期先进、质量过硬,同时达到有计划、有步骤地开发和推广应用新技术的目的,在工程施工之初,就成立开发和推广应用新技术领导小组,见表 1.13.1。即以项目经理为组长、项目总工程师及项目副经理为副组长、各部门负责人及专业项目经理和专业项目技术负责人参加的项目科技进步工作领导小组,协调各项工作的实施。

表 1.13.1 科技推广领导小组成员分工

序号	职务	本项目工作范围
1	项目经理	负责本项目的领导及组织
2	项目总工程师	负责"四新"科技成果的推广应用
3	项目副经理	负责本项目的协调管理
4	各部门负责人	负责本部门相关"四新"科技成果的推广应用管理

13.1.2 科技推广工作计划

"科学技术是第一生产力",要使科技成果尽快转化为生产力,产生经济效益和社会效益,

关键在于推广应用。在施工期间,将对工程技术难点进行攻关。同时,将把施工现场作为科技进步的主战场,围绕工程项目,根据施工需要,充分推广应用"四新"科技成果,采用先进合理的技术措施和现代化管理手段,提高质量,缩短工期,降低消耗,增强效益,圆满完成工程施工任务,形成新的技术优势,促进企业的长远发展。推广项目实施计划见表1.13.2。

表1.13.2 推广项目实施计划

序号	推广项目名称	实施人	形象部位
1	双面塑化竹胶板应用技术	土建工程师	基础及主体结构
2	竖向钢筋的电渣压力焊接技术	土建工程师	基础及主体结构
3	混凝土薄膜养生液	土建工程师	基础及主体结构
4	信息化施工技术	信息工程师	施工全过程
5	测量新技术(全站仪)的应用	测量工程师	砼结构

13.1.3 推广项目简介

拟推广项目情况见表1.13.3。

表1.13.3 拟推广项目情况

拟推广技术项目简介(技术特点、适用范围、颁布单位等)

1. 双面塑化竹胶板应用技术

技术特点:砼表面平整光滑,不刷脱模剂,接缝少,砼表面平整、光滑美观。

适用范围:工业与民用建筑工程、交通工程等。

2. 竖向钢筋的电渣压力焊接技术

技术特点:利用电流通过渣池产生的电阻热将钢筋端部熔化,然后施加压力使钢筋焊合。

适用范围:钢筋接头。

3. 混凝土薄膜养生液

技术特点:混凝土薄膜养生液,是一种水乳胶型养生材料,具有无毒无味、操作方便、保水效果好、降低混凝土养护费用、改善施工条件等优点。采用喷涂成膜,8小时保水率达90%以上。

适用范围:混凝土养护。

4. 信息化施工技术

技术特点:利用微机查询、优化方案,信息化施工,传递施工信息速度快。

适用范围:建筑工程投标报价、施工预算管理、网络进度计划管理、成本管理、优化设计、传递施工信息等。

5. 测量新技术(全站仪)应用

技术特点:同时测距测角,提高工效。

适用范围:工业与民用建筑工程、交通工程等。

6. 新型安全压线帽

技术特点:绝缘性能好,耐压大于2 000 V,内层为镀银紫铜管或合金铝管,因而导电性能好,钳压后接触电阻为0.002 3~0.001 7 Ω。

适用范围:4 mm^2 以下的电线中间连接。

13.2 科技成果推广实施措施

①以科技为先导，强化全员科技意识。通过宣传，使全员认识到科技运用在质量、进度、成本、劳动强度等方面所带来的效应，进一步提高对科技是第一生产力的认识，转变观念，树立向质量要效益的思想，使其自觉投入到科技的学习和科技的运用的行列当中来。

②以组织和制度为保证，完善科技工作保证体系，进一步健全有效的科技工作组织体系，强化技术管理，并为落实责、权、利创造条件和环境。

③加强科技的普及工作，提高职工科技素质。对推广的新技术，组织专门的学习并进行操作锻炼。在实施过程中，定期进行技术、技能比赛。

④以激励为手段，加大科技进步的群众基础。将取得的经济效益与个人的经济收入挂钩。对于群众的合理化建议，将给予嘉奖。

⑤推行全面质量管理，形成计量、检测试验、标准化、科技信息工作基础技术管理网络。

13.3 推广计划措施

①制定科技推广示范工程管理办法。

②制定科技推广示范工程质量管理制度。

③收集科技示范工程资料(图片及录像等)。

④制定并贯彻工艺标准。

⑤制定出详细的实施计划，明确实施部位。

⑥控制材料质量，按规定进行试验和检查。

⑦落实人员和作业条件。

⑧施工过程中要随时收集如下资料：专业性技术交底、施工记录、主要问题记录及分析、质量情报记录及分析。

⑨做好各方面的总结：施工及技术总结、效益分析及见证资料、遗留问题及见证资料、科技进步资料、科技推广总结。

十四、工程造价管理及成本降低措施

14.1 管理目标

通过科学管理，降低材料损耗；通过技术措施降低工程成本1.5%。

14.2 成本控制程序

成本控制程序见图 1.14.1。

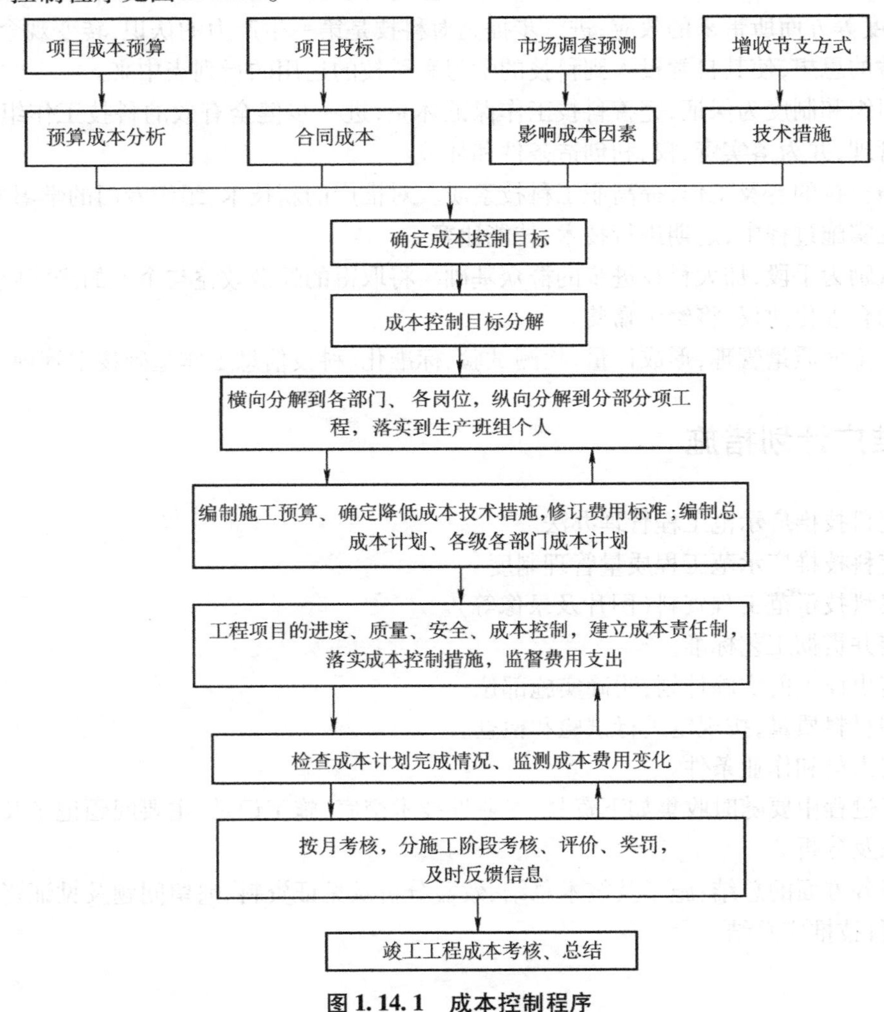

图 1.14.1 成本控制程序

14.3 控制措施

对成本的主要构成进行合理的分解分析,以便采取有效措施加强对成本的控制与管理,对管好用好资金、提高投资效益有着重要意义。

在施工阶段的控制目标明确,目标分解比较具体,可以作定量的平衡和分析。客观地分析偏差的原因,有针对性地采取措施,达到控制目的。

14.3.1 材料管理

材料管理流程如图 1.14.2 所示。

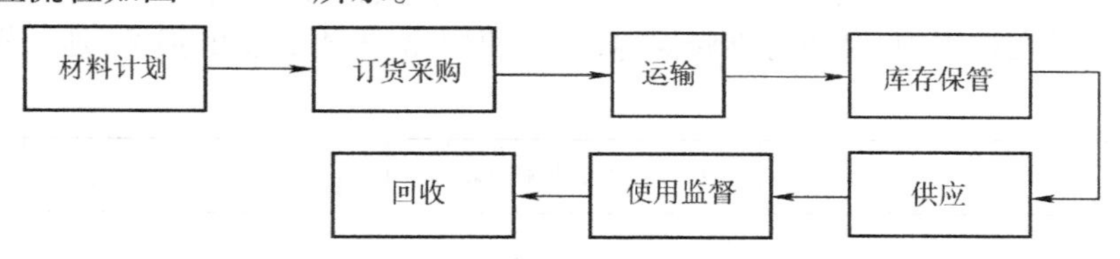

图 1.14.2 材料管理流程

①要合理使用和节约材料，尽可能降低材料成本。

②大型材料的采购由物资公司统一进行，对外面向社会建材市场，对内建立内部材料市场，对主要材料实行统一计划、统一供应、统一调配。

③以单位工程为对象，计算各种材料的需用量，按分部分项工程计算出各种材料的消耗量，分别汇总，得出单位工程的定额消耗量，同时结合施工现场管理水平和节约措施，做出材料的实际需用量，以此作为材料的采购和发放依据。

④材料进场后，根据施工平面布置图，做好材料的堆放保存，方便施工，避免、减少场内材料的二次搬运。材料进场必须有进场计划、送料凭证、质量保证书、产品合格证、准用证等相关资料。使用前必须按规范要求做好抽检工作。

⑤进库材料验收后，建立台账，并做好防火、防潮、防变质、防盗工作。严格执行限额领料制度，收发料具手续齐全。超出限额时，须办理手续，说明超用原因，经批准后方可领用。

⑥材料在使用过程中，材料人员要进行跟踪监督，使用要求工完场清，严禁乱丢乱放。材料使用后，余料必须回收，钢筋、模板、木枋、砼、包装等回收到指定地点，由公司统一处理，同时建立回收台账，对节约的有奖励，对浪费的要处罚。

14.3.2 材料节约措施

①依据施工方案，总包方与分包方在施工前，应鉴定材料投入量明细表，明确材料所用部位以及周转方式，一经确定，任何人无权更改材料投入量，如在施工中出现材料紧缺，必须查明原因，再进行增补。

②技术部依据图纸及施工方案，应准确提出材料计划、规格、技术要求、使用部位、进场时间，避免多提或少提，材料计划应下发到物资部、工程部、商务部经理。

③在施工生产过程中，为杜绝材料浪费及使用不当，各部门应各负其责，把好每道关。技术部应经常到现场检查方案的执行情况；工程部对在施工中不正确使用料具的情况应及时把信息反馈到技术部，由技术部统一考虑用于其他使用部位。

④砼浇筑前，工程部应仔细计算工程量，确保用量的准确性，浇筑完毕后，剩余的部分不允许随便处理。

⑤砌筑砂浆现场搅拌，应控制搅拌量，砂浆应随砌随搅，避免一次搅拌过多。

⑥料具管理过程中，物资部应建立节约计划、效果台账以及限额领料台账。

14.3.3 机械管理

施工机械要根据施工组织设计的计划用量进场。机械管理图见图 1.14.3。

施工机械在使用过程中,要随时维修保养,合理使用,减少不必要的损坏,延长机械的使用寿命。

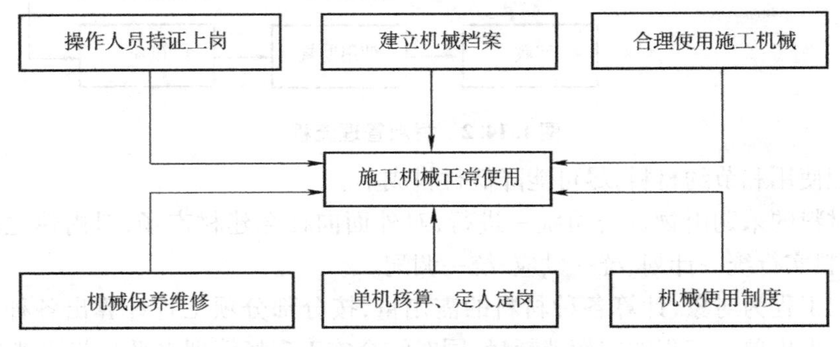

图 1.14.3 机械管理图

14.3.4 资金管理

为控制施工过程中的工程造价,必须编制合理的资金使用计划,合理地确定造价控制目标。本工程作为大型公共建筑项目,工程规模大、专业化项目多,为及早将工程完成,分别对综合资金流量、分包工程的资金流量、单位工程的资金流量进行动态管理和控制。资金管理流程见图 1.14.4。

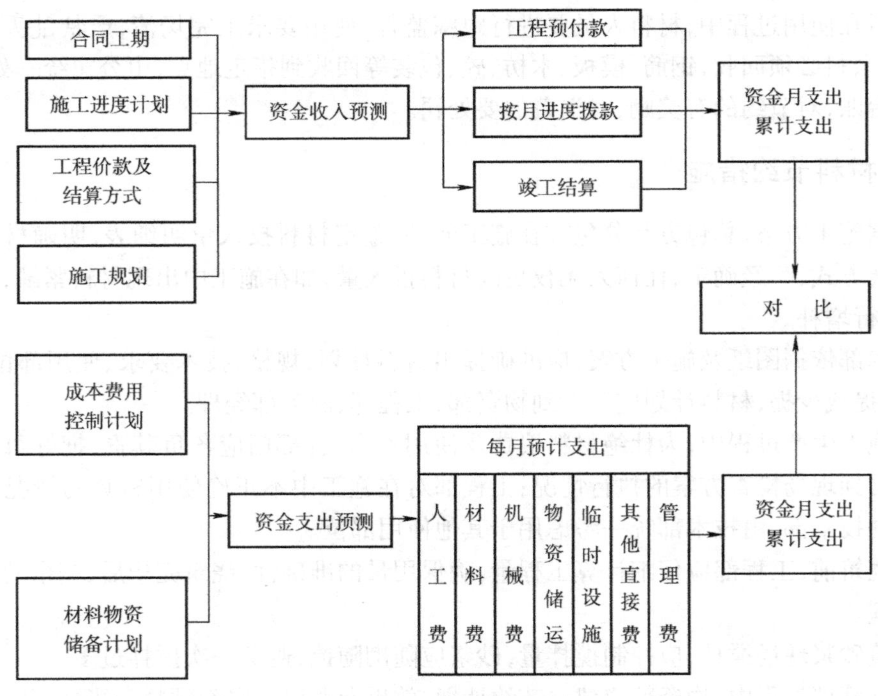

图 1.14.4 资金管理流程

14.3.5 科学管理

①选择科学、先进、合理、经济的施工方案，关键性工艺、特殊工艺采用多方案比较后确定。设置合理化建议奖项，充分调动职工的积极性，挖掘生产潜力，提高生产效率。

②在熟悉图纸的基础上及时准确地将甲方提供的设备及材料清单报业主，避免材料计划的失误使业主造成不必要的损失。经业主同意可派出具有丰富经验的采购供应人员协助业主进行设备材料订购的“三比”、“一算”等联系工作，确保业主采购的材料、设备在保证质量的情况下，价格合理。加强合同管理，合约部经理组织有关人员认真学习合同，将合同履行责任逐条分解，落实到人，保证全面、及时履行，杜绝违约损失。

③加强质量管理。严格执行 ISO 9001 质量体系程序文件，加强过程控制，严格监督、检查和验收，确保工序质量达到规定标准，做到一次成优，避免返工和修补损失。

④加强进度管理。合理缩短工期，减少固定资产和流动资产的占用期，节省折旧、租赁费和现场管理费用。

⑤加强施工组织。加强职工业务技能培训，努力提高工作效率；合理安排工程进度，均衡生产；加强对施工机械、工机具的合理调度，统一安排、统筹兼顾，提高起重、运输设备的利用率。

⑥加强水电使用管理。制定水、电管理使用制度，机械动力部配备维修管理专职人员，保证管道、线路及设施经常处于良好状态，施工设备优先选用节能产品，努力节约能源。

⑦加强安全管理。杜绝死亡和重大机械事故，严格控制轻伤频率，把安全事故减小到最低限度，减少意外开支。

14.3.6 技术措施

①采用模板快拆支撑体系。传统模板支撑系统与模板快拆支撑系统的区别见表 1.14.1。

表 1.14.1 模板措施经济对比表

传统模板支撑系统	模板快拆支撑体系
梁板模板必须在砼达到设计强度 100% 后，方可拆模，为达到工期要求，必须投入一套模板，一套支撑	采用快拆体系，在满足设计强度的同时每施工段只需准备一套模板，2/3 套支撑，可节省 1/3 支撑，同时能缩短工期

②电渣压力焊接技术、闪光对焊技术可节约大量钢材从而降低成本。

③泵送混凝土技术，可加快施工速度，降低劳动力投入，减少劳动量，减少混凝土遗洒，达到高效节约的目的。泵送混凝土若加强管理，其损耗率可降低 1% 。

④采用覆膜竹胶模板清水混凝土施工技术，可保证墙面、砼顶板平整度，达到不抹灰的程度，减少整个工程的抹灰量，节约抹灰材料及人工费，减少垃圾，降低成本。

⑤电气配管及管内穿线时，位置测量准确，一次到位；电线留好预留长度，避免冗余；镀锌钢管集中下料、预制，减少损耗，提高质量。

⑥电缆敷设前画好布线图，合理计划各部分用量；敷设时按布线图施工，进电气设备时，长

度合适不浪费。

⑦混凝土采用外掺粉煤灰技术，混凝土掺入一定配比的粉煤灰不仅可减少水泥的水化热，降低混凝土内部温升，增加混凝土和易性、可泵性，而且节约水泥、降低造价。

14.4 经济技术指标

工期目标:180 天；质量目标：一次验收合格；安全目标：安全防护检查达到 85 分以上，杜绝发生重大事故；劳动生产率（土建）:65 000 元/（人年）；单方用工：5.5 个/m^2；机械：利用率 70%，完好率 95%；水泥节约率：1.8%；钢材节约率：2%；木材节约率：10%；场容管理、文明施工检查达到 90 分以上，创市“文明施工工地”。

十五、工程交付、服务及保修

15.1 工程交付

为保证工程及时投入使用，某公司把工程交付作为重点工作来实施，在按计划竣工验收后 10 日内清理现场，及时恢复占用的业主场地，除留下必要的维修人员和材料外，其余一律退场。

15.2 服务及保修

从工程交付之日起，某公司的工程保修工作随即展开。在保修期间，将依据保修合同，本着“对用户服务，向业主负责，让用户满意”的认真态度，以有效的制度、措施做保证，以优质、迅速的维修服务维护用户的利益。

15.2.1 保修期

本工程保修期限比国家规定的增加 1 年；地基基础工程和主体结构工程为设计使用年限；其他项目的保修期限由发包方与承包方约定；工程竣工交付使用后，在保修期内属于质量问题影响使用的，施工方负责保修。

15.2.2 定期回访

在公司项目工程部的监督指导下，自本工程交付之日起每三个月组织回访小组对该工程进行回访，小组由公司主管经理或公司总工程师带队，公司工程科、质检科、技术科及项目经理等参加。

在回访中，对业主提出的任何质量问题和意见，都将虚心听取，认真对待，同时做好回访记录。对凡属施工方面责任的质量缺陷，认真提出解决办法并及时组织保修；对不属于施工方面的质量问题，要耐心解释，并为业主提出解决办法。在回访过程中，对业主提出的施工质量问题，应责成有关单位、部门认真处理解决，同时应认真分析原因，从中找出教训，制定纠正措施及对策，以免类似质量问题再次出现。工程回访记录表见表 1.15.1。

表 1.15.1　工程回访记录表

编号：

<table>
<tr><td>工程名称</td><td colspan="2"></td><td>顾客名称</td><td colspan="2"></td></tr>
<tr><td>合同编号</td><td></td><td>建筑面积</td><td></td><td>结构形式</td><td></td></tr>
<tr><td>交付时间</td><td></td><td>质量等级</td><td></td><td>回访形式</td><td></td></tr>
<tr><td colspan="6">回访情况及存在问题：
回访人：　　　　年　月　日</td></tr>
<tr><td colspan="6">问题的原因及责任：</td></tr>
<tr><td colspan="6">顾客意见：
签章(或记录)：　　　　年　月　日</td></tr>
<tr><td colspan="6">处理意见：
维修记录表编号：　　　　工程部门负责人：
年　月　日</td></tr>
</table>

15.2.3　保修责任

建筑安装工程在保修期内发生质量问题时，由使用单位填写“建筑工程质量修理通知书”，通知该公司派驻现场保修负责人（或用电话通知，后补书面通知）。自接到《建设工程质量修理通知书》或电话通知，施工方立即组织保修，如 4 小时后未做出反应，建设单位有权按原设计标准自行组织返修，所发生的全部费用由施工方承担。

15.2.4　保修措施

①工程交付后，与业主签订工程保修合同，并建立保修业务档案。

②保修期内，施工方将立即成立工程保修小组，成员由工程经验丰富、技术好、处理问题能力强、工作认真的原项目经理部的施工管理人员及原工程施工的作业人员组成。在工程交付使用后的半年至一年内，保修小组将驻扎在现场，配合业主做好各种保修工作，同时，将向业主

提供详尽的相关技术说明资料，帮助业主更好地了解建筑使用过程中的注意事项。

③保修时认真做好成品及环境卫生工作，工完场清。

④工程保修小组在维修过程中，未按“规范”、“标准”和设计要求施工，造成维修延误或维修质量问题由施工方负责。对待用户热情礼貌、态度诚恳，处处为用户着想，以优质服务赢得业主信赖的现场维修人员，公司将给予一定的物质奖励。对待用户态度生硬冷淡、工作不负责任、用户投诉两次以上的现场维修人员，公司将给予一定的罚款，情节特别严重的，除罚款外，将解除维修人员劳动合同。

15.2.5 保修记录

①维修工作完毕后，维修人员要认真填写“建筑工程回访单”并做好维修记录。

②工程竣工交付使用后，实行定期回访制度。采用电话、现场座谈等形式积极听取业主的意见，保证给业主满意的答复。

③成立回访保修队。在保修期限内，派保修队员长驻业主附近，24 小时为业主服务，有求必应。

④工程过保修期后，由回访保修队定期进行回访，并分送服务卡。对业主提出的任何质量问题，都在最短的时间内解决。实行承诺服务，对工程终身保修。

工程维修记录表格式见表 1.15.2。

表 1.15.2　工程维修记录表

指派维修单位：　　　　　　　　　　　　　　编号：

工程名称		合同编号	
顾客名称		联系电话	
工程地点		联系人	

维修内容：

签发人：　　　　　　　　　　　　年　月　日

维修记录：

维修负责人：　　　　　　　　　　年　月　日

质量检查验收意见：

检验人：　　　　　　　　　　　　年　月　日

顾客评价：

签字：　　　　　　　　　　　　　年　月　日

综合实训

按8～10人一组，根据《×××大学框架结构第二综合教学楼工程施工组织》，分组讨论以下问题。

1. 建筑工程施工组织设计按照编制阶段划分，可以分为哪些类型？有什么区别和联系？
2. 本案例中项目部是如何组建的？每个部门的职责是什么？试设计一个工程项目部组织机构。
3. 表达工程进度计划的形式有哪些？有什么区别和联系？
4. 进行施工现场平面布置时需要注意哪些事项？
5. 为保证工程目标的实现，在工程建设时需要采取哪些方面的保证措施？具体内容有哪些？

教学评估表

学习内容名称：__________班级：__________姓名：__________日期：__________

1. 本表主要用于对课程授课情况的调查，可以自愿选择署名与匿名方式填写。根据自己的情况在相应的栏目打“√”。

评估项目 \ 评估等级	非常赞成	赞成	不赞成	非常不赞成	无可奉告
(1)我对本学习内容很感兴趣					
(2)教师的教学设计好，有准备并能阐述清楚					
(3)教师因材施教，运用了各种教学方法来帮助我学习					
(4)学习内容能提升我编制建筑工程施工组织的技能					
(5)以真实工程项目为载体，能帮助我更好地理解学习内容					
(6)教师知识丰富，能结合施工现场进行讲解					
(7)教师善于活跃课堂气氛，设计各种学习活动，利于学习					
(8)教师批阅、讲评作业认真、仔细，有利于我的学习					

续表

评估项目 \ 评估等级	非常赞成	赞成	不赞成	非常不赞成	无可奉告
(9)我能理解并应用所学知识和技能					
(10)授课方式适合我的学习风格					
(11)我喜欢学习中设计的各种学习活动					
(12)学习活动有利于我学习该课程					
(13)我有机会参与学习活动					
(14)教材编排版式新颖,有利于我学习					
(15)教材使用的文字、语言通俗易懂,有对专业词汇的解释、提示和注意事项,利于我自学					
(16)教材为我完成学习任务提供了足够信息,并提供了查找资料的渠道					
(17)通过学习使我增强了技能					
(18)教学内容难易程度合适,紧密结合施工现场,符合我的需求					
(19)我对完成今后的工作任务所具有的能力更有信心					

2. 您认为教学活动使用的视听教学设备:

合适□　太多□　太少□

3. 教师安排边学、边做、边互动的比例:

讲太多□　练习太多□　活动太多□　恰到好处□

4. 教学进度:

太快□　正合适□　太慢□

5. 活动安排的时间长短:

太长□　正合适□　太短□

6. 我最喜欢的本学习内容的教学活动是:

7. 我最不喜欢的本学习内容的教学活动是:

8. 本学习内容我最需要的帮助是:

9. 我对本学习内容改进教学活动的建议是:

实务二：×××小区砖混结构三期工程施工组织

一、编制依据

1.1 ×××小区三期工程项目设计施工图纸（略）

1.2 选用标准、规范、规程、图集

①《民用建筑设计通则》（JGJ 37—87）。
②《×××市住宅建筑结构设计规程》（DB 50/5019—2001）。
③《混凝土结构工程施工质量验收规范》（GB 50204—2002）。
④《屋面工程质量验收规范》（GB 50507—2002）。
⑤《建筑地面工程施工质量验收规范》（GB 50209—2002）。
⑥《建筑工程施工质量验收统一标准》（GBJ 50300—2001）。
⑦《建筑装饰装修工程质量验收规范》（GB 50210—2001）。
⑧《建筑电气工程施工质量验收规范》（GB 50303—2002）。
⑨《建筑给水排水及采暖工程施工质量验收规范》（GB 50242—2000）。
⑩《建筑排水硬聚氯乙烯管道工程技术规范》（CJJ/T 29—98）。
⑪《钢筋焊接及验收规程》（JGJ 18—96）。
⑫《建设工程施工现场供用电安全规范》（GB 50194—93）。
⑬《机械设备安装工程施工及验收规范》（GB 50231—98）。
⑭《建筑施工扣件式钢管脚手架安全技术规范》（J 84—2001）。
⑮《建筑施工安全检查标准》（JGJ 59—99）。
⑯《建筑施工高处作业安全技术规范》（JGJ 80—91）。
⑰《建筑机械使用安全技术规程》（JGJ 33—2001）。
⑱《建筑设计防火规范》（GBJ 16—87）。
⑲《建筑桩基技术规范》（JGJ 94—94）。
⑳《冷轧带肋钢筋混凝土结构技术规程》（JGJ 95—95）。

㉑建设法规及其他有关手册、参考资料。

㉒《预应力混凝土空心板》(西南 04G231)。

㉓《建筑抗震设计规范》(GB 50011—2011)。

二、工程概况

2.1 工程简介

工程简介见表 2.2.1。

表 2.2.1 工程简介

项目	内容
工程名称	×××小区三期工程 1 ~ 14 栋
工程地址	×××市开发区
业主名称	×××建设发展有限公司
设计单位	×××市规划建筑设计有限公司
结构类型	砖混结构
工程类别	多层
耐火等级	二级
用地面积	44 510 m^2
层数	7 层
建筑高度	22.05 m
合同工期	210 日历天

2.2 建筑设计概况

建筑设计概况见表 2.2.2。

表 2.2.2 建筑设计概况

项目	内容
±0.00	1 ~3 栋相当于绝对标高 308.60 m;4、12 栋相当于绝对标高 308.70 m;5 ~8 栋、11 栋相当于绝对标高 308.90 m;9 ~10 栋相当于绝对标高 308.30 m;13 ~14 栋相当于绝对标高 308.50 m
内外墙体	除标注外所有墙体均为 240 mm 厚实心页岩砖墙,阳台栏板为 120 mm 厚实心页岩砖墙
外墙饰面	主体外墙面砖为 100 mm×100 mm 小缸砖(釉面砖)
楼地面	楼地面为 1∶3 瓜米石砼 25 mm 厚;门市地面为:①素土夯实,②基层 100 mm 厚 C15 砼,③面层为 1∶3 瓜米石,砼 25 mm 厚压光

续表

项目	内容
楼梯	楼梯栏杆采用金属楼梯栏杆
屋面	防水等级为Ⅱ级，耐用年限为15年，防水材料选用3 mm厚SBS改性沥青防水卷材
门窗	门：单元进户门为0921防盗门；主卧阳台为2 400 mm×2 400 mm木制门带窗；各门市为金属卷帘门。窗：塑钢窗，分别为：卧室TC－1 800 mm×1 800 mm，窗台600 mm高，TLC1－1 260 mm×1 500 mm，窗台900 mm高；客厅TLC－3 960 mm×1 800 mm，窗台900 mm高；厨房TLC－1 000 mm×1 500 mm，窗台900 mm高；卫生间GC－900 mm×900 mm，窗台1 500 mm高

2.3 结构设计概况

结构设计概况见表2.2.3。

表2.2.3 结构设计概况

项目	内容	
结构形式	基础结构形式	1～6栋、13～14栋为带形基础；7～12栋为人工挖孔桩基础
	主体结构形式	砖混结构
建筑物地基	持力层为中风化砂岩或泥岩	承载力标准值不小于2 200 kPa
混凝土强度等级	楼梯	C25
	构造柱、圈梁、压顶梁	C20
	转换层	C30
抗震	抗震设防烈度	6度
	抗震等级	三级
	抗震设防类别	丙类
建筑结构安全等级	二级	
建筑场地类别	Ⅱ类	
设计使用年限	50年	
钢筋	HPB235、HRB335、HPB400	

三、施工部署

3.1 项目施工组织机构人员配备

项目施工组织机构人员配备见表2.3.1。

表 2.3.1　项目人员配备表

姓名	职务	学历	职称	年龄	备注
×××	项目经理	大专	工程师	—	一级项目经理
×××	技术负责人	大专	工程师	—	二级项目经理
×××	施工员	大专	工程师	—	
×××	施工员	大专	工程师	—	
×××	施工员	大专	工程师	—	
×××	施工员	高中	助工	—	
×××	质检员	大专	助工	—	
×××	测量员	大专	工程师	—	
×××	安全员	大专	助工	—	
×××	材料员	高中	中级材料员	—	
×××	资料员	大专	助工	—	

3.2　项目组织机构体系

项目组织机构体系见图 2.3.1。

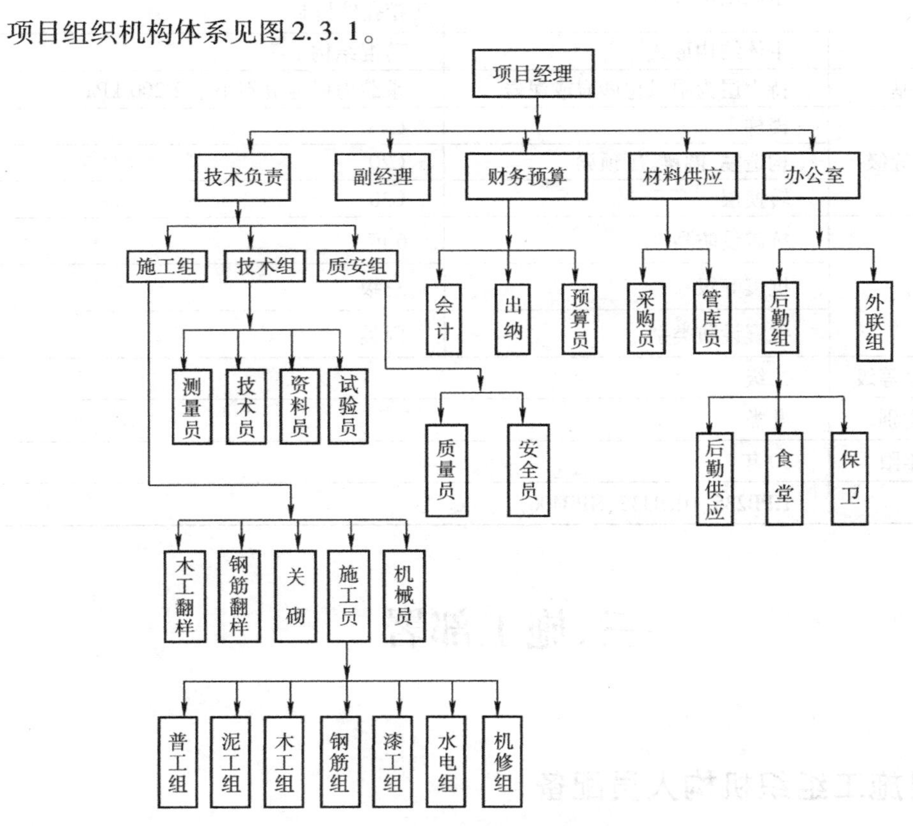

图 2.3.1　项目组织机构体系

3.3 项目组织机构职能

①项目经理接受公司的直接管理,对本工程的质量、进度、成本、安全文明施工、环境保护负全部责任,以经济手段为纽带,以行政监督手段为制约原则,确保项目各类人员在组织行动、上岗尽职、分工合作、保证质量进度目标等方面将组织管理措施落实到位。

②技术负责人对本工程的质量、安全负全面技术责任,负责督促贯彻执行国家及地方的规范、规程和全面质量管理,负责各分项施工方案的编制以及施工过程中的检查、检验、试验等工作,确保施工过程中的质量始终处于受控状态,并负责提供完备的技术资料。

③项目质量工程师负责对项目各分部分项工程的工艺进行检验、督促、跟班检查,发现问题,提出纠正措施,及时纠正处理。同时向技术负责人汇报工程的动态质量情况,对工程质量负管理责任,负责各分项分部工程的质量统计和建筑资料的收集、整理工作。

④项目安全工程师对本工程的安全管理、措施落实、文明施工负责,负责日常的安全检查,督促、整改,发现问题提出处理意见,并向项目经理随时汇报安全生产、文明施工的动态管理情况,并做好原始资料及安全文明施工资料的收集归档工作。

⑤施工负责人应根据本工程的总体质量策划,负责分项工程的工艺设计,详细具体地实施工程的施工管理及各工程间的协调,隐蔽工程的验收、记录签证及归档工作,确保每一道工艺达到目标要求。

⑥材料负责人应按合同要求,做好材料购进、检验、试验直至运至现场的一切工作,并做好一切相关证件的验收归档、发放工作。

⑦安装负责人对本工程的水、电安装进度,成本,安全文明,施工成品的保护负全部责任,组织好水、电安装人员,分工协作,保证水、电安装质量及进度目标。

3.4 工程管理目标

工程管理目标见表 2.3.2。

表 2.3.2 工程管理目标

编号	项目	目标
1	工期目标	工期为 210 日历天
2	质量目标	确保工程一次交验合格
3	安全生产目标	确保无重大工伤事故,杜绝死亡事故
4	文明施工目标	达到×××市安全文明样板工地标准,争创安全文明工地
5	消防目标	杜绝消防事故发生
6	环境管理目标	达到 ISO 14001 国际环保认证的要求

四、施工方案

4.1 流水施工段划分

①根据施工平面图及结构设计特点，将本工程划分为五个大施工段组织流水施工，既能合理进行每个工序的施工，又能保证工程质量。

②基础施工采取不分段，施工方法同时全面展开施工。

③在外墙、内墙装修施工时，将工程划分为两个施工段与结构层一起组织流水施工，缩短工期，以达到所提出的施工总进度计划。

4.2 施工顺序

4.2.1 总体施工顺序

本工程施工中以结构工程施工为主导，每座塔吊旋转范围内为大流水作业，再以每栋分段小流水作业。主体分为由下至上的施工方法，采取先地下、后地上，先主体、后围护，先结构、后装饰的原则。安装工程按照设计要求布置预埋件，与土建工程共同组织流水施工。总体施工顺序见图2.4.1。

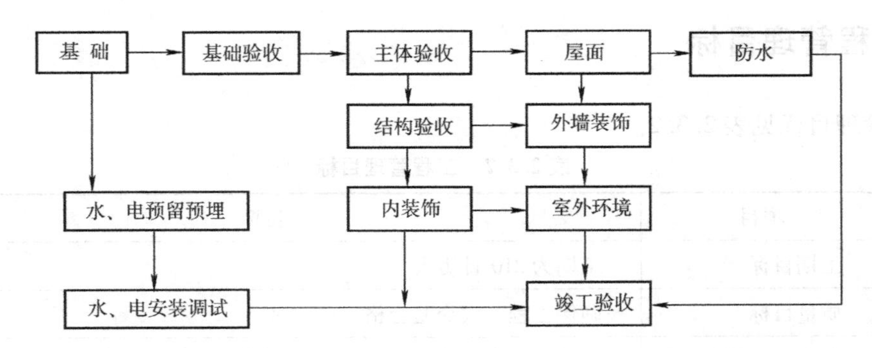

图2.4.1 总体施工顺序

4.2.2 基础工程施工流程

基础工程施工流程：测量放线→砖井圈（做十字线）→孔桩土石方开挖（浇筑C20砼护壁）

→扩孔→制作、安装钢筋桩笼→浇灌桩芯砼→基础地梁土方开挖→柱插筋、基础地梁钢筋制安→支基础地梁模板→浇基础地梁砼→基础地梁回填土方→±0.00以下砌砖→基础验收进入主体。

4.2.3 主体结构工程施工流程

主体结构工程施工流程:放线→构造柱钢筋制安→墙体砌筑→支设构造柱模板→浇筑构造柱砼→圈梁、现浇板模板制安→圈梁现浇板钢筋制安→圈梁、现浇板浇筑砼(阳光窗台板、现浇过梁、现浇楼梯模板、钢筋、砼穿插进行)→预应力空心板安装、嵌接头缝→进入下道工序。

4.2.4 装饰工程施工顺序

1. 内装饰工程施工程序

内装饰工程施工程序:门窗安装→内墙面、天棚抹灰→楼地面→油漆、涂料→进入下道工序。

2. 外装饰工程施工程序

外装饰工程施工程序:门窗框安装→外墙面抹灰→按设计弹线分格→按设计贴面砖→勾缝→进入下道工序。

4.2.5 电气工程安装程序

电气工程安装程序:预埋管安装→线路敷设→穿线→电气设备安装→调试。

4.3 工程总体施工方法与施工机械

4.3.1 平场施工

施工现场内余土运输采用塔吊,场外运输采用自卸汽车。

4.3.2 垂直提升设备

根据工程单层面积、材料数量、施工工期和塔吊吊臂覆盖区域,经过仔细计算和平衡,决定采用4台QTZ50塔吊及1台QTZ63塔吊作为主要垂直提升设备,加快施工进度。

4.3.3 模板、架料支撑系统

模板采用复合光面九层板和钢模板。方柱、直梁采用组合钢模板拼装,加快拆卸周转。

4.3.4 钢筋连接

①现场制作半成品,闪光对焊、电弧焊。

②柱体竖筋,直径 14 mm 以下绑扎搭接,直径 14 mm 以上(含直径 14 mm)采用电渣压力焊。

③框架梁水平筋,直径 16 mm 以下绑扎搭接,直径 16 mm 以上(含直径 16 mm)窄间隙单面焊或帮条焊。

4.3.5 拌制设备

①砼采用预拌商品砼。

②制作砂浆用 5 台 350 型强制式搅拌机,在每台塔机正面安装,供搅拌砂浆用。

4.3.6 脚手架体系

主体、装修施工阶段采用双排钢管外架作为安全防护架和砌筑上料平台、外墙装修脚手架,面层用安全网封闭;室内抹灰、砌筑采用工具高墩式的脚手架。

五、施工进度计划

施工进度计划见图 2.5.1。

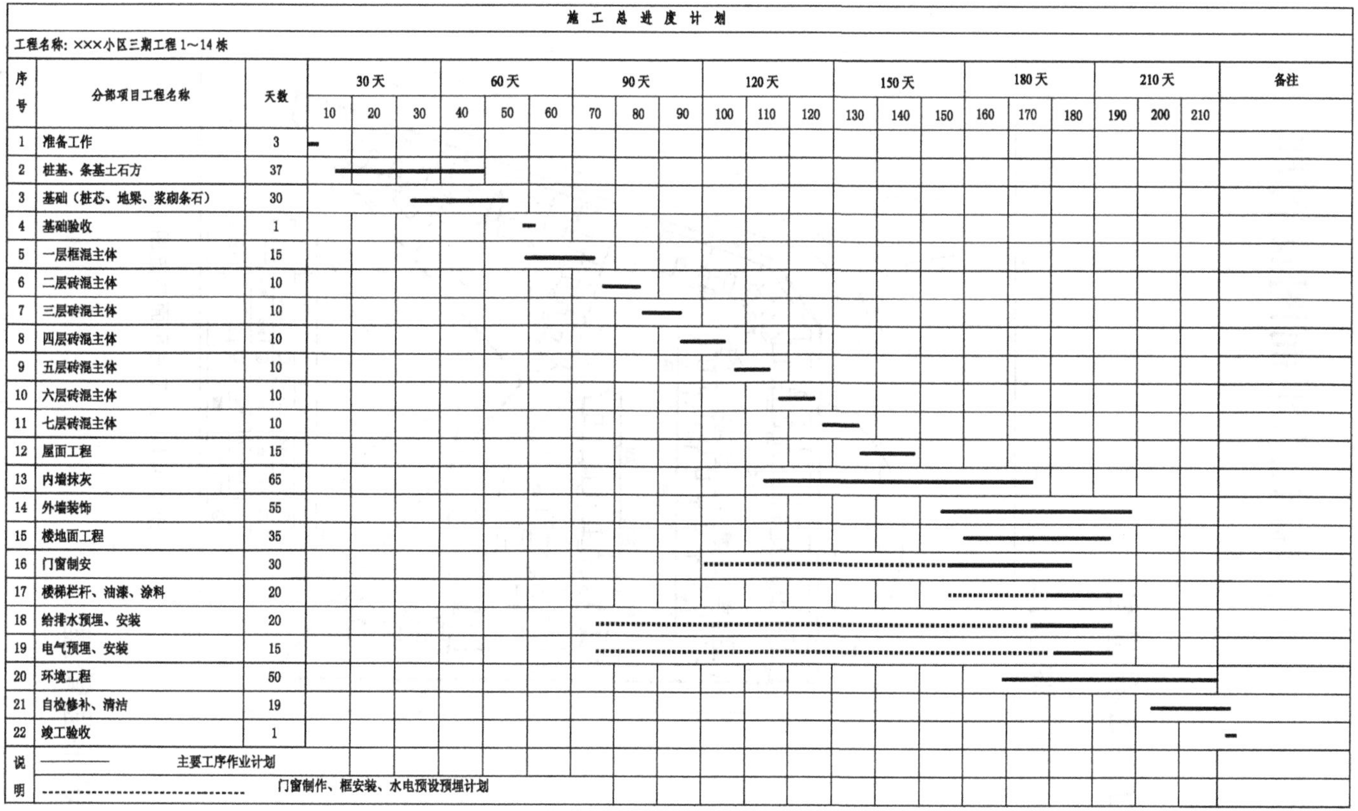

施工总进度计划

工程名称：×××小区三期工程1～14栋

序号	分部项目工程名称	天数	30天			60天			90天			120天			150天			180天			210天			备注
			10	20	30	40	50	60	70	80	90	100	110	120	130	140	150	160	170	180	190	200	210	
1	准备工作	3																						
2	桩基、条基土石方	37																						
3	基础（桩芯、地梁、浆砌条石）	30																						
4	基础验收	1																						
5	一层框混主体	15																						
6	二层砖混主体	10																						
7	三层砖混主体	10																						
8	四层砖混主体	10																						
9	五层砖混主体	10																						
10	六层砖混主体	10																						
11	七层砖混主体	10																						
12	屋面工程	15																						
13	内墙抹灰	65																						
14	外墙装饰	55																						
15	楼地面工程	35																						
16	门窗制安	30																						
17	楼梯栏杆、油漆、涂料	20																						
18	给排水预埋、安装	20																						
19	电气预埋、安装	15																						
20	环境工程	50																						
21	自检修补、清洁	19																						
22	竣工验收	1																						

说明：
———— 主要工序作业计划
------------ 门窗制作、框安装、水电预设预埋计划

图 2.5.1　施工总进度计划

六、施工总平面图及管理

6.1 施工平面布置图

施工总平面布置图见图 2.6.1。

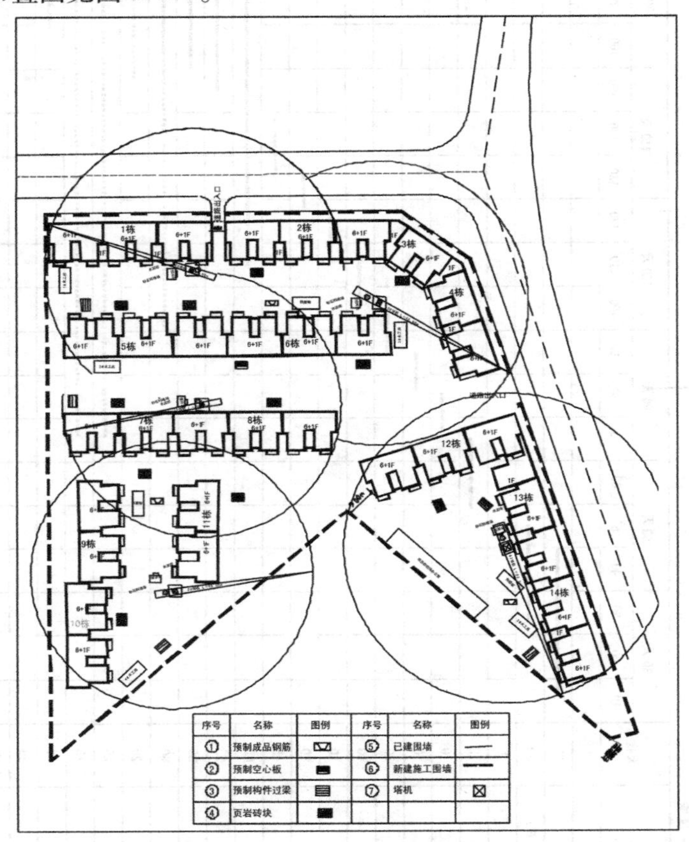

图 2.6.1 施工总平面布置图

6.2 现场平面管理

①在工程实施前,制定详细的大型机具设备的使用进出场计划,主材及周转材料的生产、加工、堆放、运输计划,同时科学地制定以上计划的具体实施方案并严格执行。

②符合施工现场卫生及安全技术要求和防火规范。

③在满足施工需要和文明施工的前提下,尽可能减少临时设施投入。

七、施工准备

7.1 组织准备

组织准备内容及进度见表2.7.1。

表2.7.1 组织准备内容及进度

序号	工作内容	完成时间	责任部门或个人
1	建立现场组织,相关人员就位	接到开工通知书后2天	公司经理
2	施工认可证等有关手续	开工前10天	项目经理
3	建立、健全各种规章制度	开工前8天	项目经理
4	组织大型机械设备入场	随工程进度	栋号设备处
5	组织劳动力班组进场	开工前3天	栋号长
6	组织周转材料进场	随工程进度	项目部
7	协调周边关系	开工前6天	保卫人员、项目经理

7.2 技术准备

技术准备内容及进度见表2.7.2。

表2.7.2 技术准备内容及进度

序号	工作内容	完成时间	责任部门或个人
1	熟悉与会审施工图	施工图到后5天	总工程师、技术负责人、主任工长、施工员、内业人员、质检员、安全员
2	编制组织设计	施工图会审后	技术负责人(编制)、总工程师(审查)
3	编制成本预算	图纸会审后25天	栋号预算员
4	编制成品、半成品计划	基础开工后10天	栋号技术内业人员
5	编制施工进度网络计划	开工前6天	技术负责人
6	各种砼强度等级试配	开工前6天	技术负责人、项目试验员、质量检测所
7	新技术、新材料的使用准备	随工程进度	项目技术负责人、栋号工长
8	特殊工种培训	开工前5天	技术负责人

7.3 施工现场准备

施工现场准备内容及进度见表 2.7.3。

表 2.7.3 施工现场准备内容及进度

序号	工作内容	完成时间	责任部门或个人
1	施工场地的移交接收	开工前 7 天	项目部经理
2	现场控制网点的复核、设立	开工前 7 天	工长、项目部经理
3	现场临时设施的搭设	开工前合同签订后进行	工长、项目部经理
4	施工道路、排水设施修建	开工前 5 天	工长、项目部经理
5	临时水、电线路敷设	开工前 3 天	工长、项目部经理
6	通信呼叫设施的设置	开工前 3 天	行政保卫人员

7.4 施工机械设备准备

本工程采用预拌砼，选用 4 台 QTZ50 塔机及 1 台 QTZ63 塔机，能满足材料垂直运输要求和水平运输要求；选用 5 台 JZC－350 型强制砂浆搅拌机（零星砼、砌筑砂浆、内外墙面抹灰砂浆搅拌用），满足砂浆搅拌要求。

本工程所需所有机械设备进场前必须检查，确保正常，主要设备一次到位，设备就位后由现场机务人员调试、保养，以便随时可投入使用。

7.5 需用材料准备

根据本工程实际工程量，模板、架料按二层考虑，其他材料随工程进度提前 10 天提出材料需用计划，提前 2 天采购到位，运至施工现场。

八、主要分部分项工程施工方法

8.1 施工测量

8.1.1 施工测量工艺流程

施工测量工艺流程：测量仪器（全站仪、水准仪、钢尺等）校检→校测原始依据点→场地控制网测设→建筑物定位放线→基础放线→施工中竖向投测及水平测量→沉降观测。

8.1.2 施工测量方法

1. 控制桩依据点的校测

①当定位依据点为红线点时，校测误差为：角度 ±60″，边长相对误差 1/2 500，定位相对误差不大于 5 mm。

②定位依据点是导线点时，导线点应不少于 3 个，相对精度要求相应提高。

2. 控制桩测量

①根据平面组合，采取外控法，由交会点向两边放出主轴，先整体后局部，以减少测量误差，以各栋边角轴线 +1 000 mm 轴为十字控制基线，并以此基线用全站仪对主轴控制定位，经检测无误后将其延伸到建筑物以外对施工无影响且易于保护的地方，设砼桩加以保护，作为永久复校点。

②根据主轴控制轴线，用钢尺丈量平面开间尺寸，定出其他开间轴线，并设轴线加以控制。

③根据标高规划及建设方提供的标高控制点，用 DS3 型水准仪引测至固定建筑物或固定桩上，用红三角做好 ±0.00 标志，作为现场永久标高控制点，当基础梁或底层砼施工完毕时，引测至基础梁夹角角处或角柱上，用红三角做好标志，楼层标高引测采用钢卷尺沿墙体向上量测，并逐一校测，经闭合检查无误后方可进入下道工序，各层标高必须从 ±0.00 标高引测，以减少误差。

3. ±0.00 以下结构测量

(1)轴线投测

±0.00 以下结构施工时，将轴线控制网用全站仪投测到桩基四周，并采用铁钉设置定位桩加以保护，以便在施工中对桩基轴线进行校对，同时放出基础梁、柱的位置及控制线，方便施工中校对。

(2)标高引测

根据现场设置的高层控制点，选用附合法。用 DS3 水准仪将高程引至地梁、柱建立 4 个水准点，用红三角做标记。

4. ±0.00 以上结构施工测量

(1)轴线引测

①根据本工程的特点，采用外控法进行轴线控制，在底层采用借线法将轴线向内各借 1 000 mm，把控制点引测到各楼层上，闭合校测闭合差符合要求后，依据控制点放出控制轴线，然后依据开间尺寸放出其他轴线。

②在楼面大角处的铅直处交接，并用全站仪对测出的轴线进一步进行校核，校核无误后，再进入下道工序施工。

(2)高程竖向传递

①当基础完工，底层竖向钢筋焊接完工后，将 +0.5 m 标高测设到竖向钢筋上，并用红油漆在钢筋上标示，以此为基准，在通竖筋相应位置标上梁底标高，以便控制柱砼的浇筑高度和

梁底板高度。

②在柱模拆除后将 +0.5 m 标高精确测设在砼柱上，并选择便于向上传递的位置用红三角标注作为向上传递的控制点，再根据图示层高，用钢尺传递到各层。

③每层在钢筋砼柱上测出各层的 $H+500$ mm 结构线弹好，作为砌体、门窗洞口、预留等工程的控制线，抹灰开始后将此线引至楼梯间标注好，室内抹灰完成后将此标高引入，作为后续楼地面和装饰工程的控制线。

④测量放线工作实行复核制，所有轴线要闭合测量，闭合差不大于 5 mm，否则应重测或调整闭合差，复测后要有完整的测量记录，并交技术负责人签字。

⑤每层投测前，将仪器作一次严格检验，防止因仪器本身的缺陷造成测量误差，轴线交角精度要求为 180° ±10″和 90° ±6″，距离精度为 ±2 mm。

⑥建筑标高由 ±0.000 标高控制，层高不大于 5 m 时及大于 5 m 时的层间垂直度偏差分别不能大于 8 mm 及 10 mm，总高偏差不能大于 $H/1\,000$（H 为建筑物全高）及 30 mm。

8.2 基础工程

8.2.1 挖孔桩基础施工

1. 基础施工阶段平面排水

基础施工过程中，施工场地地表的雨水排放于施工平面内，然后采用砖砌明沟有组织地导入临时集水井，通过临时集水井经沉淀后排入业主指定的下水道。临时明沟可顺轴线利用地梁位置设置，遇基础绕开，其深度不小于 300 mm。临时集水井容积不小于 15 m^3，深度在 1.5 m 左右，以利于每天清理沉积泥砂。排水系统每天派 2 人进行维护清理，以保证排水畅通，防止地表水流入基础孔内影响其作业（具体排水布置根据现场实际情况确定）。

2. 人工挖孔桩施工

(1)工艺原理

人工挖孔桩基础分为两个部分，即护壁和桩芯。其中护壁用 C20 现浇钢筋混凝土，主要作用是在施工过程中防止土体垮塌，使桩芯尺寸能保证其设计要求。若孔壁为较稳定岩石或不易垮塌的土体，护壁可根据实际情况酌情改为其他护壁或取消。桩芯为 C25 现浇钢筋混凝土。

(2)工艺流程

工艺流程：放线定桩位→开挖第一节桩孔土石方→检查复核开挖的桩半径、定位中心线及修正→支模浇筑第一节混凝土护壁及孔口平台→在护壁上二次投测标高及桩位十字线，并将定位轴线标于护壁下口→安装钢管提升架和手动轳轮，吊土桶，排水、通风、照明设施等→开挖第二节桩身土石方→清理桩孔四壁、校核桩孔垂直度和直径→拆除上节模板、支设第二节模板，浇筑第二节混凝土护壁→重复第二节挖土、支模、浇筑混凝土护壁工序，循环作业直至基岩面→对嵌岩部分桩芯进行定位→嵌岩部位的凿打→桩中心与半径的复查、修正，清理杂物和积水→见证取岩样送检→设计、业主、质监站、监理代表验收→吊放、校正钢筋笼→浇筑桩身混凝土。

(3)挖孔施工方法

①定出桩的位置，根据设计桩的内径及护壁厚度，放出开挖线。采用人工开挖及风镐凿打，由上至下，由内向周边深入，截面允许误差 3 cm，垂直偏差大于 0.5%，一次开挖深度不超过 1.2 m，遇石采用锤钎破碎。

②土石方孔内运输。在孔较浅时采用人力提运，铁桶载土，当孔较深时采用手动铲提运，手动铲轮置于孔口钢管支架上。人工挖孔施工如图 2.8.1 所示：

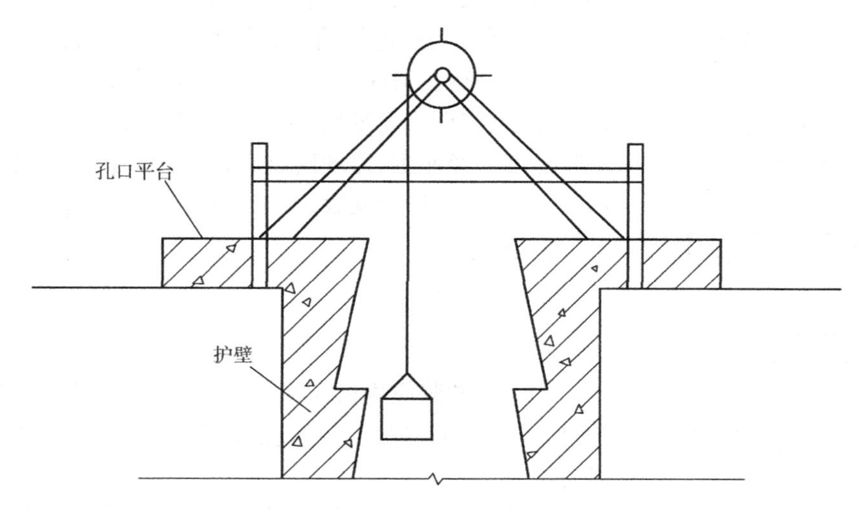

图 2.8.1　人工挖孔施工示意图

③桩孔挖至孔底设计标高或持力层时，必须经有关单位对该原岩层检查符合要求后，再进行桩的嵌岩部分的凿打，先开挖桩身圆柱体，再按扩底尺寸从上至下削岩修成扩底形，且按规定取岩芯试件送样试压。柱底扩大头形成后请设计、地勘、业主、监理代表进行检查验收，合格后立即清理污泥和残渣、积水等，并办理各种签证及报验手续，随即浇筑封底混凝土（最小厚度为 200 mm），以免桩孔内岩层软化，影响地基承载力。

8.2.2　带形基础施工

1. 施工顺序

施工顺序：施工放线→地槽开挖→见证取岩样送检→地勘、设计、业主、质监站、监理代表验收→C15 砼垫层→条石基础砌筑→地圈梁钢筋绑扎→支模→浇地圈梁混凝土→拆模回填。

2. 地槽开挖

带形基础地槽开挖采用人工开挖方式进行。

①放线。采用石灰粉末沿着木板侧面在地上撒出灰线，标出基础挖土的界线。

②开挖。按基槽尺寸，合理确定开挖顺序和分层开挖深度，在挖至设计深度一半时，及时进行基底水平点的测设，以免造成超挖或欠挖。开挖施工应连续进行并尽快完成，开挖过程中应注意检查土体的强度、稳定性，防止塌方。

③挖出的土料不得在场内任意堆放，除留置一部分回填外，其余土石方应及时运至现场业主指定的位置放置，严禁场内土石方乱弃。

④基槽开挖土石方应堆放在基槽边 1 m 外，堆土高度不得超过 1.5 m。

⑤地槽开挖施工应有序进行，不得随意切断场内临时排水沟道，开挖某处基槽前应将要切断的临时排水沟道改道后再进行施工，以免造成现场排水不畅。

⑥该工程基槽开挖至设计标高留 150 ~ 200 mm，其中由业主、监理指定的抽岩芯部位应挖至设计基槽底标高，业主、监理代表旁站情况下，按规定进行现场岩芯取样送检，送检合格后及时挖掉预留部分，进行清底、检平。槽（坑）底余土，采用人工装土塔机调运。清底完成后首先必须对轴线、标高自检合格，再经业主、监理代表复检，直至达到符合设计要求及施工质量验收标准。经业主、监理同意后，及时组织地勘、设计、业主、质监站、监理代表进行验收，合格后进行下道工序。

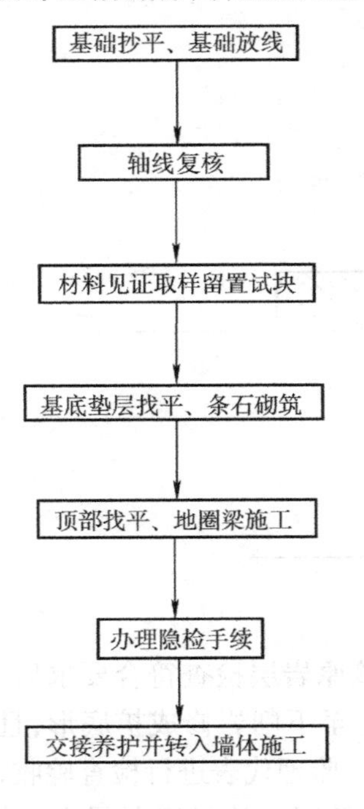

图 2.8.2　工艺流程

3. 工艺流程

工艺流程见图 2.8.2。

4. 条形基础砌筑工艺

①砌筑砂浆应用机械搅拌；拌和时间自投料算起不得少于 90 秒；水泥配料精度应控制在 ±2% 以内，砂配料控制在 ±5% 以内。

②砂浆应随拌随用，水泥砂浆必须在拌成后 3 小时内使用完，如施工期间最高气温超过 30 ℃，必须在拌成后 2 小时内使用完。

③砌筑前应检查基槽（坑）的轴线、尺寸和标高，清除杂物，将垫层面进行清扫并用清水冲洗干净。再铺上 30 cm 左右的砂浆，条石之间的上下竖缝必须错开，并力求顶缝交替排列。

④根据设置的中心桩，在垫层上弹出基础轴线和基础条石扩大部分，在转角位置立水平杆，标出台阶收分尺寸，刻度杆之间拉上水平准线，各层砌筑依据准线砌筑。

⑤条石砌筑的灰缝厚度宜为 20 ~ 30 mm，砂浆应饱满，条石间的缝隙大于 30 mm 时应采用细石混凝土填塞，不得采用砂浆填塞或先摆块石，严禁用清水灌填砂浆。

⑥砌筑条石基础时应双面拉线，第一皮按所放的基础边线拉线砌筑，第二皮按皮数杆所标示的准线砌筑。

⑦砌筑条石时，应认清条石的座缝或顺缝，先在基底铺设砂浆，再将条石砌上，并使座缝朝下、顺缝在侧面砌筑。

⑧条石每砌筑一层，其顶面必须平整，以保证上层砌体的稳定性，并应有足够的接触面，接缝处缝隙砂浆必须灌填密实。

⑨每砌筑完一层必须校对中心线，检查有无偏斜现象，有则应立即纠正，转角处和交接处应同时砌筑。如需留槎时应留成斜槎，斜槎长度不得小于斜槎高度；不得在转角处或丁字墙结

合处留置,应在中段留踏步槎,继续砌筑时应将槎面清理干净,浇水湿润。

⑩夏季施工时,对砌筑的条石基础应用草袋覆盖5~7天,避免日晒砂浆水分蒸发过大,影响砂浆与条石的黏结,条石基础砌筑完毕后,要及时在基础两侧均匀分层回填土,分层夯实。

8.3 主体结构工程施工

8.3.1 砌墙部分

1. 墙体结构部分

本工程砌体结构为砖混结构,-0.15~6.90 m采用MU15页岩砖,M10强度等级水泥砂浆实砌240 mm厚;6.90~9.90 m标高采用MU15页岩砖,M7.5强度等级水泥砂浆实砌240 mm厚;9.90 m以上采用MU15烧页岩砖,M5.0强度等级水泥砂浆实砌240 mm厚;各层阳台栏板实砌120 mm厚,砂浆及页岩砖强度等级同各层。

2. 工艺流程

工艺流程:砂浆搅拌→放线→摆样砖→砌墙→下道工序。

3. 操作工艺

①墙面放线。砌体施工前,依据轴线控制点及施工图,放出轴线及墙身线、门窗洞口线、构造柱位置、标高控制点等。

②砖块排列。根据页岩砖尺寸按排列图在放出的墙身线范围内,分块定尺、画线,排列上下皮应错缝搭接。

③拌制砂浆。根据设计砂浆品种、强度配制砂浆,配合比应由实验室试配强度确定。砂浆搅拌严格计量,投料顺序为先砂、后水泥及掺和料。砂浆搅拌时间不少于1.5分钟。

④组砌方法。砌砖采用挤浆法,即一顺一丁砌筑,上下错缝、内外搭接,灰缝平直饱满,水平灰缝厚度及竖缝宽度宜为10 mm,不应小于8 mm,也不应大于12 mm,水平灰缝的砂浆饱满度不得小于80%,竖缝宜采用挤浆或加浆方法,不得出现透明缝、瞎缝及假缝,严禁用水冲浆灌缝。转角处及交接处同时砌筑,砌筑时将拉墙筋按规定砌入墙内,承重墙最上皮砖及梁垫下应用丁砖。

⑤留设构造的马牙槎时,均应符合规范规定,即以先退后进的方式留设,每层马牙槎高度为300 mm。在转角处或交接处必须留槎时,应砌成斜槎,斜槎长度不应小于斜槎高度的2/3,如特殊情况留直槎时,设置拉结钢筋,具体方法均应符合规范。

⑥砖墙的转角处,每皮砖的外面应加砌七分头砖,当采用一顺一丁砌筑形式时,七分头砖的顺面方向依次砌顺砖,丁面方向依次砌丁砖。

⑦砌筑前应先盘角,且不超过五皮,及时进行吊靠修整,并根据皮数杆控制灰缝,盘角经检查合格后挂线砌筑。

⑧砌筑时,拉通线控制水平灰缝,长线中间设几个支点,小线拉紧并应平直。

8.3.2 模板工程

1. 模板施工工艺流程

(1)柱模施工工艺流程

柱模施工工艺流程:安装前检查→模板安装→检查对角线长度→安装对拉螺栓和柱箍→全面检查→群体固定。

(2)梁、板模施工工艺流程

梁、板模施工工艺流程:复核梁底板标高及轴线位置→搭设支架→支梁板底模(梁底模按规范规定起拱)→绑扎钢筋→预留预埋→支梁侧模→复核梁板尺寸及轴线位置→验收。

2. 模板的安装

(1)柱模板安装

①柱模安装前,应在校核柱子轴线后,弹好柱模板安装线。

②根据柱截面尺寸及相应的梁截面尺寸,自下而上进行安装,采取一次支模到顶的方法,避免梁柱接头临时用木条拼凑,千万注意节头粗糙的质量通病。

③当柱模选用组合钢模时,应根据柱截面特点,使用阴阳角模,保证柱截面整齐、美观。

④柱箍用短钢管加扣件互相箍紧,间距 500 mm,在柱底留清扫口,便于清扫垃圾,柱底混凝土应凿毛,混凝土渣等清洗干净,否则不允许安装柱模。

⑤安装前先检查模底部混凝土是否平整,若不平整先在模板下口铺一层 10 ~ 20 mm 厚水泥砂浆,以免造成柱底漏浆、烂根。

⑥直径大于 700 mm 的柱子必须加设对拉螺栓。

(2)梁、板模板安装

①支梁模时,当梁截面高度不小于 600 mm 时,均采用 −2 × 40 扁铁做对拉片,对拉片水平间距 1 000 mm,竖向间距 500 mm,梅花形布置。

②当梁模采用组合钢模时,阴阳角必须用阴阳角模支设,施工时,当梁模采用木模或竹编模时,随时检查阴阳角是否垂直,若有损坏应及时修复。

③当梁的跨度不小于 4 m 时,模板中部要起拱,起拱高度为主跨长度的 1/1 000 ~ 3/1 000。

④梁模板安装完后,根据板底标高在满堂脚手架上铺设 100 mm × 50 mm 木枋,间距不大于 250 mm,然后安装楼板模。

⑤模板安装完毕应复核梁轴线底标高、板面标高、楼表面平整度及预埋孔洞是否准确无误等。

3. 模板的拆除与处理

1)非承重模板 现浇整体结构的非承重模板,在混凝土强度能保证其表面及棱角不因拆模而受损时,方可拆除。

2)承重墙的拆模 上层的模板在浇筑混凝土时,下层的模板支撑不得拆除,再下层的支撑须保留至混凝土浇筑完且 24 小时后方可拆除,同时必须向现场监理工程师提出书面申请,经审批签字认可后方可拆除。

3)承受上部荷载大的模板 对多层和高层结构,承受上部荷载大的模板需要其上面几层结构连续支模后方可拆模；结构承受施工荷载过大时，下层结构的承重模板必须在与结构同条件养护的混凝土试块达到100%设计标号时方能拆除，若施工荷载大于设计荷载，应在验算后加临时支撑。

4）拆模顺序　模板拆除的顺序，应按模板设计的规定执行，若设计无规定时，应采取先支的后拆，后支的先拆，先拆非承重模板后拆承重模板，先拆侧模后拆底模和自上而下的拆除顺序。

8.3.3　钢筋工程

1. 钢筋施工工艺流程

钢筋施工工艺流程：调直除锈→计算下料→制作运输→安装绑扎→验收。

2. 钢筋绑扎

（1）柱筋的绑扎

①在基础或楼板面放出柱边线和轴线，并进行校正，柱、梁、板交接处增设箍筋和定位筋，并相互点焊牢固，防止柱筋位移。

②柱主筋与箍筋绑扎垂直，四角及箍筋与主筋交点处必须绑扎牢固，平直段长度及绑扎均应符合抗震设计要求。

③柱筋保护层垫块及对拉螺杆应按要求绑扎固定在钢筋骨架上，以保证柱截面及柱主筋的保护层厚度。

④柱与填充墙连接处，根据设计，预埋墙体拉结筋预埋件，并与主筋或箍筋焊接牢固。

（2）梁筋的绑扎

①梁箍采用封闭箍，并做成135°弯钩，平直段长度为10d，绑扎时先画线后摆放箍筋，梁端第一个箍筋应设置在距离梁柱节点边缘50 mm处，并在规定区段内加密。

②当长短跨梁相交时，短跨筋设置在外皮，主次梁相交时，次梁筋设置在主梁筋之上。

③当梁截面与柱宽度一样时，对梁纵向钢筋进行弯折处理，置于柱主筋中。

④根据设计，确定构造柱位置，当梁遇到构造柱时，在梁底及顶部预埋与构造柱同型号的钢筋，并与梁主筋焊接防止移位，待构造柱施工时，将其凿出与构造柱筋焊接。

⑤梁底筋纵向接长在支座两侧1/3跨度范围内，架立纵筋选择在跨中1/3跨范围内接长。

⑥凡梁下部为双排筋者，设ϕ25钢筋作为定位筋，间距1 000 mm，长度L = 梁宽 − 两边保护层。混凝土保护层统一采用塑料垫块。

（3）板筋的绑扎

①板底部筋短跨筋置下排，长跨筋置上排，板面筋短跨筋置外侧，长跨筋置内侧，当板底与梁底标高相同时，板下部筋应置于梁下部纵筋上。

②板上部筋在跨中1/2左右搭接，下部筋在支座内接长。

③板的底部钢筋伸入支座梁中，应不小于20d且不小于200 mm，短跨钢筋置下排，长跨钢筋置上排，板面钢筋短跨置上网外侧，长跨置上网内侧。

④板筋采用八字扣绑扎，双向板交点处全部绑扎，单向板除外围两根筋的交点全部绑扎

外,其余各点可交错绑扎。

⑤板筋保护层用塑料(花岗石)垫块,间距1 000 mm绑扎,梅花形布置,除外围两根筋的交点全部绑扎外,其余各点可交错绑扎。

⑥板筋定位:楼板下层筋绑扎完后,上下层筋之间用500 mm长ϕ10钢筋制作马凳铁,间距1 000 mm,以纵横梅花形布置,包括阳台、雨棚等悬挑板负弯矩钢筋下面也采用相同的布置。

(4)墙筋的绑扎

①墙筋绑扎时,最上一排水平钢筋与竖向钢筋点焊,以符合竖向钢筋的间距要求。

②在筋上绑扎ϕ8、长度为墙厚的对称钢筋,梅花形布置防止钢筋位移,确保墙截面尺寸及保护层厚度。

3. 钢筋的代换

施工中钢筋的级别和直径应符合设计要求,当需要代换时,应征得甲方和设计单位同意,并应符合下列规定。

①同类钢筋代换采用等面积代换原则。

②不同种类钢筋代换,采用等强度原则。

当混凝土构件受抗裂、裂缝宽度和挠度控制时,钢筋代换后应进行抗裂、裂缝宽度和挠度验算。对重要受力构件,不宜采用Ⅰ级钢筋代换Ⅱ级钢筋。钢筋代换应通知现场监理工程师,重要部位还应通知设计人员认可,且应符合结构设计规范规定的钢筋间距、锚固长度、最小钢筋直径、根数等要求。

8.3.4 混凝土工程

1. 混凝土施工工艺流程

(1)柱混凝土浇筑施工流程

柱混凝土浇筑施工流程:检查模板、柱箍数量、规格及钢筋位置和搭接→办好隐蔽签证手续→冲洗、清理模板内杂物,封闭冲洗→塑料垫块→浇混凝土→养护。

(2)梁、板混凝土浇筑施工流程

梁、板混凝土浇筑施工流程:检查模板、支撑、钢筋位置、预埋件、留孔位置数量、垫块操作架等→办好隐蔽签证等手续→根据一次混凝土浇筑量组织好各班组劳动力→冲洗、清理模板内杂物→设备试运转→浇混凝土→养护。

2. 施工方法

(1)柱混凝土浇筑

①柱混凝土浇筑前,底部应填以10~20 cm厚预拌混凝土,进行及时的振捣,保证柱底部密实,防止柱子烂根。

②混凝土浇筑后采用分层振捣,分层厚度以500 mm为宜,振捣时,振动棒应插入一层5~10 cm,消除冷缝,严禁触碰钢筋、预埋件及管线等。

③在浇筑过程中,应经常观察模板、支架、钢筋、预埋件及管线等的情况,若发生变形、位移,应立即处理后再浇筑。

(2)梁、板混凝土浇筑

①肋形楼板的梁、板同时浇筑,由一端开始用赶浆法浇筑,根据梁高分层浇筑成梯形,当达到板底位置时再与板一起浇筑。

②梁板混凝土浇筑方向:连续梁宜同时从两端跨开始向中间跨推进,并于中跨结束。板应从短边的一方开始,平行于次梁方向推进。

③梁板混凝土浇筑前,先搭好人行通道,严禁操作人员在钢筋上踩踏,浇筑时派专人维护,使钢筋能满足设计要求。

(3)楼梯浇筑

①楼梯段混凝土自下而上浇筑,先振实底板混凝土,达到踏步位置时再与踏步混凝土一起浇捣,不断连续向上推进,不时用木抹子将踏步上表面找平。待混凝土缩水凝结前再压抹一遍。

②施工缝留设和处理:楼梯混凝土施工缝应留置在楼梯段1/3的部位。其处理同上。

(4)剪力墙混凝土浇筑

①剪力墙浇筑前先将杂质清理干净,支撑连接固定牢固。为避免墙脚烂根,先铺一层3~5 cm厚的水泥砂浆,然后再浇筑混凝土。

②浇筑混凝土时分层浇筑,分层振捣,每层厚度控制在500 mm左右,采用插入式振动棒捣实,振捣上层时,应插入下层5 cm,移动间距为振捣作用半径的1.5倍。

③混凝土布料应按混凝土铺设厚度来回循环下料,不得一次集中下料。

④墙体原则不留施工缝,如必须留施工缝时,应设置在楼面板上口30~50 cm处,施工缝作成凹凸缝形式。

3. 混凝土养护

①混凝土养护十分重要。混凝土采用洒水养护,要求在浇筑完毕后12小时以内进行,立即覆盖塑料膜,6小时后覆盖草袋或麻袋,浇水养护,浇水时不得冲到混凝土的表面。混凝土保持湿润状态的时间不得少于14天。

②混凝土的养护均安排专人进行,确保混凝土质量。

4. 预制空心板安装

(1)预制空心板安装工艺流程

预制空心板安装工艺流程:抹找平层→根据排板图画出板位置线→楼板吊装→调整板的位置→扎接头缝、安装抗震钢筋。

(2)操作工艺

a. 找平层

圆孔板安装之前应先将墙顶或梁顶清扫干净,检查标高及轴线尺寸,按设计要求抹水泥砂浆找平层,厚度一般为15~20 mm,配合比为1:3,在现浇混凝土墙体上安装圆孔板,墙体混凝土强度应达到4 MPa以上方准安装。对超厚的部位应垫以高一强度等级的豆石混凝土,并振捣密实,待强度达到要求后方准吊装。

b. 画板位置线

根据楼板吊装图在承托预应力圆孔板的圈梁或梁的侧模板上画出板缝位置线,如设计无要求时,预应力圆孔板板缝宽度为不大于40 mm,超过40 mm时应按要求配筋。在板底或侧面事先画好搁置长度位置线,以保证板的搁置长度。

c. 吊装楼板

起吊时要求各吊点均匀受力,板面保持水平,避免扭曲使板开裂。按楼板吊装图要求,将板型号与墙或梁上标明的板号核对,对号入座,不得放错。安装楼板时要对准位置线,缓慢下降,安稳后再脱钩。

d. 灌缝

①待主体施工至4层以上时,对4层以下各层进行楼面清理,由上层向下层逆做法施工,并封闭楼梯口。

②灌缝前将板缝内的杂物清理干净,再用清水将楼面、板缝冲洗干净,经监理工程师检查后进行嵌缝。

③每灌完一层板缝必须封闭,严禁增加重物及其他荷载,以免板受冲击影响灌缝质量,使灌缝的混凝土与板接触面脱离连接。

④待灌缝强度达到设计要求后,其施工荷载不宜超过1.5 kN/ m^2,有集中荷载时应采取分散措施或加设临时支撑,在施工过程中,禁止板受冲击荷载作用,确保施工质量、安全。

8.4 脚手架工程

本工程整体高7层,建筑总高度22.05 m,外形比较规则,主要施工内容为钢筋混凝土、砖混主体结构施工、外墙装饰及内装饰施工等,根据主体结构的施工特点,采用落地式双排钢管脚手架。

8.4.1 钢管脚手架构造

①脚手架立杆纵向间距1.5 m,横向间距0.9 m,距墙0.35 m,一步架高度1.7 m,为保证构造措施,每层设连墙撑,可四跨三步设置一个,固定于混凝土柱或墙体上。

②每隔六跨设置一组沿全高的连续剪刀撑,每个剪刀撑跨越5根立杆,与地面夹角为45°~60°,用方向扣件与脚手架连接。

③在90°转角处每一跨脚手架,在高度范围内满布节点斜杆。

④沿脚手架外侧满挂封闭式密目安全网,立网应与脚手架立杆、横杆绑扎牢固,绑扎间距不小于0.30 m,在施工层满挂密目安全网的同时,用高度不小于2 m的竹笆防护,防止施工噪声及坠落物体,在脚手架底部设一道水平安全网,以上每隔三层设置一道水平安全网,同时,在作业层及最下一层满铺脚手板。

8.4.2 脚手架搭设顺序

搭设顺序:立杆底座→立杆→横杆→斜杆→接头锁紧→脚手板→上层立杆→立杆连接锁→横杆。

8.4.3 脚手架搭设方法

①搭设前先确定脚手架的搭设宽度,外排立杆加宽300 mm挖填平整夯实,立杆下端与地面接触点垫方木,并沿脚手架周边设300 mm宽排水土沟,根据现场地貌确定排水走向,确保

排水畅通，以免雨水浸泡地基，造成脚手架倾斜。

②根据脚手架设计，采用3.0 m和1.8 m（可根据钢管长度进行设计、备料）两种不同高度的立杆，相互交错连接，参差布置，上层均采用3.0 m长立杆接长，顶部用1.8 m长立杆找齐，以避免立杆接头处在同一水平面上，装立杆时，及时设置扫地横杆，将所装立杆连成一整体。

8.5 安装工程方案（略）

8.6 屋面工程施工方案（略）

8.7 试验方案（略）

九、施工进度总体控制与工期保证措施

9.1 施工进度总体控制

本工程总面积为44 510 m^2，砖混结构，最高7层。各种机械、设备及架材、模板拟采用周期性投入，流水作业，总体三段流水，局部交叉，确保210天完成工期目标。

根据关键线路上的各阶段，控制工期如下：

施工准备、定位放线	3天
基础、地梁	36天
基础验收	1天
主体砌体施工	90天
装饰装修施工（主体5层插入内墙装修）	50天
环境施工待内、外墙装修施工完毕后及时插入（占用总计划工期）	30天
自检修补（环境施工时间做自检修补工作不占用总工期）	19天
竣工验收	1天

配合施工项目亦在内，共210天（见图2.5.1施工总进度计划）。

9.2 工期保证措施

①确保各分部分项工程按期完成。

②确保该工程的人、财、物供应，并提供完好的设备。

③采用先进的施工技术和方法，在混凝土里掺用高效减水剂，提高混凝土早期强度，提前拆模，加快模板周转。

④把好材料质量检查关和进货时间，提前落实各种材料的试验与检测工作。

⑤制定好切实可行的季节性施工措施，保证连续施工，确保工程进度。

十、质量保证措施与体系

10.1 质量保证措施

在工程中全面推行 GB/T 19001—ISO 9001 标准进行质量管理与质量控制。

10.2 质量保障体系

质量保障体系见图 2.10.1。

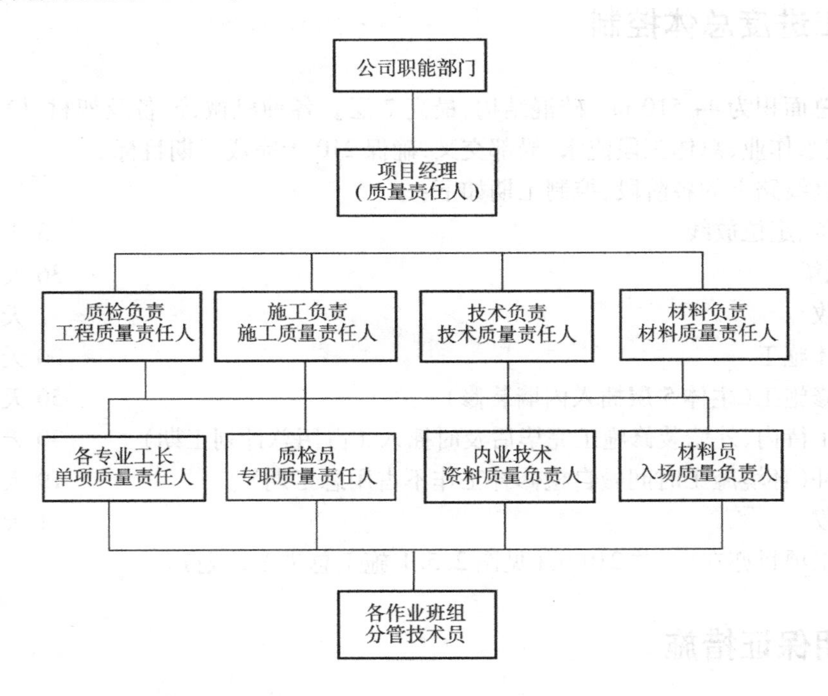

图 2.10.1 质量保障体系

十一、季节性施工质量保证措施

①尽量避免在雨天浇筑混凝土，连续浇筑混凝土时，要准备足够的防雨布，遇上暴雨时可用来覆盖混凝土。按规范要求留设施工缝后停止作业，雨干后方可施焊，焊条盛装要防潮。

②钢筋对焊棚处搭设防雨棚，焊机必须有防雨设施，被雨淋湿的焊机烘干后方可使用。

③做好塔吊、脚手架等高耸物体的防雷措施，可利用结构钢筋做避雷接地，切实做好接地工作，对现场所有电机具进行防雨遮盖，做好接地接零保护。

④现场材料堆放处和机械设备基础均加高，以防积水受潮。

⑤经常维修和疏通临时道路及排水沟，以防暴雨来时积水过多，确保雨后畅通，必要时路面加铺防水材料。

⑥对脚手架、爬楼、操作平台等满铺竹笆、木板并做防护栏。

⑦高空作业必须系安全带，穿防滑鞋。

⑧做好平面布置，现场地面铺设砂石进行硬化处理，基坑四周砌 18 cm 高挡水墙，防雨水流入基坑，现场配备足够抽水泵，及时将现场雨水抽走。

⑨基础施工时应视天气情况安排清槽，验槽后立即进行垫层施工，严防泡槽。

十二、安全文明保证措施

12.1　安全施工保证措施

12.1.1　安全管理组织机构

安全管理组织机构见图 2.12.1。

12.1.2　安全管理措施

①在公司分管安全部门的统一管理下，项目经理部建立安全生产管理保证体系和以项目经理为组长的安全生产领导小组，同时建立和完善各层管理人员的安全生产责任制、岗位责任制。

②工人在进入施工现场时，必须进行安全教育及本工程安全操作规程的学习，使每个职工熟悉安全操作规程。

③工人在操作前，施工员必须对工人进行专项的安全技术交底，交底要有针对性，并履行

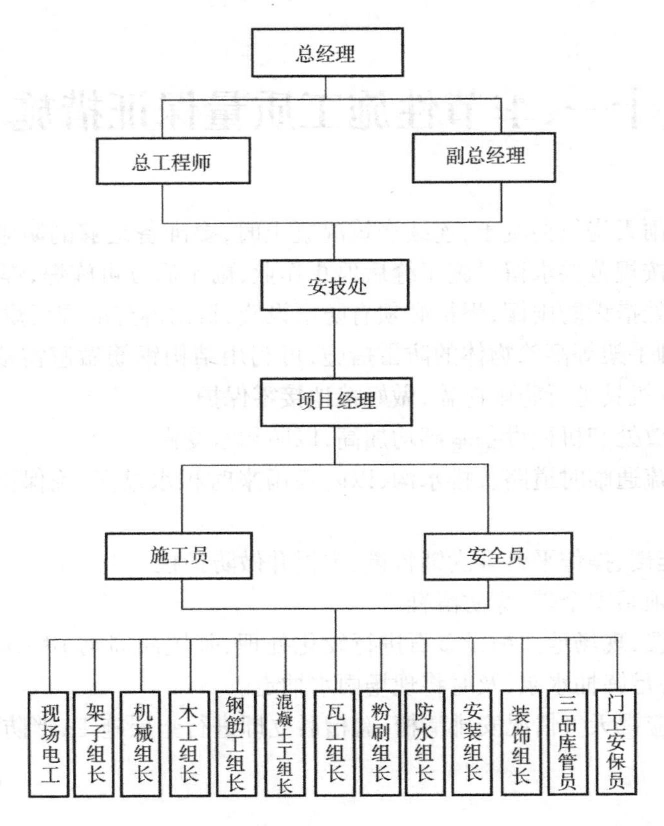

图 2.12.1　安全管理组织机构图

签字手续,现场安全员针对交底内容,负责工人实施作业过程中的监督检查。

④现场设置明显的安全标志牌和警示牌,使职工增强安全意识,预防事故的发生。

12.2　现场文明施工管理

12.2.1　文明施工技术措施

①工地主要出入口设置"六牌一图",即工程概况牌、现场出入制度牌、管理人员名单及监督电话牌、安全生产牌、消防保卫牌、文明施工牌和现场平面布置图。工地设有安全文明标语宣传栏、读报栏、黑板报,施工危险区域或夜间施工均有醒目的安全警示标志,各楼标牌整齐规范。

②道路、材料堆放场地及出入口进行硬化处理,设置车辆冲洗设施及沉砂井、排水沟,场内平整干净,沟池成网、排水畅通、集中清淤,无积水、污水。工地建筑材料、构件、料具、废料及建筑垃圾等按平面定点分区分类堆放,成线成块成堆,标牌标语醒目、规范、完整。易燃易爆物品应分类妥善存放。

③控制噪声、烟尘,严禁在施工现场洗石灰,熬制沥青,不得从建筑物高处向下流放污水、倾倒垃圾。

12.2.2 文明施工管理体系

文明施工管理体系见图2.12.2。

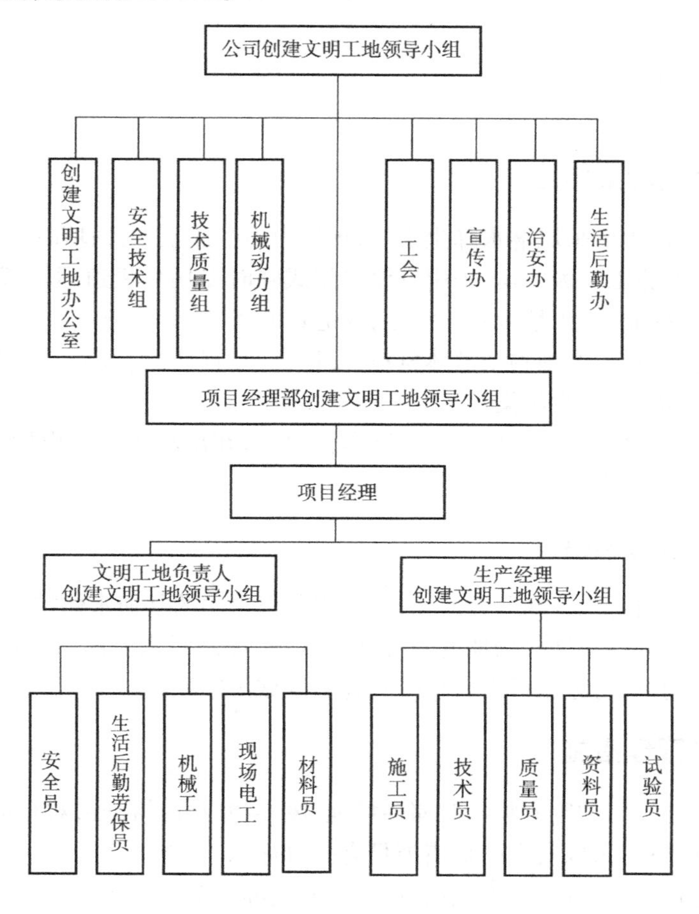

图2.12.2 文明施工管理体系

十三、环境保护措施

13.1 组织管理措施

①建立环境保护体系,明确体系中各岗位的职责和权限,对所有参与体系工作的人员进行相应培训。

②项目部成立现场清洗队,每天负责场内以及场外交通道路近100 m区域的清洁保洁,并

洒水降尘。

③每半月召开一次施工现场环境保护工作例会，总结前一段的工作情况，分析、研究、解决出现的新情况、新问题，并制定措施，由项目部有关部门督促解决。

13.2 技术措施

13.2.1 阻止大气污染措施

①土方施工阶段，主要采取淋水降尘措施，现场内不存放土方，回填时另外运土进场。

②建筑结构内的施工垃圾清运，采用搭设封闭式临时专用垃圾道运输或采用容器吊运或袋装，严禁随意凌空抛撒，施工垃圾及时清运，并适量洒水，减少污染。

③水泥和其他易飞扬物、细颗精散体材料，安排在库内存放或遮盖，运输时要防止遗撒、飞扬，卸运时采取码放措施，减少污染。

④确定车辆出场专用大门，其他大门不准车辆出行，在出场大门处设置清洗刷台，车辆经清洗出场，严防车辆携带泥砂出场造成遗撒。

13.2.2 防止雨水污染措施

①确保雨水管网与污水管网分开使用，严禁将非雨水类的其他水体排进施工场内。

②现场交通道路和材料堆放场地统一规划排水沟，控制污水流向，设置沉淀池，将污水经沉淀后排入市政管网，严防施工污水直接排入施工区域污染环境。

13.2.3 废弃物管理措施

①施工现场设立专门的废弃物临时储存场地，废弃物应分类存放，对有可能造成二次污染的废弃物必须单独储存，采取安全防范措施且有醒目标志。

②废弃物的运输确保不散撒、不混放，送到政府批准的单位或场所进行处理。

③对可回收的废弃物进行再回收利用。

13.2.4 防止施工噪声污染措施

①混凝土振捣采用低噪声混凝土振动棒，振捣混凝土时，不得振动钢筋和钢模板。

②除特殊情况外，在每天晚上22时至次日早上6时，严格控制强噪声作业，对钢筋切割机、电锯等强噪声设备，以隔音棚或隔音罩封闭、遮挡，实现降噪。

③模板、钢管维修时，禁止使用大锤。

④用电锯切割时，应及时在锯片上刷油，且锯片送速不能过快。

⑤使用电锤开洞、凿眼时，及时在钻头上注油或水。

13.2.5 其他管理措施

①对施工机械进行全面的检查和维修保养，机械设备始终处于良好状态，避免噪声、泄漏

和废油、废弃物造成的污染。

②施工作业人员不得在施工现场围墙以外逗留、休息。

十四、成本控制措施

14.1 管理措施

①严格按照GB/T 19001—ISO 9001质量管理标准以及我公司的质量手册等文件建立质量管理体系,加强质量管理,做到不返工、不出现任何不合格品。

②实行严格的工序检查制度,特别是主体结构施工时,加强模板校对,尽量减少爆模现象,杜绝轴线移位,减少施工中的剔打,节约人工,同时为抹灰工程和外装饰创造条件。

③实行进货物资验证制度,尽量减少物资浪费。

④合理组织材料进场,减少库存储备,避免物资积压和变质损坏,降低库存浪费。

⑤组织合理的流水施工段,减少模板、架材的一次投入量。

⑥加强现场管理,对模板架材进行清理和清洗,尽量减少扣件损失,提高工效和减少损耗。

⑦对施工现场的临时供水、供电加强管理人员,设专职管理人员,杜绝长流水和长明灯无人管理现象。

⑧对现场干部、职工进行教育,举办专题讲座,设阅报栏,鼓励干部职工厉行节约,奖优罚劣,杜绝浪费。

⑨现场材料下料精打细算,长料不短用,优料不劣用,减少料头损耗。

⑩搞好施工物资管理,限额领料,落地灰及时清理并加以利用。

14.2 技术措施

①直径14 mm以上钢筋连接采用电渣压力焊,直径14 mm以下的钢筋,采用搭接焊,节约钢材。

②结构施工时,模板采用定型模板,编号对位,严格控制乱拼乱锯,节约板材和木材。

③混凝土梁板采用早拆支撑体系,提高模板、架材周转率,节约工期。

④短钢筋利用作为预埋件等。

⑤搞好工人的技术培训,提高职工的技术水平和操作技能,避免返工造成材料浪费。

⑥加强技术管理,每道工序施工前,由技术负责人向施工员、作业班组进行技术交底,避免盲目施工和乱施工,减少返工和材料损失。

⑦加强设备管理,定期对机械设备进行检查、检修和保养,避免停机检修,提高设备利用率。

⑧加强生产安全管理，杜绝重大安全事故发生。

十五、工程回访与保修

15.1 工程回访

①该项目在正式交付时，同时签署交付《建筑工程质量保修书》，与建设单位制定工程回访计划。

②回访计划发给该工程项目部，按计划组织回访。

③回访实施。

ⓐ到建设单位了解工程使用的质量情况，认真听取顾客意见及要求，并记录。

ⓑ定期召集建设单位有关人员召开座谈会，听取对工程有用和改进的意见。

ⓒ质检处对工程回访中顾客反映的问题做出明确判定。

15.2 工程保修

①工程保修期限和保修范围按合同或《建筑工程质量保修书》中的有关规定确定。

②根据回访资料，质检处对存在的质量问题做出判定，制定保修措施，并通知该工程项目质量和技术负责人。

③项目部根据质检处制定的保修方案组织有关人员按期限要求实施保修，并做好记录，保修完毕及时报告质检处。

④质检处对工程保修项目进行检（试）验，合格后通知项目部门负责人、业主、监理、用户共同签字认可后移交给用户。

综合实训

根据案例《×××小区砖混结构三期工程施工组织》回答以下问题。

1. 本案例中项目部是怎样的组织结构？其优缺点是什么？每个部门的职责是什么？
2. 本工程都选用了哪些大型机械设备？举例说明影响选择机械设备的因素有哪些？
3. 本工程在工程质量和安全管理方面都采取了哪些措施？
4. 施工现场办公室需要挂“四牌、四表、二图、一板”，请根据本案例进行设计。

教学评估表

学习内容名称：__________班级：__________姓名：__________日期：__________

1. 本表主要用于对课程授课情况的调查，可以自愿选择署名或匿名方式填写。根据自己的情况在相应的栏目打“√”。

评估项目 \ 评估等级	非常赞成	赞成	不赞成	非常不赞成	无可奉告
(1)我对本学习内容很感兴趣					
(2)教师的教学设计好，有准备并能阐述清楚					
(3)教师因材施教，运用了各种教学方法来帮助我学习					
(4)学习内容能提升我编制建筑工程施工组织的技能					
(5)以真实工程项目为载体，能帮助我更好地理解学习内容					
(6)对于教学内容教师知识丰富，能结合施工现场进行讲解					
(7)教师善于活跃课堂气氛，设计各种学习活动，利于学习					
(8)教师批阅、讲评作业认真、仔细，有利于我的学习					
(9)我能理解并应用所学知识和技能					
(10)授课方式适合我的学习风格					
(11)我喜欢学习中设计的各种学习活动					
(12)学习活动有利于我学习该课程					
(13)我有机会参与学习活动					
(14)教材编排版式新颖，有利于我学习					
(15)教材使用的文字、语言通俗易懂，有对专业词汇的解释、提示和注意事项，利于我自学					

续表

评估等级 评估项目	非常赞成	赞成	不赞成	非常不赞成	无可奉告
(16)教材为我完成学习任务提供了足够信息,并提供了查找资料的渠道					
(17)通过学习使我增强了技能					
(18)教学内容难易程度合适,紧密结合施工现场,符合我的需求					
(19)我对完成今后的工作任务所具有的能力更有信心					

2. 您认为教学活动使用的视听教学设备:

合适□　　太多□　　太少□

3. 教师安排边学、边做、边互动的比例:

讲太多□　　练习太多□　　活动太多□　　恰到好处□

4. 教学进度:

太快□　　正合适□　　太慢□

5. 活动安排的时间长短:

太长□　　正合适□　　太短□

6. 我最喜欢的本学习内容的教学活动是:

7. 我最不喜欢的本学习内容的教学活动是:

8. 本学习内容我最需要的帮助是:

9. 我对本学习内容改进教学活动的建议是:

实务三：×××公司框剪结构办公楼施工组织

一、编制依据及原则

1.1 编制依据

①施工图纸、设计说明及公司现场勘察所收集的资料。

②国家现行的技术施工验收规范、标准图集等。

③×××省现行的质量、安全生产、文明施工的有关政策、文件规定。

④本公司编制的《文明工地实施指南》。

⑤GB/T 19001 质量管理体系，GB/T 24001 环境保护体系，GB/T 28001 职业、健康、安全体系及公司“三位一体”的企业标准级的质量手册、程序文件等。

1.2 编制原则

①根据招标文件、施工设计图纸、文件资料等的要求以及本工程中的工序技术特点和有关的工程内容，采用先进科学的施工方法、施工工艺和施工手段，确保工程质量合格，争创优质工程。

②严格按照公司和×××省有关文明工地的要求组织施工生产，实现安全文明施工，加强环境保护，创建并达到“省级安全文明标准工地”。

③充分准备，理顺进度与质量、进度与安全之间的关系，使三者协调统一，在保证质量、安全的前提下，合理安排各工序的施工顺序，确保项目总目标的实现。

④编制施工组织设计，严格按照质量评定验收标准及施工规范组织施工，保证工程质量，以优良的工程质量和优质的服务保证该项目创优规划的实现。

二、工程概况

2.1 工程简介

×××工程，位于×××省×××市×××路北侧，×××大厦用地西侧。规划用地面积10 935.00 m^2，总建筑面积26 828 m^2。其中包括地下一层停车场，建筑面积2 572 m^2。地上21层（局部3层），地上建筑面积23 896 m^2。

建筑设计等级为一级，属一类高层建筑，耐火等级为一级，设计使用年限50年，环境功能、建筑装修、建筑设备均按中上等设计，主体为钢筋混凝土框剪结构，抗震烈度按8度设防。

±0.00相当于黄海高程1 112.550 m。主楼建筑高度83.1 m，裙房高度16.5 m。一层层高为5.75 m，二层层高为4.8 m，三层层高为4.2 m，主屋顶、设备层为4.55 m，其余标准层层高为3.7 m。

该工程建筑形式如图2.1。

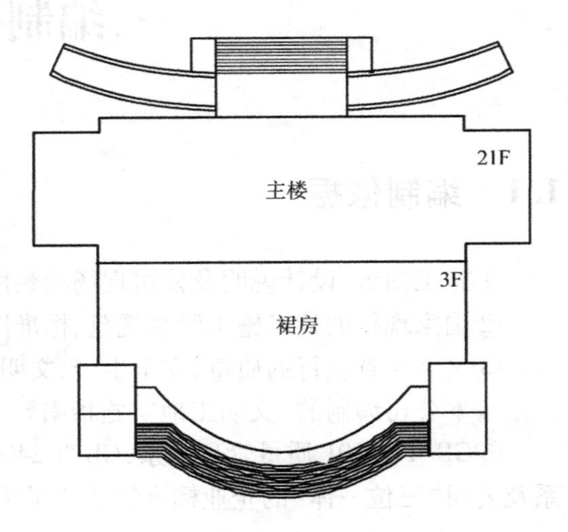

图3.2.1　建筑形式图

2.2 建筑设计概况

建筑设计概况见表3.2.1。

表3.2.1　建筑设计概况

序号	项目	内容	
1	建筑面积	26 828 m^2，其中地下室2 572 m^2	
2	建筑层数	地下1层，地上21层，局部3层	
3	使用功能	办公、会议等	
4	建筑层高	1层5.75 m，2层4.8 m，3层4.2 m，其余3.7 m	
		基底标高	-7.8 m
		建筑高度	主楼83.1 m，裙房16.5 m
5	抗震设防	8度	
6	防火等级	一级	
7	外装修	外墙面	干挂花岗岩石材
		室外踏步、散水	室外踏步、平台、散水均采用花岗石铺面
		门窗工程	采用玻璃幕墙窗、玻璃幕墙门连窗、钢化玻璃窗

续表

序号	项目	内容	
8	内装修	顶棚	铝合金矩形吊顶、铝合金方板吸音吊顶、矿棉板吊顶和矿棉板吸音吊顶，局部采用板底喷涂
		楼地面	磨光花岗石、金属抗静电地板、地砖、水磨石、复合木地板、水泥砂浆楼面、混凝土地面等
		内墙	干挂石材、釉面砖、铝合金吸音板、内墙乳胶漆和水泥砂浆墙面
		卫生间	1.5 mm 厚合成高分子涂膜防水、防滑地砖、釉面砖墙面
9	防水	屋面	3 mm 厚高分子防水卷材和 1.5 mm 厚聚氨酯防水涂膜
		地下室	1.5 mm 厚聚氨酯防水涂膜和 1.5 mm 厚高分子防水卷材
10	节能	填充墙采用混凝土空心砌块，轻质隔墙板	
		外墙面 60 mm 厚聚乙烯苯板，屋面采用 100 mm 厚聚乙烯苯板保温，玻璃幕墙窗采用镀膜中空 LOW－E 玻璃(6＋12A＋6)	

2.3 结构设计概况

结构设计概况见表 3.2.2。

表 3.2.2 结构设计概况

序号	项目	内容	
1	结构形式	基础结构形式	梁板式筏板基础
		主体结构形式	框架—剪力墙结构
		屋盖结构形式	钢筋混凝土屋面
2	地下防水	混凝土自防水	防水混凝土，抗渗等级 0.8 MPa
		外防水	聚氨酯涂膜防水和高分子防水卷材
3	混凝土强度等级	C15	基础垫层
		C50、S8	基础底板、地下室外墙、水池
		C50	地下室至 1 层墙柱
		C45	2～19 层墙柱
		C40	20 层墙柱
		C35	21 层及以上墙柱
		C35	地下室至 20 层梁、板
		C30	21 层及以上梁、板
		C25	楼梯

续表

序号	项目	内容	
4	抗震等级	抗震设防烈度	8 度
		抗震设防类别	丙类
5	后浇带	地下室至屋面在⑦~⑧轴设 1 000 mm 宽后浇带 主楼与裙房间在Ⓒ~Ⓓ轴设置 1 000 mm 宽后浇带	
6	钢筋级别	一级钢	HPB235
		二级钢	HRB335
		三级钢	HRB400
7	钢筋接头	机械连接	直径大于或等于 16 mm 的纵向受力钢筋
		焊接或搭接	直径小于 16 mm 的受力钢筋
8	结构断面尺寸	墙厚度/mm	250、300、350、400、600 等
		底板厚度/mm	500、850
		楼板厚度/mm	地下室顶板 180，地上各层楼板 120
		柱断面尺寸/mm	1 000×1 000、900×900、800×800、900×800、800×700 等

2.4 本工程的工程特点、重点和难点分析

2.4.1 工程特点

1. 工程规模大，冬期间歇长，对施工进度影响较大

本工程建筑面积为 26 828 m^2，×××市每年的冬期间歇期较长，对施工进度影响较大，对质量控制要求较高。

2. 接口协调管理要求高

本工程施工图纸中的所有内容由施工总承包负责，专业工种较多，各专业间需交叉作业，必然存在着各专业之间的相互干扰，需要施工总承包进行内部协调，统一策划，统一指挥，并对各种接口进行严格的控制。因此，需综合考虑施工部署计划及协调。

3. 安全文明施工、环境保护要求高

本工程位于×××市，一旦施工中发生任何安全事故、不文明举措，施工机械排放的废气和产生的噪声等对周围环境造成污染，就会对周围的正常办公及企业形象造成影响，因而对安全生产及文明施工程度要求很高。

2.4.2 施工重点、难点分析

1. 统筹安排，计划管理和接口协调是重点

制定周密可行的施工组织计划，采取动态管理方法，合理确定不同专业、不同工序的开工时间，保证工程项目有序施工，尽量避免施工干扰，是保证优质、高效、顺利地完成工程项目的关键。

2. 进度控制重点

井点降水、深基坑开挖和防护以及底板大体积抗渗混凝土、防水施工、冬期施工是本工程进度、质量、安全控制的重点。±0.00 以下工程能否按期完工是整个工程施工的重点和难点。

3. 质量控制重点

1）混凝土结构质量　混凝土工程在本项目中占的比重最大，加之混凝土最高标号为 C50（地下室 C50、S8）因此控制混凝土裂缝是本工程质量控制的重点，是确保本工程整体结构质量的关键。

2）地下室防渗漏　地下水位高，地下室埋深 -7.8 m，因此地下室防渗漏也是本工程质量控制的重点。主要是通过保证结构自防水混凝土质量来确保地下室不发生渗漏，同时严格控制聚氨酯和合成高分子防水卷材的材料质量和施工质量。

3）装饰工程质量　本工程外墙、室内全部装修，因此装饰工程的质量是影响工程最终质量的最直接因素。

4. 安全检查控制重点

根据本工程的特点，拟将安全用电、防高空坠落、防机械伤害和脚手架工程作为安全控制的重点，确保安全检查无事故。

三、施工总体部署、统筹进度计划安排

3.1 施工组织机构的设置

3.1.1 施工管理组织机构

1. 机构配置原则

1）职责分明　建立项目经理负责制，实行以项目经理为核心，明确分工，责任到人，层层包保的管理体系，即把整个工程项目的工作目标值化整为零，分解到位，一级保一级，最终确保整体目标的圆满实现。

2）素质高强　项目部管理层人员，尤其是领导、决策者，必须具有高度的工作责任心，较强的组织管理能力，较高的专业技术水平和丰富的施工实施经验，懂技术、讲科学、善管理，能胜任各自分管的管理组织工作。

3)精干高效　以技术为龙头,以计划为先行,以管理为主线,以施工现场为对象,组建职能完善、体系健全、精干高效的领导班子,雷厉风行、反应迅速的领导集体,既能满足施工现场的实际需要,又能保证各项保障工作正常运转。

2. 主要人员配置

经理部设项目经理1人、项目副经理1人、总工程师1人,下设6个部门。

3.1.2 部门主要职能

1. 经理部

(1)项目经理

①按照合同条款,全面、具体地组织工程项目的施工,满足业主的合同要求。

②制定项目管理目标和创优规划,建立完整的管理体系,保证既定目标的实现。

③组建精干高效的项目管理班子,搞好项目机构设置、人员选调、具体职责分工。

④科学组织施工,及时正确地做出项目实施方案、进度计划安排、重大技术措施、资源调配方案,提出合理化建议与设计变更等重要决策。

⑤建立严格的经济责任制,强化管理、推动科技进步,搞好工期、质量、安全、成本控制,提高综合经济效益。

⑥确保项目内外联系渠道沟通顺畅,及时妥善处理好内外关系。

⑦接受建设单位和上级业务部门的监督指导,及时向建设单位汇报工作。

⑧参与质量事故的调查处理,组织落实纠正和预防措施,并有权对事故直接人进行经济惩罚。

(2)项目总工程师

①对工程项目质量负责。

②负责有关施工技术规范和质量验收标准的有效实施。

③主持编制实施性施工组织设计(含质量计划),并随时检查、监督和落实。积极推广应用"四新"的科技成果和方法。

④协助项目经理协调与建设、设计、监理单位的关系,保证工程进度、质量、安全、成本控制目标的实现。

⑤组织制定质量保证措施,掌握质量现状,对施工中存在的质量问题,组织有关人员攻关、分析原因,制定整改措施和处理方案,并责成有关人员限期改进。

⑥组织定期工程质量检查和质量评定,领导有关人员进行QC小组攻关活动和创优活动,搞好现场质量控制。

⑦根据现场实际情况,积极进行设计优化,协助项目经理制定保证工程成本不突破报价的主要措施并组织落实。

⑧组织制定质量通病预防措施,组织质量事故的调查处理、原因分析并制定整改措施。

(3)项目副经理

配合项目经理具体组织工程项目的施工，负责施工方案、进度计划、重大技术措施、资源调配方案等的实施，提出合理化建议与设计变更等重要决策，并对项目经理负责。

(4)质检工程师

质检工程师直接对项目经理和项目总工程师负责，行使监督权、检查权和工程质量否决权。

(5)测量工程师

测量工程师负责本合同段的工程复测及定位测量；负责整个施工过程中的控制测量，并应做好内业、外业和原始资料的复核检查；负责提出测量仪器的配置、校准、送检计划。

(6)试验工程师

试验工程师负责本项目计量、检测、试验设备的管理校正和标志工作；负责本项目工程材料的试验；负责现场混凝土施工配合比的选择和使用。

2. 施工技术部

①负责工程项目的施工过程控制，制定施工技术管理办法。

②负责工程项目的施工组织设计及调度、勘察、征地拆迁工作，参加技术交底、过程监控，解决施工技术疑难问题。参与编制竣工资料和进行技术总结，组织实施竣工工程保修和后期服务。

③组织推广应用新技术、新工艺、新设备、新材料，努力开发新成果。

④参加验工计价，并对合格产品进行测量计量。

3. 设备物资部

①负责物资采购和物资管理。

②负责制定工程项目的物资管理办法，检查指导和考核施工队的物资采购和管理工作。

③负责工程项目的全部施工设备管理工作，制定施工机械、设备管理制度。

④参与安装设备的检验、验证、标志及记录。

⑤参加工程项目验工计价，对各施工单位的材料消耗和机械使用费用情况提出计量意见，评价机械设备管理情况。

4. 安全质量部

①依据质量方针和目标，制定质量管理工作规划，负责质量综合管理，行使质量监察职能。

②确保产品在生产、交付及安装的各个环节以适当的方式加以标志，并保护好检验和试验状态的标志。负责产品的标志和可追溯性、最终检验的试验、检验和试验状态、不合格品的控制、质量记录的控制，确定质量检验评定标准，对全部工程质量进行检查指导。

③负责全面质量管理，组织工程项目的 QC 小组活动。

5. 计划财务部

①负责对本合同项目承包合同的管理。按时向业主报送有关报表和资料。

②负责工程项目施工计划制定、实施管理，根据施工进度计划和工期要求，适时提出施工计划修正意见，报项目领导批准执行。

③负责组织工程项目验工计价,统计报表的编制,按时向有关部门报送各种报表。

④负责工程项目的财务管理、成本核算工作。

⑤参与合同评审,组织开展成本预算、计划、核算、分析、控制、考核工作。

⑥参加工程项目验工计价,指导各施工单位开展责任成本核算工作。

6. 办公室

①负责本项目部生产经营和管理方面的调查研究,收集整理上报有关行政信息,为领导决策提供依据。

②负责项目部行政综合性工作计划、报告、总结,以及领导授意的其他文稿的拟写工作。

③负责接收、整理、保管文书,质量体系文件。科技文件等档案和其他专业档案以及文件、资料的指导、控制工作,对上级部门颁发的文件、资料等妥善保管。

④准确传达施工命令,指导、督促、检查执行情况。及时准确全面地了解施工进展情况和存在的问题,分析施工形势,协调各方关系,掌握劳动力、机械设备、车辆和主要物资器材的动态,保证施工正常进行。

7. 试验室

认真贯彻执行国家有关试验工作的规程、标准、方法以及省、部质量检测中心有关工程质量检测的规定;负责工程试验工作,了解原材料质量及工程质量情况;解决工程试验中的咨询问题,参与重大事故的调查分析;根据施工需要进行专题试验研究,积极推广新材料、新工艺和新的检测方法,并配合重大科研课题研究性试验;掌握试验工作动态,督促检查各项规章制度的执行情况,分析统计试验资料,并定期做好总结工作;负责各种建筑材料如混凝土、砂浆、石材的物理、力学性能检验工作;负责各种有关检测记录、报告的填写、送审及整理工作;负责各类土的物理、力学性能测定及土工的原位测定;根据实际情况调整理论配合比,分析积累各种试验资料,向施工负责人提出建议和改进措施;负责进场的砂石料、钢材、水泥、外加剂和其他成品、半成品的抽样检测,协助调查搞好砂石料场的定点定场工作,随时抽查砂石及其原材料的质量;配合现场施工,测试砂石含水量、含泥量,混凝土坍落度,砂浆稠度,配置外加剂溶液,检测其浓度,记录天气、温度,为现场施工提供必要的参考资料;做好各种施工控制,负责试验试配工作,签发施工配合比,按规定负责现场试件的制作、养护和试验;配合施工做好钻孔桩泥浆的测试工作;保管维修现场各种试验仪器,按期检查校定校验各种试验仪器,使试验仪器经常保持良好状态。

3.2 工程管理的总体部署安排

3.2.1 部署安排原则

1. 施工顺序的部署安排

本工程的部署安排原则为:先地下,后地上;先结构,后围护;先主体,后装修;先土建,后专业。

2. 时间的部署原则——季节施工的考虑

根据业主对工期的要求及总体施工进度的安排,工程总工期450天,要经历冬雨季施工,所以应考虑加强措施,缩短工期,做好冬雨季施工的准备工作。

3. 空间的部署原则——立体交叉的考虑

为了贯彻“空间占满、时间连续”,“均衡协调有节奏、力所能及有余地”的原则,保证工程施工按照总控制计划完成,需要采取主体和安装、主体和装修、安装和装修的立体交叉施工。为了使上部的结构正常施工而下部的装修及安装及时插入施工,基础验收在2007年6月进行,1~6层验收在2007年9月进行,7~21层在2007年12月进行。

4. 资源的部署原则——机械、设备、设施的投入

①本工程采用商品混凝土,在砌体和装修阶段,现场设砂浆搅拌站进行集中供应。

②配备一台塔吊作为主要垂直运输手段,另在砌体及装饰阶段设一台双笼附墙施工电梯配合垂直运输。

③为降低塔吊的使用负荷,提高效率,结构混凝土浇筑采用输送泵,上部结构混凝土施工配备混凝土布料机,完成混凝土水平输送的工作。

④场内供水、供电:经计算场内供电按315 kVA设置,现有的供水基本能满足用水要求。由于现场供水在东南角,现场供电在东北角,主要在东边道路边设给水、供电线路,再用电缆或分管线引至塔吊、电梯、操作棚、作业层等需用处。

⑤场内外通信:现场设两部固定电话,对讲机四部,手机按需配置,满足施工要求。

⑥工程试验:现场配合比、原材料检验、计量仪器检定均委托资质达到国家一级的实验室进行,以保证试验的公正性和权威性。

⑦临时设施:为满足施工要求,在施工现场设置钢筋棚、木工棚、混凝土输送泵车、配电室、仓库、材料堆放区、厕所、食堂、办公室及生产管理人员的宿舍。

3.2.2 施工阶段安排部署

1. 施工阶段的划分

根据设计图纸和工程实际情况,将本工程共分三个阶段。

(1)地下工程施工阶段

地下工程包括基础、地下室、防水及回填工程等,其中侧墙防水和回填安排在地上主体结构施工中垂直穿插进行,此阶段施工工艺流程为:井点降水工程、挖土、验槽、基底处理→混凝土垫层→底板防水、保护层→底板钢筋、柱、墙插筋、模板→底板混凝土→地下室柱、墙钢筋、支模→墙、柱混凝土→±0.00梁板钢筋、支模→±0.00梁板混凝土→地下外墙防水、保护→回填土。

(2)主体结构施工阶段

主体结构主要为钢筋混凝土框架—剪力墙结构、砌体结构,此阶段工艺流程为:投点放线→墙、柱钢筋绑扎及安装工程预留预埋→隐蔽工程验收→柱、墙模板→柱、墙混凝土浇筑→养护→楼板、梁支模→梁板钢筋绑扎、预埋、预留→隐蔽工程验收→梁板混凝土浇筑

→养护。

在主体施工到11层,8层以下已拆模,然后在已浇筑的楼层插入砌体和隔墙工程。

(3)屋面、装修、安装施工阶段

此阶段主要包括屋面找平层、保温层、找坡层、防水层和面层,内外墙粉刷、饰面,楼地面,顶棚,门窗,水、电、暖通、消防等安装工程工序。此阶段工艺流程如下。

1)内装修　结构处理→放线→门窗框安装→管道支管安装→室内抹灰(贴砖)→地面清理(垫层、防水)→水泥楼面、贴地砖等→吊顶→内墙面乳胶漆等→安门窗→灯具安装→调试→清理→交工。在砌体施工至2层以后即可插入抹灰工程。

2)外装修　结构尺寸复核纠偏→预埋件(主体施工时进行)、墙面清理→挂线→安装龙骨→挂贴花岗岩→室外工程→清理→交工。

3)屋面工程　结构清理→100 mm厚聚苯板→1:6水泥焦渣找坡→水泥砂浆找平→聚氨酯涂膜防水→高分子防水卷材→水泥砂浆保护层→砌砖墩、放置混凝土架空板→铺贴地砖。

屋面工程在主体封顶后、屋面构筑物施工完成后及时展开施工。

2. 地下工程施工阶段施工部署

基础底板混凝土属大体积混凝土,是本工程的关键质量控制点,施工技术措施在施工方案中作为专题介绍。

地下室利用后浇带将工程施工分为四个施工段分别进行流水施工。

地下室结构投入的机械设备有:塔吊1台,混凝土输送泵1台,钢筋切断机2台,弯曲机2台,调直机2台,套丝机2台,木工机械2套,其他机械设备若干。

地下室结构施工主要安排两个综合班组,每个班组有钢筋工50人、模板工70人、混凝土工40人、普工20人、套丝工5人及机电安装配合人员等。

地下室墙体模板采用木模板进行施工,柱、梁、底板中直径大于等于16 mm的钢筋采用对钢套筒连接技术。直径小于16 mm的柱、墙钢筋采用绑扎搭接,商品混凝土由1台混凝土输送泵和1台混凝土汽车泵车进行浇筑。

3. 地上主体结构施工部署

结施设计说明中,本工程要求以后浇带2为界,主楼和裙房的基础先施工,主楼的主体结构再进行施工,主楼主体结构完工后裙房的上部结构再施工。

地上1~3层为底部加强区,4层以上为标准层。地上1~3层利用结构后浇带将工程分为4个施工段,4层以上划分为两个施工段,有利于劳动力、周转材料、机械设备等的资源配置。

地上结构投入的机械设备有:塔吊1台,混凝土输送泵1台,钢筋切断机2台,弯曲机2台,调直机1台,套丝机1台,木工机械2套,其他机械设备若干。

主体结构在竖向实行主体交叉作业,当9层主体结构施工完毕,6层以下已拆模,具备施工条件,即插入砌体墙、室内墙面抹灰、内装饰等工程的施工。

主体剪力墙和框架柱模板采用竹胶合板模板和木模板相结合,外架子使用挑架,钢筋采用搭接技术,混凝土采用商品混凝土,由1台混凝土输送泵和1台布料机浇筑施工,塔吊配合。

4. 装修施工阶段部署

内部装修工程在主体施工时提前插入，施工顺序由下向上；等主体结构全部施工完毕后，由上向下开始进行外装饰工程施工，并同时进行屋面工程的施工，电气、管道及设备等安装应在土建装饰工程完工前进行穿插施工。

3.3 进度计划

3.3.1 施工段划分

地下室及地上1~3层工程，根据后浇带划分为4个施工段，安排两个施工班组施工（见图3.3.1）。

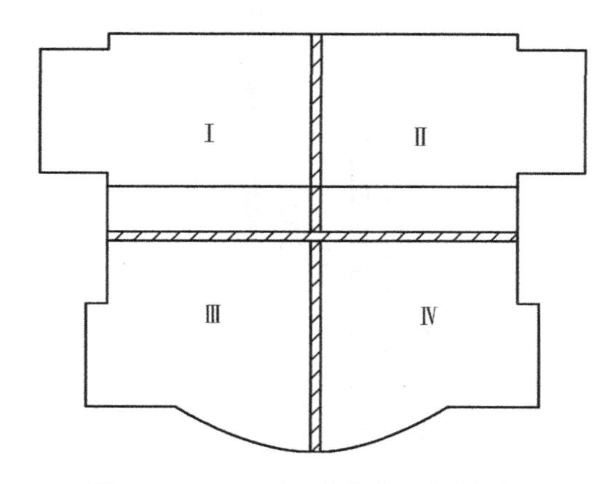

图3.3.1 4层以下结构施工段的划分

施工顺序：地下室根据后浇带分4段浇筑施工，±0.000以下施工顺序为Ⅳ、Ⅲ、Ⅱ、Ⅰ，出±0.000先施工主楼Ⅰ、Ⅱ段；主楼结构施工完毕，裙房的Ⅲ、Ⅳ段再进行施工，便于模板材料的周转使用及人员的安排。

4层及以上为便于流水施工划分为两个施工段。

3.3.2 施工进度计划

本工程总工期为450天（日历天），计划开工日期为2007年3月1日，主体封顶时间为2007年10月31日，竣工时间2008年8月31日。公司保证8月11日前竣工，比要求工期提前20天。施工横道图及网络计划分别见图3.3.2和图3.3.3。

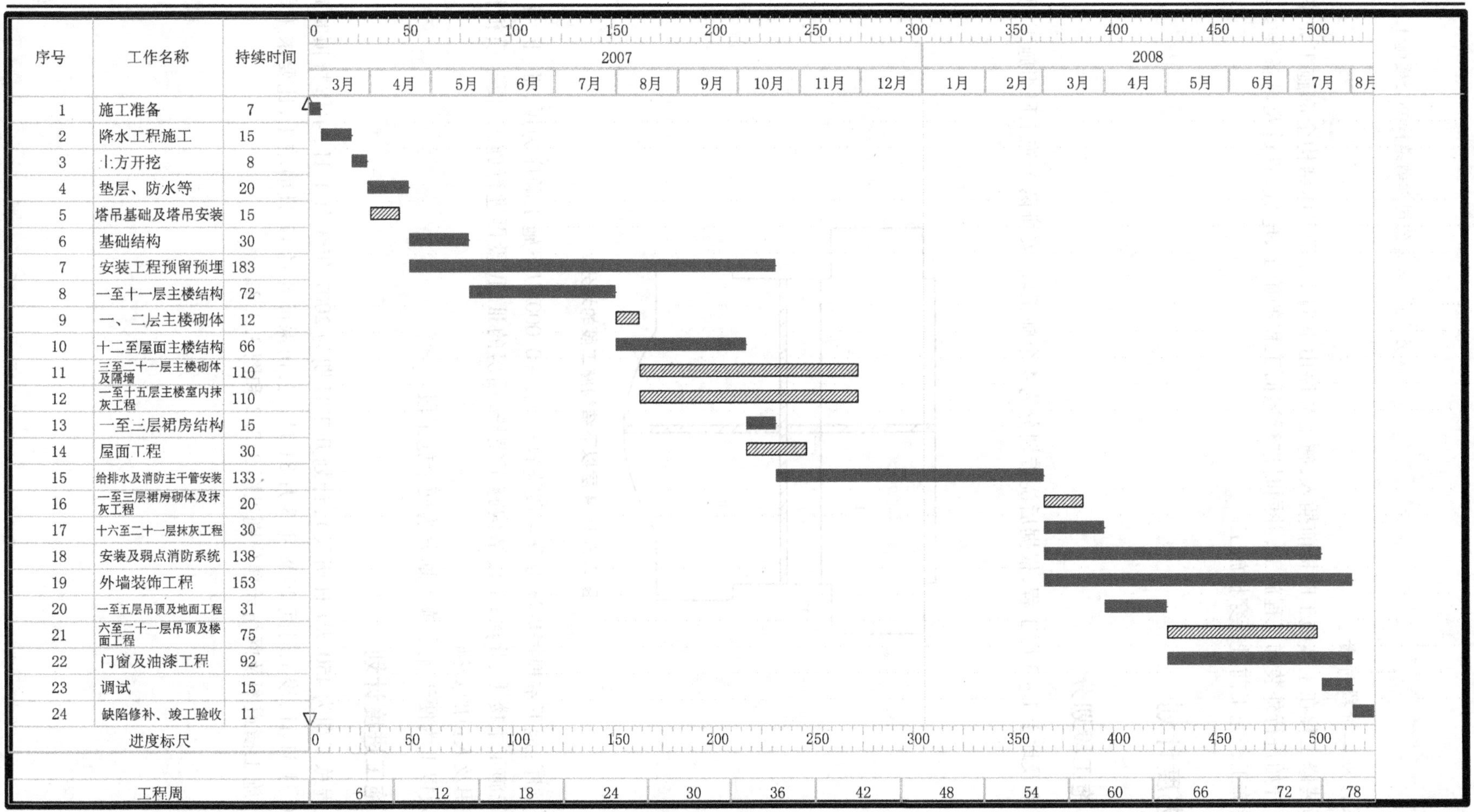
序号
工作名称
持续时间
2007
2008
3月
4月
5月
6月
7月
8月
9月
10月
11月
12月
1月
2月
3月
4月
5月
6月
7月
8月
1 施工准备 7
2 降水工程施工 15
3 土方开挖 8
4 垫层、防水等 20
5 塔吊基础及塔吊安装 15
6 基础结构 30
7 安装工程预留预埋 183
8 一至十一层主楼结构 72
9 一、二层主楼砌体 12
10 十二至屋面主楼结构 66
11 三至二十一层主楼砌体及隔墙 110
12 一至十五层主楼室内抹灰工程 110
13 一至三层裙房结构 15
14 屋面工程 30
15 给排水及消防主干管安装 133
16 一至三层裙房砌体及抹灰工程 20
17 十六至二十一层抹灰工程 30
18 安装及弱点消防系统 138
19 外墙装饰工程 153
20 一至五层吊顶及地面工程 31
21 六至二十一层吊顶及楼面工程 75
22 门窗及油漆工程 92
23 调试 15
24 缺陷修补、竣工验收 11
进度标尺
0 50 100 150 200 250 300 350 400 450 500
工程周
6 12 18 24 30 36 42 48 54 60 66 72 78

图 3.3.2　进度横道图

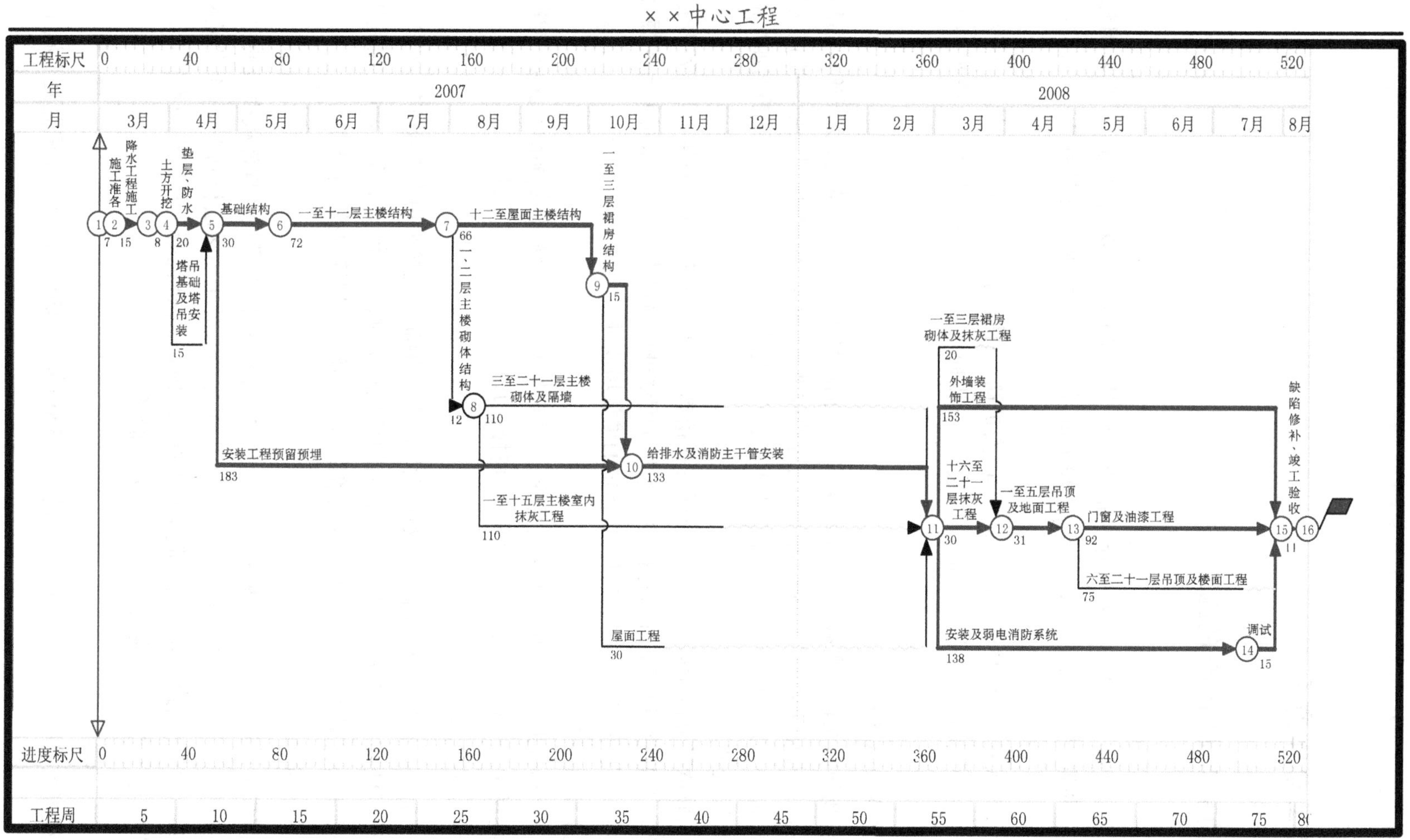

××中心工程

工程标尺 0 40 80 120 160 200 240 280 320 360 400 440 480 520

年 2007 2008

月 3月 4月 5月 6月 7月 8月 9月 10月 11月 12月 1月 2月 3月 4月 5月 6月 7月 8月

施工准备 7

降水工程施工 15

土方开挖 8

垫层、防水 20

塔吊基础及塔吊安装 15

基础结构 30

一至十一层主楼结构 72

十二至屋面主楼结构 66

一、二层主楼砌体结构 12

一至三层裙房结构 15

三至二十一层主楼砌体及隔墙 110

安装工程预留预埋 183

给排水及消防主干管安装 133

一至十五层主楼室内抹灰工程 110

屋面工程 30

一至三层裙房砌体及抹灰工程 20

外墙装饰工程 153

十六至二十一层抹灰工程 30

一至五层吊顶及地面工程 31

门窗及油漆工程 92

六至二十一层吊顶及楼面工程 75

安装及弱电消防系统 138

调试 15

缺陷修补、竣工验收 11

进度标尺 0 40 80 120 160 200 240 280 320 360 400 440 480 520

工程周 5 10 15 20 25 30 35 40 45 50 55 60 65 70 75 80

图 3.3.3 时标网络计划图

3.4 施工总体方案

3.4.1 地基与基础部分的施工

1. 井点降水

本工程地下水位较高，需采取降水措施。根据基坑的开挖深度和宽度，拟采用深井井点方案。井管用混凝土制成，管径为 600 mm，井管距基坑顶部开挖线 1.5 m，间距为 18 m。

井点水降水程序为：井位放样→做井口、安护筒 →钻机就位、钻孔→回填井底砂垫层→吊放井管→回填管壁与孔壁间的过滤层 →安装抽水控制电路→试抽 →降水井正常工作。

2. 挖土及边坡支护

本工程场地南北较为宽敞，东西较为狭窄。根据现场施工的实际情况，既要确保边坡稳定，又要保证南北施工通道的通畅，北面采用自然放坡，东西面及南面采用土钉墙喷锚支护。放坡系数上部黏土为 1:0.75，下部砂土为 1:1。基坑开挖完毕，对基坑侧壁用钢筋网加喷射混凝土进行加固处理。

根据土质情况分两阶段开挖：第一阶段：开挖黏土，坡度比为 1:0.75；第二阶段：开挖砂土，坡度比为 1:1；在开挖黏土时，边挖边对东西面侧壁进行喷锚支护；挖土采用 1 台挖掘机进行开挖，足够的自卸汽车运输并按照业主指定的堆放场地进行堆放。

3. 地下室底板及侧墙防水施工

施工时严格按照规范及施工工法进行施工，处理好基层，涂刷好聚氨酯防水涂膜，铺贴高分子合成卷材时先处理好附加层、排气压实、搭接、边口收头细部施工质量。

4. 基础钢筋施工

水平钢筋的连接采用钢套筒直螺纹连接技术，竖向钢筋的连接采用直螺纹连接及搭接，钢筋加工采用机械及手工制作，另外在进行钢筋的绑扎施工时，为了保证工程质量（主要是钢筋位置的准确性），分别在墙、柱、梁等位置处增设梯子筋及定距框等内撑外控措施。

5. 基础模板施工

剪力墙模板支设采用竹胶板模板及穿墙螺栓加固方案，框架梁柱及现浇板模板使用高强覆面多层板，柱模板使用双向穿墙螺栓夹具加固；梁柱接头处采用多层板制作，每个角处模板配制成整块，使用穿墙螺栓并下夹混凝土柱 500 mm 固定，保证混凝土柱顺直和不错台；为防止漏浆，模板与已施工的混凝土接缝处粘贴双面胶条。

6. 基础混凝土的施工

本工程筏板混凝土为 C50、S8 标号，板厚为 500 mm 和 850 mm，为大体积混凝土施工，采用商品混凝土，商品混凝土采用罐车运输。一台混凝土输送泵浇筑，另外还需提前联系好商品混凝土搅拌站的汽车泵备用，采用振动棒插入方式进行机械振捣，人工二次收面。施工前要根据施工具体措施进行大体积混凝土温度裂缝的计算，混凝土浇筑后及时进行蓄水养护；同时为防止大体积混凝土内外温差超过限值而产生温度裂缝，在混凝土内布置测温点，掌握基础内部实际温度变化情况，监视温差波动，以指导养护工作。

3.4.2 主体结构部分的施工

1. 主体钢筋工程

主体钢筋工程的施工方法基本同地下结构部分。

2. 主体模板工程的施工

框架梁、柱及现浇板的施工方法基本同地下结构部分。由于工程质量目标较高，对混凝土的外观质量要求达到清水混凝土的标准，主楼框架柱及剪力墙采用多层板，现浇梁板采用双面覆膜竹胶板。另外对于标准层的楼梯模型拟使用木模板进行施工。

3. 主体混凝土工程的施工

主体结构均采用商品混凝土，混凝土罐车运输，地泵上料，楼层混凝土浇筑使用布料机，采用振动棒插入式振捣。其中现浇板混凝土的收面采用二次收面法进行施工，并进行表面拉毛处理以达到不再进行楼面找平层施工的结果；且现浇板混凝土施工后，板底混凝土质量达到不再进行抹灰施工的程度。混凝土施工后应按规范进行养护。

3.4.3 装饰工程的施工

1. 室内抹灰工程

剪力墙体与顶棚混凝土施工力争达到清水混凝土标准，故仅需对混凝土墙面进行修补抹灰，只将接槎和阴角处进行打磨处理，清理基层后，直接刮腻子进行涂料工程的施工。在砖砌墙体处，按规范要求进行抹灰施工。

2. 楼地面花岗岩和地砖工程

地砖铺贴时严格按操作规程进行施工，为了消除地砖空鼓这一质量通病，砂浆结合层应使用干硬性砂浆，采用地砖软贴这一具有成熟经验的施工方法，且地砖铺贴完成后，面层应加以覆盖，养护时间不应少于 7 天。

装饰施工要树立塑造精品的理念，工序实行高标准、严要求，采取“检查盖章上墙”和“工序挂牌负责”措施，大面积施工前要做样板墙、样板间，确保一次成优，创过程精品。

四、各分部分项工程的主要施工方案

4.1 施工测量放线

4.1.1 施工测量内容及责任划分

施工测量内容及责任划分见表 3.4.1。

表 3.4.1 施工测量内容及责任划分

序号	工作内容	负责单位	使用仪器
1	建筑红线及轴线定位、引测	建设单位与测绘单位	全站仪、经纬仪
2	定位线复核、布网	本公司	全站仪、J2 激光经纬仪
3	轴线投测	本公司	J2 激光经纬仪
4	高程投测	本公司	S3 水准仪和钢尺
5	垂直度	本公司	J2 激光经纬仪
6	结构尺寸线	本公司	钢尺
7	沉降观测	建设单位委托专业单位	专用设备

4.1.2 测量仪器及测量人员的配备

配备电子全站仪 1 台，激光经纬仪 1 台，J2 经纬仪 1 台，自动精平 32 倍水准仪 2 台，50 m 钢卷尺两把等。配备 3 名有高层施工测量放线经验的测量工程师进行测量放线工作。

4.1.3 工程测量的内容及方法

1. 工程轴线的定位

本工程高层北侧的地下一层结构采用初期布置的轴线网，利用经纬仪和钢尺进行定位和放线。

本工程底部三层裙房为弧形，第一次定位放线至关重要，防水保护层施工完毕后，在平整的混凝土面层上根据内业算出的坐标认真放出外墙的框架柱线，然后根据弧线与各框架柱的位置关系，依次分段近似地画弧线。

主楼为高层办公楼，为保证轴线投测的精度，平面控制采用内控法。

(1) 内控网的布设

1) 使用工具　工具为 SET2110 全站仪和 J2 激光经纬仪，目的是校核轴线标志桩投测纵轴及横轴的轴线，对边、角值进行校测，边角的各项精度必须符合表3.4.2的规定。

表3.4.2　测量精度要求

等级	测角中误差	边角相对中误差
二级	±12″	1/15 000

2）制定内控基准点　以后浇带为界划分的两个施工段，每段在四个角设置内控基点。内控基点采用10 cm×10 cm钢板制作，用钢针刻画出十字线，埋设在一层楼板轴线内移1 m的交叉点上。

3）留置测量口　各层楼板的内控基准点正上方相应位置预留一个150 mm×150 mm的孔洞，作为激光束通孔。

（2）轴线投测方法

仪器采用苏州产J2－JDE激光经纬仪及玻璃板接收靶。将激光经纬仪架设在底板的内控基准点上，接收靶放在投测楼层面的相应预留洞口，将最小光斑的激光束投到接收靶的“十”字交点处。将检定合格的经纬仪架设在接收靶上，依次投测出主轴线的控制线，如图3.4.1所示。

激光光斑圆的直径允许偏差（指接收靶上的允许偏差）见表3.4.3。

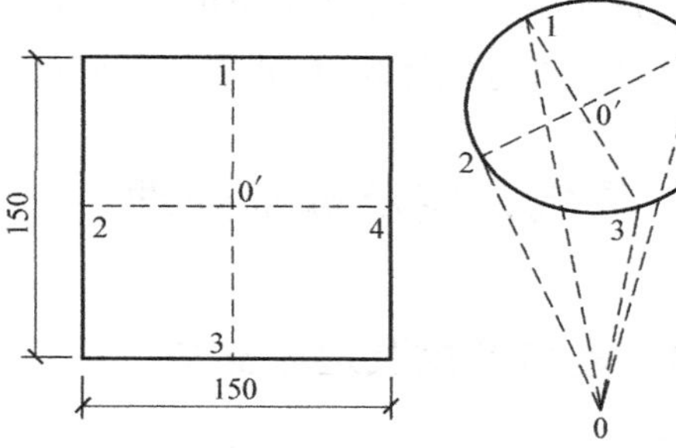

图3.4.1　激光经纬仪投测点示意图

表3.4.3　激光光斑圆的直径允许偏差

投测高度/m	允许偏差/mm
<50	±5
50～100	±10

本工程从一层楼板设置内控制基准点，到投测顶层（21层屋面）的高度约为82 m，因此本工程允许偏差为±10 mm。

2. 高程投测

①将业主指定并经复合的标高，引测到现场固定且不易损坏的地方并加以保护，设置两个编号分别为BM1、BM2，每间隔一定的时间联测一次，以作相互校核。每次检测的数据成果必须进行分析，以保证水准点使用的准确性。现场高程根据这两点进行投测。

②施工到首层后，在首层墙面易于向上传递标高的位置，布设三个高程的标准点，通过往返检测合格（误差在±3 mm）后，标注三角形并用红色油漆标记建筑标高。

③以首层红三角形为标高基准，用检测合格的钢尺向上传递，并用红三角形做好标记，然后使用S3水准仪往返检测合格后，将该层标记作为向上层引测的标记，每层的墙、柱模板拆除后，采用水准仪和钢尺在墙、柱上放出该楼层的500 mm结构线。

3. 建筑物垂直度控制

采用苏州 J2 - JDE 激光经纬仪及接收靶进行轴线投测,控制建筑物垂直度。

电梯井筒的垂直度控制:每次拉尺时,两端卡死,中间定点,而不是采用从一端向另一端拉尺的方式放线定位。

4.1.4 工程放线

根据投测的轴线,使用钢卷尺放墙、柱边线,钢卷尺要求经过计量或购买免检产品,放好的线采用红油漆做出标记。

4.1.5 沉降观测

沉降观测是确保结构安全的一项重要工作,按照设计文件设置沉降观测点,如业主委托专业测量单位进行沉降观测,我们将做好沉降观测的配合工作。

4.2 基坑开挖及基础处理

4.2.1 基坑开挖及边坡支护

根据现场地下水位的情况确定采用井点降水措施降低地下水位。

土方开挖采用1台反铲挖掘机进行机械大开挖,自卸汽车运土至指定堆放地点。机械开挖深度根据工程的设计标高而定。

本工程的基坑开挖分两阶段进行,挖土坡道留置于东北侧。为确保施工的安全,在土方开挖后,应及时在基坑周围搭设安全防护栏杆,刷警戒色,设夜间照明、警示标志等,并应在基坑上部周边设置排水沟,以免雨水侵蚀边坡造成安全事故。

4.2.2 砂石垫层的施工

1. 施工条件

①基坑已挖至设计标高,已会同有关各方验收通过。

②根据设计压实系数以及施工条件等合理确定砂石的最佳含水率,铺土厚度约250 mm,采用机械碾压,不少于3遍。

2. 施工技术质量要求

①砂石垫层应分层铺摊和夯实,每层铺摊厚度为250 mm,每层至少碾压3遍。

②严禁采用所谓水浇使土下沉的“水夯”法。

③回填时应避开雨天,如在施工时遇到雨天,应用塑料布进行覆盖,并做好排水。受到雨水浸泡的回填土,应把上表皮松软土除去,晾干后再夯打密实。

④根据规范规定,做好压实密度试验,如不合格,重新夯实后,再进行下道工序。

⑤基坑周边机械碾压不到的地方采用蛙式打夯机进行夯实。

4.3 地下室防水工程施工

4.3.1 地下防水

地下防水做法见表3.4.4。

表3.4.4 地下防水做法

序号	防水设防部位	地下室底板(由上向下)	地下室侧墙(由里到外)
1	工程做法	地面做法同设计	内墙面做法见设计
2		钢筋混凝土底板	钢筋混凝土墙体
3		40 mm厚C20细石混凝土保护层	30 mm厚1:3水泥砂浆找平层
4		1.5 mm厚合成高分子防水卷材	1.5 mm厚聚氨酯涂膜防水层
5		1.5 mm厚聚氨酯涂膜防水层	1.5 mm厚合成高分子防水卷材
6		20 mm厚1:2.5水泥砂浆找平层	20 mm厚1:2.5水泥砂浆保护层
7		150 mm厚C15素混凝土垫层	120 mm厚黏土实心砖保护墙
8		素土夯实	原土回填分层夯实

4.3.2 砖胎模的施工

为保证底板浇筑及防水效果,拟采用砖胎模的逆作施工方案。

施工流程:垫层施工→砖胎模放线→筏板砖胎模施工→砖胎模抹灰→防水涂膜及卷材施工→保护层施工。

砖胎模放线应留出20 mm水泥砂浆抹灰层的厚度。采用M5水泥砂浆砌筑MU10实心砖,120 mm厚,每隔2.5 m砌筑240 mm砖垛,以保证砖胎模的强度和稳定性。待砖胎模具有一定的强度后,在砖胎模的背面用土进行夯实,以保证混凝土浇筑的侧压力。

防水施工完毕后,进行细石混凝土的施工。侧墙建议铺一层油毡,然后采用10 mm的竹胶板进行暂时隔离,绑扎承台的钢筋,待钢筋施工完后,小心取出竹胶板,并检查防水层的破坏情况,如有破坏应进行及时修补。

4.3.3 卷材防水层的施工要求

防水层铺设采用有生产资质的专业厂家生产的卷材,每批材料进场附生产厂家的检测报告及合格证,同时还需抽样送检。

附加层为一层,贴于易渗漏的部位,如平、立角处,卷材与卷材的长边搭接宽度均为100 mm,上下层接通部位应相互错开1/3~1/2。

4.3.4 地下室防水

1. 防水层施工程序

1)底板 100 mm 厚 C15 混凝土垫层,20 mm 厚 1∶3 水泥砂浆找平,刷 1.5 mm 厚聚氨酯防水涂膜,铺贴 1.5 mm 厚合成高分子防水卷材,40 mm 厚细石混凝土保护层,钢筋混凝土底板。

2)侧壁 钢筋混凝土墙体,20 mm 厚 1∶2.5 水泥砂浆,1.5 mm 厚聚氨酯防水涂膜,1.5 mm 厚高分子防水卷材,120 mm 砖砌,素土回填。

2. 具体施工注意事项

①施工防水基层的水泥砂浆找平要求平整、不起砂、不裂缝,在垫层施工时直接找平,设置伸缩缝,并灌沥青胶进行处理,基层充分干燥后,涂刷冷底子油。

②细石混凝土保护层施工应严格注意使用的工具、人员穿的鞋、混凝土的和易性,防止混凝土中石子过大和离析造成对防水层的破坏。

③在无粉刷层的情况下,由土建方打磨模板拉杆、钢筋头等凸起异物,嵌平平面缺陷,并调整脚手架。

④按《地下工程防水技术规范》在转角、阴阳角及特殊部位设置附加层,宽度为 600 mm。

⑤粘贴高度水平放线表示防水设计高度,由土建方负责确定不同部位的放线,垂直放线主要用于防水卷材幅宽的搭接,注意合理放线,减少接口。

⑥卷材搭接宽度及上下层错位、搭接封口应符合规范要求。

⑦侧墙卷材防水与回填土结合施工。砖砌保护墙和夯实回填土应保证不破坏防水层。

4.4 地下室抗渗混凝土底板施工方法

本工程基础底板有 500 mm、850 mm 两种厚度,混凝土设计强度等级为 C50,抗渗等级设计 S8,混凝土用量比较大。

4.4.1 浇筑方案

本工程底板混凝土用量大,设计在⑦~⑧轴、Ⓒ~Ⓓ轴设置 1 000 mm 宽后浇带将底板分为四块,要求每块必须一次浇筑成功。

1. 混凝土的浇筑方案

混凝土浇筑分段进行,为确保底板混凝土施工一次成功,分别由一台地泵和一台车泵进行输送,车泵可根据实际情况随时移动,保证混凝土浇筑的连续性和一次浇筑成功,不留施工缝。用振动棒插入方式进行机械振捣,人工二次原浆收光,可确保一次成功。采用斜面分层,即用“一个坡度,薄层浇筑,一次到顶”的施工方法。

2. 混凝土浇筑顺序

本工程基础混凝土浇筑从东南角开始,从东至西、从南至北整体推进,采用斜面分层浇筑的方法,每层浇筑斜面厚度为 0.4 m,以混凝土输送泵浇筑为主,汽车泵应急,直至浇筑全部完成。

3. 后浇带的处理

后浇带采用钢板网和钢筋可靠焊接，保证混凝土不流入后浇带中，后浇带上部采用竹胶板封堵，确保垃圾、木屑、砂浆、绑扎丝等不掉入其中。

4.4.2 大体积混凝土裂缝可能产生的原因

①水泥水化热引起的温度应力和温度变形。本工程底板为C50、S8混凝土，由于水泥用量大，所产生的水化热较大。且发生在前1~3天内，由于内外温差超过25 ℃的限制，因而会产生裂缝。

②混凝土的收缩变形：由于水平方向和竖直方向混凝土收缩内部限制条件有差异，因此会形成不规则的深裂缝。本工程的底板钢筋较密，采用泵送混凝土，水灰比大，收缩性大，易产生内部裂缝。

③干燥收缩。由于混凝土中80%的水分会蒸发，20%是水泥硬化所必需的，混凝土在硬化过程中表面干缩快，中心干缩慢，所以将在表面出现拉应力而产生裂缝。

④大体积混凝土如果不采取措施加以预防，则可能产生贯穿裂缝，影响结构的整体性、耐久性、防水性以及正常使用。

4.4.3 控制混凝土温度和收缩裂缝的技术措施

为了有效地控制有害裂缝的出现和发展，必须从控制混凝土的水化升温、延缓降温速率、减小混凝土收缩、提高混凝土的极限拉伸强度、改善约束条件和设计构造等方面全面考虑，采取技术措施，控制有害裂缝。

①合理选择混凝土配合比，并掺加粉煤灰及防水添加剂，水泥选用水化热较低的普通硅酸盐水泥，并严格控制水泥用量，以达到改善和易性、降低水化热、补偿收缩的目的。

②加强施工中的温度控制。混凝土在浇筑后，做好混凝土的保温保湿工作。缓减降温，降低温度应力，及时蓄水养护并覆盖草袋，避免暴晒，以免发生急剧的温度梯度。采取长时间养护，规定合理的拆模时间，延缓降温时间和速度，充分发挥混凝土的“应力松弛作用”。加强测温和温度监测与管理，随时控制混凝土内的温度变化，内外温差控制在25 ℃以内，基面温度和底面温度差均控制在20 ℃以内，及时调整保温及养护措施，使混凝土的温度梯度和湿度不至过大，有效控制有害裂缝的出现。

③混凝土中掺加一定数量的毛石，这样可以减少用水量，同时毛石还可以吸收混凝土中一定的水化热。

④控制石子、砂子的含泥量不超过1%和3%。

4.4.4 测温孔的布置

在本工程不同部位及深度埋设测温孔，每组设浅、中、深三孔，间隔2.5~5 m布置。孔用ϕ14钢管，底用钢板堵焊，上部高出300 mm，孔上口用木塞堵严。在浇筑过程中以及浇筑后进行温度测定，另外在混凝土表面与草袋之间设一个测温点。

测温在混凝土浇筑24小时后立即开始,每隔2~3小时测温一次,采用PRT-10多点数字测温仪进行温度的监测。测温时,将温度传感器放入孔内,连接测温仪,停留5分钟,让其传感稳定,然后从测温仪上读出温度值,绘出温度变化曲线图,作为技术部门与监理部门进行实例分析的依据,并进行混凝土浇筑后的裂缝控制计算。

混凝土温度测量工作要持续到混凝土温度与大气平均温度差在15 ℃以内,混凝土强度达到设计强度的85%以上,并经技术部门会同监理同意后方可停止。在测温过程中,当发现温度差超过25 ℃时,应及时加强保温或延缓拆除保温材料,以防止混凝土产生温差应力和裂缝。

4.4.5 施工技术要求

①基础底板大体积混凝土(C30,S8)配合比、原材料(水泥、砂石、粉煤灰)、外加剂用量及混凝土的初、终凝时间均由本公司通过×××省认证的一级实验室通过试验来确定。

②浇筑时配备6台插入式振动棒振捣,振捣时间控制在20~30秒,以混凝土开始泛浆和不冒气泡为宜,并应避免漏振、欠振和过振,振动棒应快插慢拔,振捣时插入下层混凝土表面10 cm以上,间距控制在30~40 cm,确保两斜面层间紧密结合。

③每工作班组由试验员在浇筑地点测试混凝土坍落度至少两次,并根据规范要求留置试块,抗渗试块实现现场同条件养护及试验室标准养护,及时浇水养护并覆盖。

④泌水和浮浆处理:大体积混凝土因采取分层浇筑,上下层施工的间隔时间较长,因此各层易产生泌水层。可人工将多余的水分及浮浆排除。

⑤混凝土表面处理:用铁制滚筒在混凝土初凝前反复碾压表面,用木抹子进行表面提浆找平处理,以闭合水裂缝,初步标高用长刮杆刮平,再用木抹子收压两遍,这样既能排除混凝土因泌水在粗骨料、水平钢筋下部生成的水分和空隙,提高混凝土与钢筋的握裹力,又能防止因混凝土沉落而出现裂缝,减少内部微裂,增加混凝土密实度,提高混凝土抗裂性能。在混凝土二次收面时立即覆盖一层草袋,并浇水养护。

⑥运输车辆:及时调节运输车辆,防止压车、断车而造成坍落度损失,影响泵送和基础浇筑质量。

⑦商品搅拌站的试验人员同本公司的试验人员一道共同遵守混凝土结构工程施工验收规范及有关标准、规定,相互监督,共同制作试件、编号、拆模、标养,相互签字备查。

⑧混凝土试块制作:浇筑100 m^3混凝土,需做强度试块1组,每浇筑500 m^3混凝土,需做抗渗试块2组。

4.5 地下室结构工程施工

4.5.1 基础底板及承台施工

基础底板及梁钢筋主要是直径为8 mm、20 mm、22 mm、25 mm的三级钢筋,直径大于20 mm的钢筋连接全部采用直螺纹套筒连接技术,板及承台钢筋分上下网片,上网片采用通长钢筋马蹬进行架设固定。

基础底板及承台侧模采用砖胎模的方式。

4.5.2 地下室墙、柱、板施工

①地下室墙体模板采用竹胶合板模板，混凝土由于是抗渗混凝土，所以用于加固钢模板的对拉螺杆，将采用一次性防水拉杆，即在中间焊接一个止水环。

②地下室墙体模板采用竹胶合板模板，由于混凝土是抗渗混凝土，所以用于加固钢模板的对拉螺杆，采用一次性防水拉杆，即在螺杆中间焊接一个止水环。

③地下室外墙不得随意留置施工缝，在施工中必须留置时必须按下列方式留置。

ⓐ地下室外墙与地下室内部剪力墙相连的施工缝留置：若内部剪力墙距外墙 3 m 范围内有门洞，则施工缝留置于门洞上梁端$\frac{L}{3}$跨内，并在施工缝挂设绑扎密目钢丝网，且应绑牢；若内部剪力墙距外墙 3 m 范围内无门洞，则留置的施工缝位置是，距外墙 2 m 位置处的内部剪力墙留设竖向施工缝，在施工缝处挂设绑扎密目钢丝网，并用方木直插加固，以防钢丝网因混凝土侧压力过大而导致该网胀开（见图 3.4.2）。

ⓑ地下室外墙与基础底板浇筑施工缝留置部位及处理方式，详见图 3.4.3。

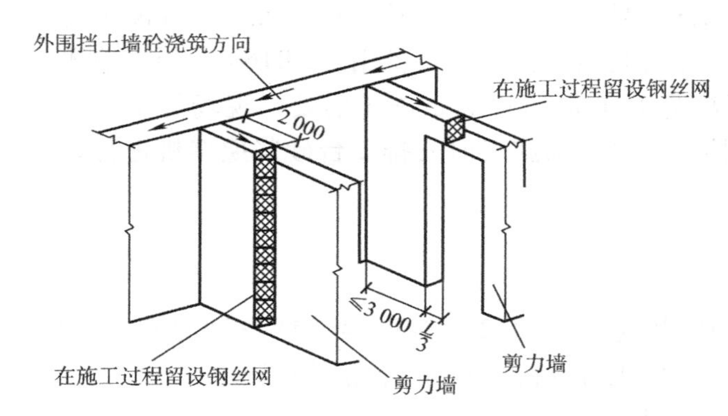

图 3.4.2 地下室内外剪力墙施工缝留置位置示意图

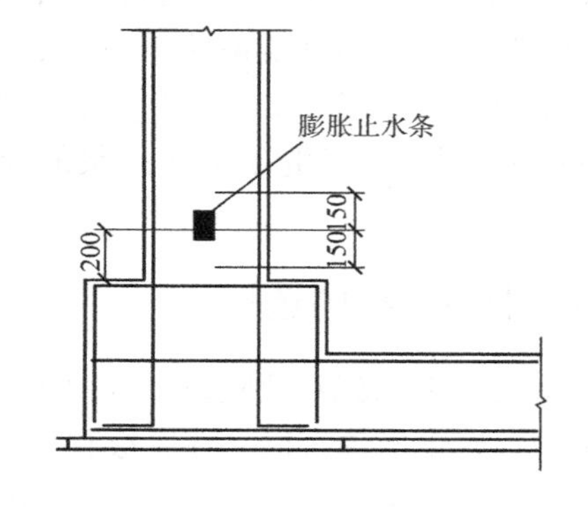

图 3.4.3 地下室外墙与基础底板浇筑施工缝留置位置示意图

4.6 地上主体施工方案（略）

4.7 屋面工程施工方案（略）

4.8 装饰工程施工方案（略）

五、主要施工机械设备进场计划、工程材料的进场计划

5.1 主要施工机械的选择

5.1.1 垂直运输机械的选择

①根据本工程的平面形状、结构特点、结构层次及四周场地条件，采用一台 QTZ63 塔式起重机，用于本工程主体结构施工时钢筋、模板、混凝土、机具等的垂直运输和水平运输。

②在装饰阶段采用一台双笼附墙电梯作为砖、砂浆、其他建筑材料垂直运输的工具。

5.1.2 混凝土、砂浆机械的选择

本工程主体主要采用商品混凝土，局部低标号混凝土现场搅拌。筏板大体积混凝土施工时，安排一台 HBT60 混凝土输送泵，另外提前联系一台车载泵备用。HBT60 混凝土输送泵的水平泵送距离为 200 m，垂直泵送距离为 100 m，可以满足施工需要。现场另配一台 350 搅拌机，用于零星混凝土和砂浆的搅拌。建筑装饰施工时安排 2 台砂浆搅拌机进行砂浆的制备。

5.1.3 钢筋机械的选择

①钢筋加工、成型分别选用 2 台 GB－40 型钢筋切断机、2 台 GW－40 型钢筋弯曲机，小型钢筋采用 1 台钢筋调直机。在底板和三层以下施工时可临时各加 1 台钢筋机械。

②钢筋连接采用两台套丝机，一台交流弧焊机。

5.1.4 木工机械的选择

模板制作分别选用 2 台组合木工机械和圆盘锯。

5.1.5 测量和检验仪器的选择

初始布网采用全站仪和经纬仪，建筑物定位放线采用激光经纬仪和钢卷尺，标高引测、抄平采用自动精平水准仪。

5.2 主要机械设备配备及进场计划

①项目部对机械设备操作人员进行培训和审核，坚持持证上岗。

②主要机械设备配置及进场计划详见表 3.5.1。

表 3.5.1　主要工程机械设备及进场计划

序号	机械或 设备名称	型号规格	数量 /台	制造 年份	额定功率 /kW	进场时间
1	塔吊	QTZ63	1	1998	50	2007.4
2	施工电梯	SC200/200	1	2001	25	2007.8
3	钢筋调直机	GT4/14	1	1999	10	2007.4
4	钢筋切断机	JQ40－1	2	2001	2.2	2007.4
5	钢筋弯曲机	GW40－1	1	1999	3	2007.4
6	砂浆搅拌机	UJW3	2	1997	18	2007.4
7	电焊机	BX7－400A	2	2001	14	2007.4
8	套丝机	HGS－40	2	2002	2023	2007.4
9	振动棒	Z－50	20	2003	20	2007.4
10	木工机械	（锯、刨）	2 套	2001	15	2007.4
11	蛙式打夯机	HW－60	2	2003	12	2007.4
12	混凝土输送泵	HBT60C	1	1999	110	2007.4
13	混凝土布料机	HG28C	1	2000	15	2007.4
14	轮胎式装载机	ZLM50B	1	1999	92	2007.4
15	平板式振动器	BTZ－63	2	2002	4	2007.4

5.3　工程材料的进场计划

在施工准备和土方开挖阶段，技术部门根据施工图纸和工程进度安排编制详细的施工计划提交物资部门。物资部门据此在市场询价和调查其供应渠道。各种主要材料的首次进场时间见表 3.5.2，施工过程中再根据现场进度情况及时进场。工程材料进场计划见表 3.5.2.

表 3.5.2　工程材料进场计划

序号	材料名称	首次进场时间
1	防水材料	2007.4
2	水泥	2007.4
3	钢筋	2007.4
4	木材	2007.4

续表

序号	材料名称	首次进场时间
5	竹胶板及多层板	2007.4
6	混凝土空心砌块	2007.8
7	吊顶材料	2008.4
8	外墙干挂型钢龙骨	2008.3
9	地砖	2008.4
10	石材	2008.5
11	内木门及防火门	2008.5
12	幕墙窗	2008.5
13	乳胶漆	2008.6

六、劳动力安排计划

6.1 劳动力安排

①在本工程施工中，组织具有丰富施工经验的劳务队伍参与本工程的施工，广泛应用新技术、新工艺、新材料，保证工期、质量、安全和文明施工。

②对工人进行必要的技术、安全、思想和法制教育，教育工人树立“质量第一、安全生产”的正确思想；遵守有关施工和安全的技术法规；遵守地方治安法规。

③生活后勤保障工作：在大批施工人员进场前，做好后勤工作的安排，对职工的衣、食、住、行、医等予以全面考虑，认真落实，以充分调动职工的生产积极性。

④充分考虑季节性施工中劳动力可能对工程的影响，如冬季施工，雨季施工，春、秋农忙时节等的因素，对施工各阶段超前考虑，做好劳动力的充分准备。

⑤及时解决劳动力的工资发放问题，排除施工队伍的后顾之忧，保证施工队伍的稳定。

6.2 劳动力的组织和管理

本工程均为框架—剪力墙结构，大体分为4个阶段施工：第一阶段为±0.000 mm以下，第二阶段是主体结构，第三阶段为内外装修和安装，最后一个阶段是竣工收尾。第一、二阶段的主要工种是混凝土工、钢筋工、瓦工、电焊工、架子工、模板、普工等。第三阶段的主要工种是抹灰工、装饰工、电工、水暖工。最后竣工收尾，安装进入调试。

项目经理、项目总工程师应做到全盘考虑，认真学习和研究施工图纸，领会设计意图，制定出本工程各阶段施工所需投入的劳动力进场、退场计划，做到心中有数，减少盲目性，以免造成人员紧缺和窝工现象。

6.3 劳动力配置计划表

劳动力计划见表 3.6.1。

表 3.6.1 劳动力计划

工种	按工程施工阶段投入劳动力情况																	
	2007 年										2008 年							
	3 月	4 月	5 月	6 月	7 月	8 月	9 月	10 月	11 月	12 月	1 月	2 月	3 月	4 月	5 月	6 月	7 月	8 月
钢筋工		50	50	40	40	40	40	40										
模板工		70	70	60	60	60	60	60										
混凝土工		40	20	20	20	20	20	20										
普工	20	20	20	30	30	30	30	30	30	10	10	10	30	30	30	30	30	30
瓦工						40	40	40	40				60	60	10	10	10	10
抹灰工						60	60	60	60				60	60	60	60	60	20
装饰工													100	100	100	100	100	30
防水工		15						15	10				10	10	10	10	10	10
电焊工		2	5	5	5	5	5	5	5				8	8	8	8	8	8
架子工			20	20	20	20	20	20										
水暖工	5	20	20	20	20	30	30	30	30	30	30	30	30	30	30	30	30	30
电工	5	15	15	20	20	20	20	20	20	20	20	20	20	20	20	20	20	20
合计	30	232	220	215	215	325	325	340	195	60	60	60	318	318	268	268	268	158

七、确保工程质量的技术组织措施

7.1 质量目标、创优规划

7.1.1 质量目标

确保×××中心工程质量达到国家验收“合格”标准，争创“×××杯”。

7.1.2 创优规划和措施

1. 创优规划

依据创优目标，项目经理部将目标分解落实到各施工班组，采取一级保一级、层层落实的方式，确保创优目标的实现。各施工班组根据创优规划的实施细则落实任务，抓住关键过程，成立 QC 小组，积极开展创优活动。

2. 创优规划的措施

①加强领导，配置充足的管理力量。成立创优领导小组，由项目经理任组长，项目总工程师、各部门负责人参加，负责制定详细的规划，将工程的分部分项质量目标分解到各级部门、各类管理人员，配足施工技术人员，及时进行检查、评定。

②制定管理制度。制定一套系统完整的管理制度，包括工作程序制度及检查验收制度，各施工班组实行质量保证金制度，制定严格可行的奖罚制度，使质量与个人效益挂钩，逐月逐项按时兑现奖罚。

③实行技术监管旁站制度，进行全过程控制。

④成立混凝土施工技术攻关小组，加强大体积混凝土抗裂抗渗问题的防治。

⑤采用网络计划技术、计算机软件进行施工管理，实现办公自动化，提高工作效率。

⑥坚持样板引路，以点带面，开工必优。

⑦用激光铅直仪对工程进行轴线控制，用高精度水准仪进行沉降观测。

7.2 质量保证体系、控制程序

7.2.1 质量体系组织机构

质量体系组织机构如图 3.7.1 所示。

7.2.2 质量保证体系

质量保证体系如图 3.7.2 所示。

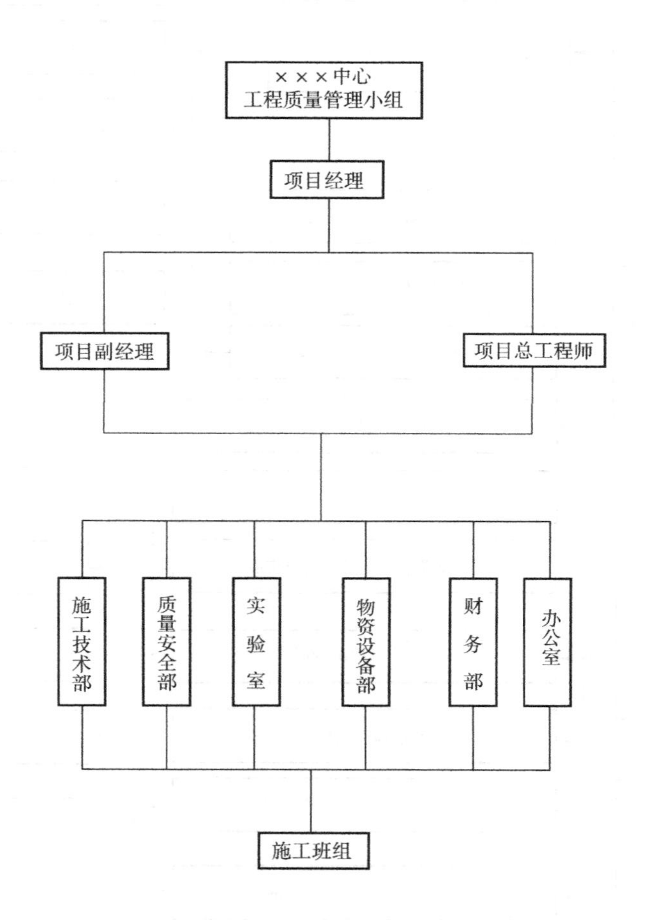

图 3.7.1　质量体系组织机构

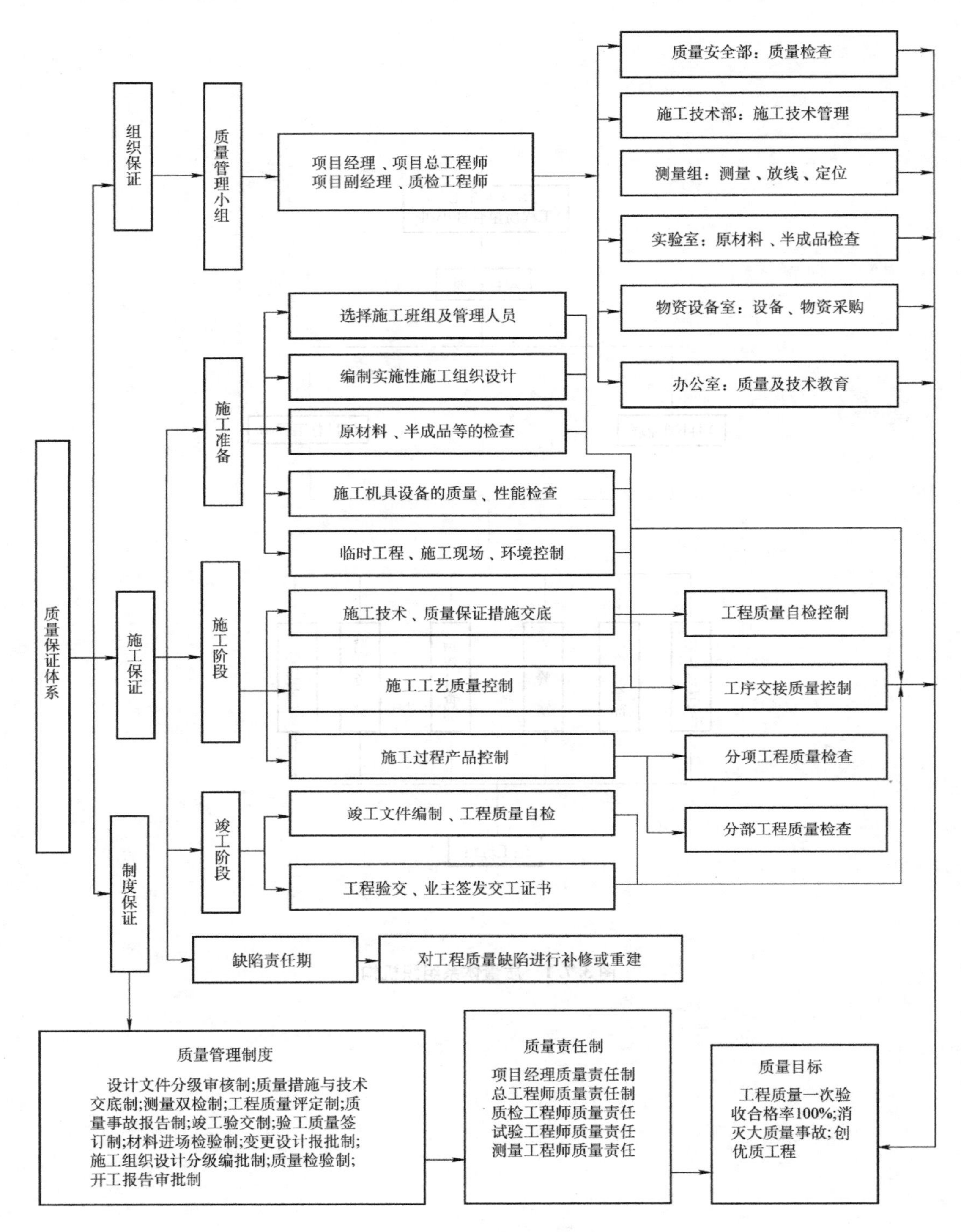
质量保证体系
组织保证
质量管理小组
项目经理、项目总工程师
项目副经理、质检工程师
质量安全部：质量检查
施工技术部：施工技术管理
测量组：测量、放线、定位
实验室：原材料、半成品检查
物资设备室：设备、物资采购
办公室：质量及技术教育
施工保证
施工准备
选择施工班组及管理人员
编制实施性施工组织设计
原材料、半成品等的检查
施工机具设备的质量、性能检查
临时工程、施工现场、环境控制
施工阶段
施工技术、质量保证措施交底
施工工艺质量控制
施工过程产品控制
工程质量自检控制
工序交接质量控制
分项工程质量检查
分部工程质量检查
竣工阶段
竣工文件编制、工程质量自检
工程验交、业主签发交工证书
缺陷责任期
对工程质量缺陷进行补修或重建
制度保证
质量管理制度
设计文件分级审核制;质量措施与技术交底制;测量双检制;工程质量评定制;质量事故报告制;竣工验交制;验工质量签订制;材料进场检验制;变更设计报批制;施工组织设计分级编批制;质量检验制;开工报告审批制
质量责任制
项目经理质量责任制
总工程师质量责任制
质检工程师质量责任
试验工程师质量责任
测量工程师质量责任
质量目标
工程质量一次验收合格率100%;消灭大质量事故;创优质工程

图 3.7.2　质量保证体系

7.2.3 质量管理体系

质量管理体系见图 3.7.3。

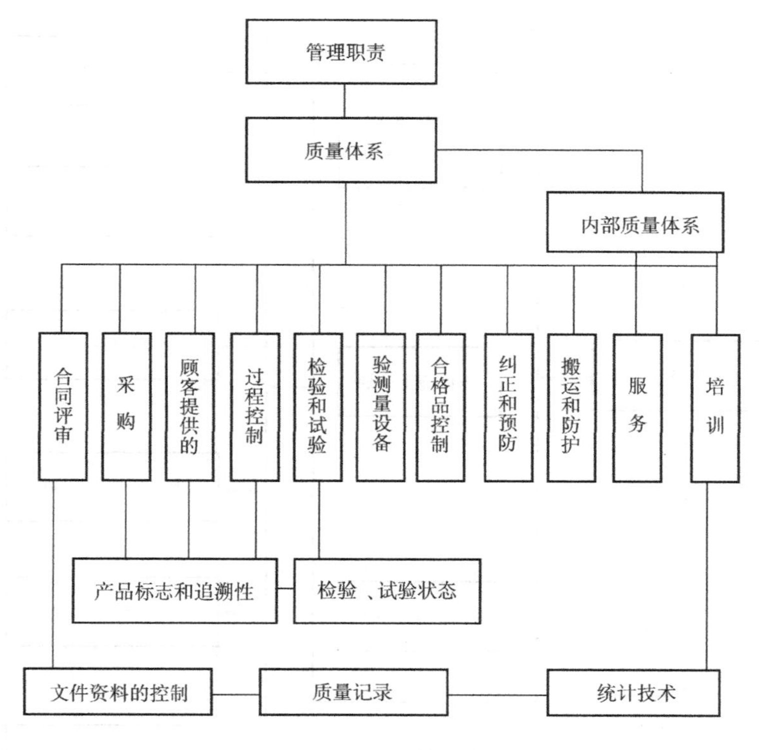

图 3.7.3 质量管理体系

7.3 施工质量控制程序

7.3.1 施工计划控制程序

为了使施工技术有一个明确的导向，根据施工组织安排的总体部署，编制年度计划，每季编制季度计划，每月编制月度计划，对作业班组编制旬计划。施工计划内容见图 3.7.4。

7.3.2 施工过程质量控制程序

施工过程质量控制程序见表 3.7.5。

7.3.3 竣工质量控制程序

竣工验收是工程项目建设的最后一个阶段，其具体程序如图 3.7.6。

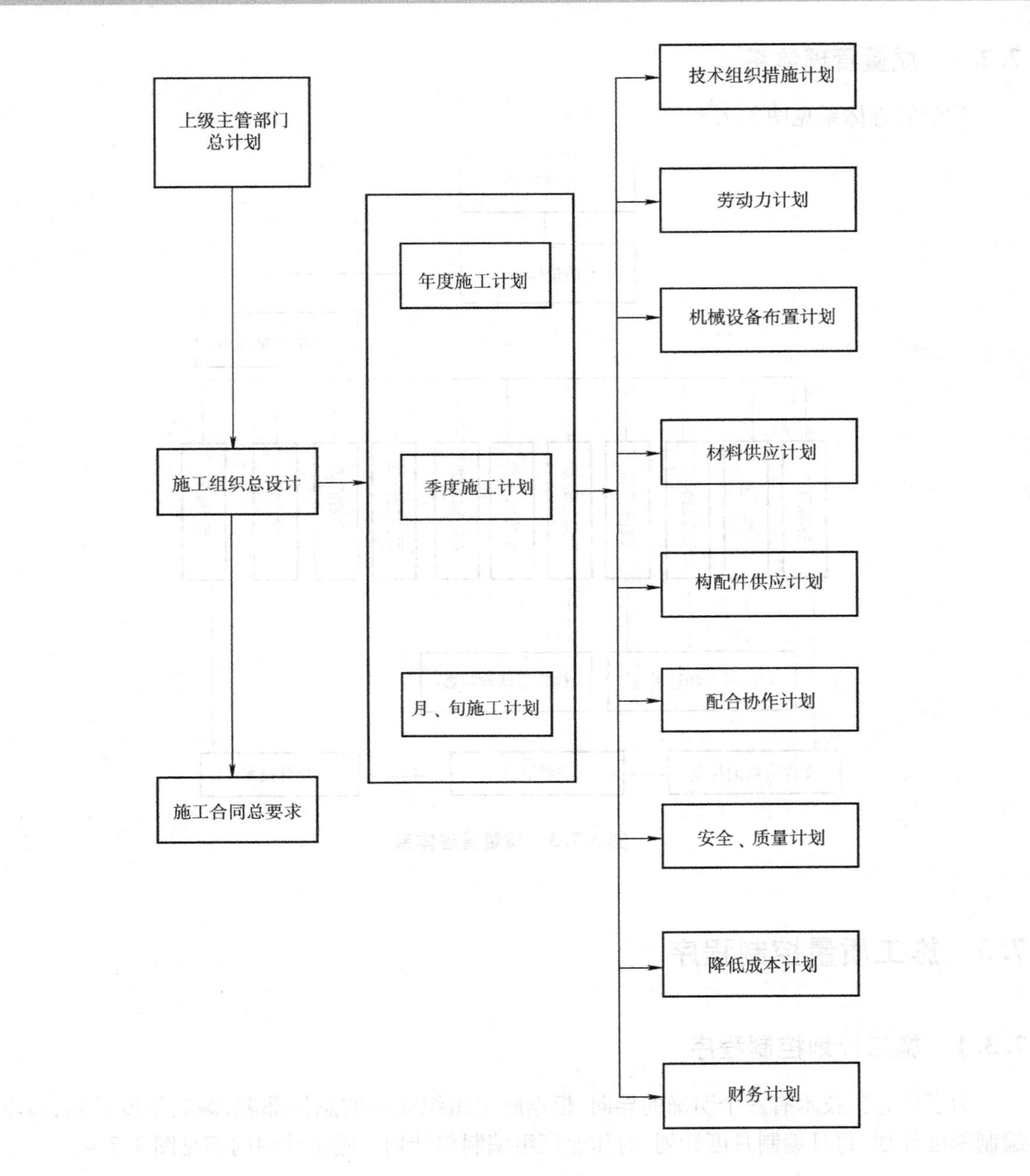
上级主管部门
总计划
施工组织总设计
施工合同总要求
年度施工计划
季度施工计划
月、旬施工计划
技术组织措施计划
劳动力计划
机械设备布置计划
材料供应计划
构配件供应计划
配合协作计划
安全、质量计划
降低成本计划
财务计划

图 3.7.4 施工计划

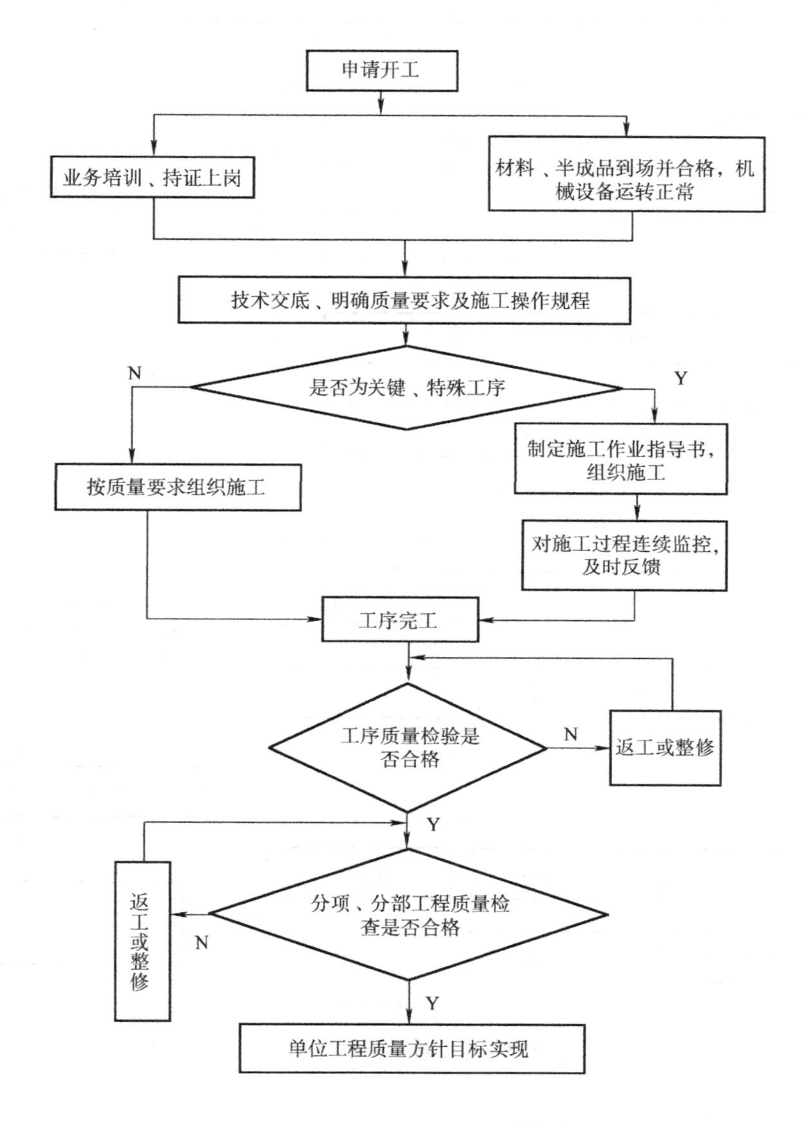

图 3.7.5 施工过程质量控制程序

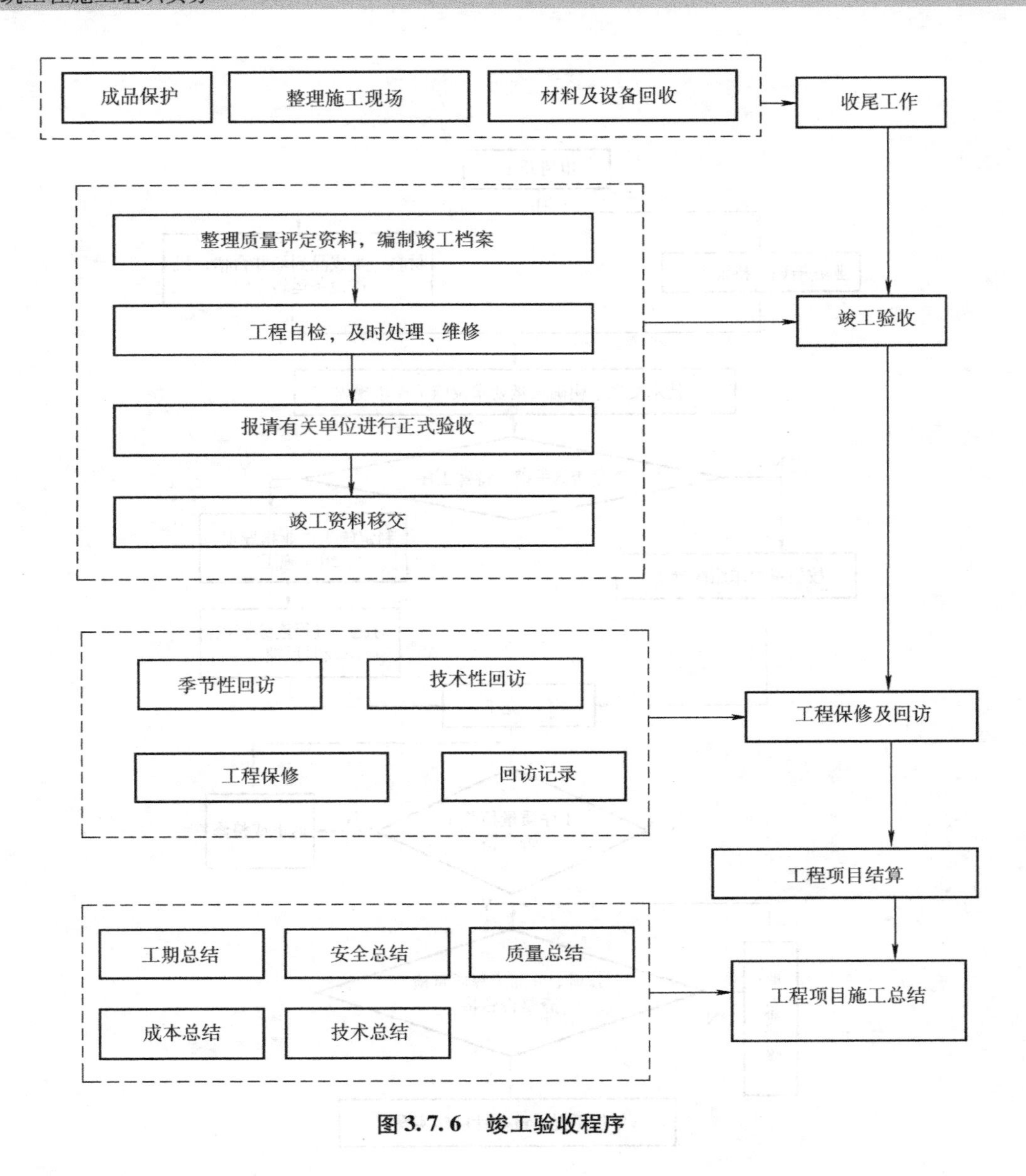

图 3.7.6　竣工验收程序

7.4　施工过程质量控制措施

7.4.1　混凝土质量保证措施

1. 混凝土原材料

本工程虽然采用商品混凝土，但将会同商品混凝土搅拌站做好原材料质量的控制。

①不采用受潮和过期的水泥，不同品种与不同标号的水泥不相互混用。

②水泥进场时必须附有质量证明文件，并按品种、标号、包装、出厂日期进行检查，对水泥

质量有怀疑时,进行复查试验,按试验结果的标号使用。

③采用洁净饮用水。

④采用合理级配的砂石材料。其中:石子最大粒径不大于 40 mm,砂子含泥量不大于 3%,碎石含泥量不大于 1%,所含泥土不呈块状或包裹在石子表面,吸水率不大于 1.5%。

⑤不使用含氯、氨离子的外加剂,选用高效减水剂。

2. 配合比设计

为保证混凝土配合比质量,本公司将与商品混凝土供应商共同对配合比进行设计,并对混凝土的整个拌制过程进行监督管理。配合比最终由试验确定,严格控制水灰比和水泥用量,选择级配良好的石子,减少空隙率和砂率,使混凝土的收缩降至最低。

3. 混凝土拌和

①配合料混合均匀,颜色一致,称量准确,水泥、水、外加剂掺和料的允许偏差均为 ±1%,砂石为 ±2%。

②将外加剂稀释成较小浓度溶液后加入搅拌机内。

③经常测定骨料含水率,雨天施工时增加测定次数,并根据含水率情况,及时调整配合比。

④搅拌时间根据外加剂的技术要求确定。

⑤向商品混凝土站派驻质量监理员,监督检查各种材料到货质量证明文件;材料外观质量、材料计量情况;混凝土搅拌时间,协助试验人员抽样和进行试验(坍落度),与施工现场及时联系、互通情况,记录罐车驶离搅拌站的时间。

4. 混凝土供应及运输

本工程混凝土采用商品混凝土,搅拌车运输。施工前,对搅拌站的地理位置、运输线路、运输和供应能力等详细地进行考察。和搅拌站协商确定运距短、交通方便的最佳运输线路及特殊情况下的应急线路、应急措施,确保混凝土从搅拌至浇筑的间隔时间不大于 45 分钟。每月 25 日前将下个月混凝土的使用计划提交混凝土搅拌站,以保证供应安排。施工场内线路合理安排,罐车进出互不干扰,洗车、收方等服务工作力求快速有序。

5. 混凝土灌注

①成立混凝土作业班,专门从事混凝土灌注工作,班内按卸料、入模、振捣分工,定人定岗,建立岗位责任制。

②每次灌注前,均备好一台机况良好的发电机以应付突然断电现象,并备足足够面积的彩条布,防止新浇混凝土雨淋或暴晒。

③采用输送泵现场送料,输送过程中,受料斗需保持有足够混凝土。采取措施保证混凝土自由倾落高度小于 2 m,最前端置水平溜槽,防止混凝土产生离析。

④混凝土采用振捣器振捣,振捣时间 20 ~ 30 秒并达到三个条件结束振捣:混凝土表层开始泛浆;不再冒泡;混凝土表面不再下沉。

⑤混凝土灌注应连续进行,间歇时间不超过规范规定。

6. 混凝土养护及保护

混凝土初凝前后,为减少收缩量,浇筑后及时洒水养护,养护期不少于 14 天,养护施工定方案、定人员、定设备、定时间、定措施，确保养护方案在执行过程中不走样。混凝土强度未达设计要求强度前，对结构不同部位，采取不同的拆模时间，禁止过早拆模。

7.4.2 地下室混凝土防水、防渗质量保证措施

1. 防水保证措施

①本工程地下室防水标准为：防水等级为一级，防水层均采用全包式高分子防水卷材防水，施工中为保证防水工程质量，必须理解设计原则，制定出符合实际的防水、防渗质量保证措施。

②应在底板垫层和外墙做好水泥砂浆找平层，确保基层平顺、干净，含水率符合施工要求后，再进行防水层的施工。底板防水完成后，要对防水层进行保护，防止破坏防水层，给主体结构施工质量带来隐患。

③对地下结构复杂的部位及转角部位，要进行防水的特殊处理，附加层的铺贴宽度必须达到要求。二次衔接部位要预留足够的防水卷材，并加以特殊保护，保证防水卷材的衔接便于施工。

④外墙防水层施工完后，应砌 120 mm 厚砖墙保护，以免回填土方时破坏防水层。

2. 混凝土自防水的保证措施

①严格按设计文件要求进行防水混凝土的施工配合比设计。施工期间，要保证混凝土振捣密实，混凝土初凝后，要及时洒水养护，达到混凝土抗渗标准 S8 的要求。

②严格按设计要求进行混凝土施工缝、变形缝的施工。混凝土施工缝、变形缝在进行施工前，必须要清理混凝土表面的浮土、杂物等。施工缝、变形缝在监理工程师进行检查合格后再进行施工，保证工程质量。

③合理确定结构分段，降低混凝土的收缩量，结构施工缝设在剪力或弯矩最小处。

7.4.3 隐蔽工程质量保证措施

1. 隐蔽工程质量保证措施流程

隐蔽工程质量保证措施流程见图 3.7.7。

2. 保证措施

①加强全体员工的思想教育，牢固树立积极配合监理工作的观念。

②每一道需隐蔽的工序未经监理工程师批准，不得进入下一道工序的施工，确保监理工程师有充分的机会对即将覆盖的或掩盖的任何一部分工程进行检查、验收。

③每一道需隐检的工序施工完毕后，施工班组自检合格后上报质量管理小组，质量管理小组检查合格后，上报监理工程师。监理工程师检查批准后，方可进入下一道工序的施工，若检查不合格，施工班组必须立即返工或返修，重新检查直到合格为止。

④制定奖惩制度，严格施工纪律。

⑤当监理工程师对某一部位有疑义或发出特殊指示时，项目部应立即组织人员施工，待监理工程师检查认可后，方可进入下一道工序的施工。

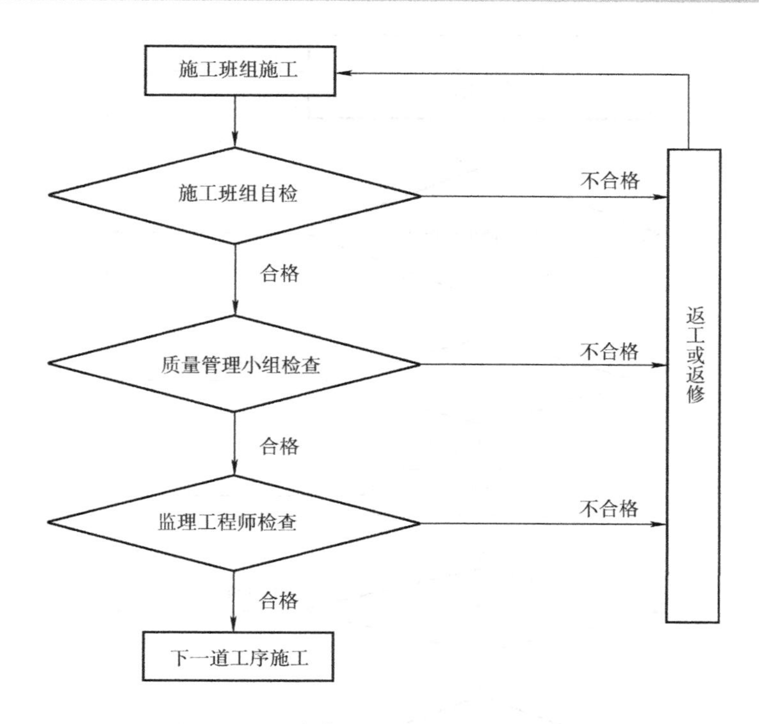

图 3.7.7 隐蔽工程质量保证措施流程

7.4.4 预埋件、预留孔洞的质量保证措施

预留孔洞、预埋件的质量保证措施见图 3.7.8。

7.5 技术检测和试验保障

建立科学先进的检测试验手段,落实职责,确保工程质量;施工现场设实验室;施工现场实验室使用前报有关部门验收认可。

7.5.1 检测、试验管理制度

建立健全检测设备管理制度,建立台账并设志认管理;执行检测设备按周期检定制度,定期对检测试验设备进行检定;建立检测试验设备的使用、维修管理制度,设备损坏或检测精度不合要求时,及时进行维修。

加强试验文件、资料的管理,设专人负责;坚持对检测试验人员进行培训教育,提高职业素质和业务技术水平;编制检测过程质量保证程序,检测人员按程序进行操作。

7.5.2 检测、试验手段及措施

1. 原材料检测

对所有购进原材料的出厂合格证和说明书进行验查,并记录;对有合格证的原材料进行复

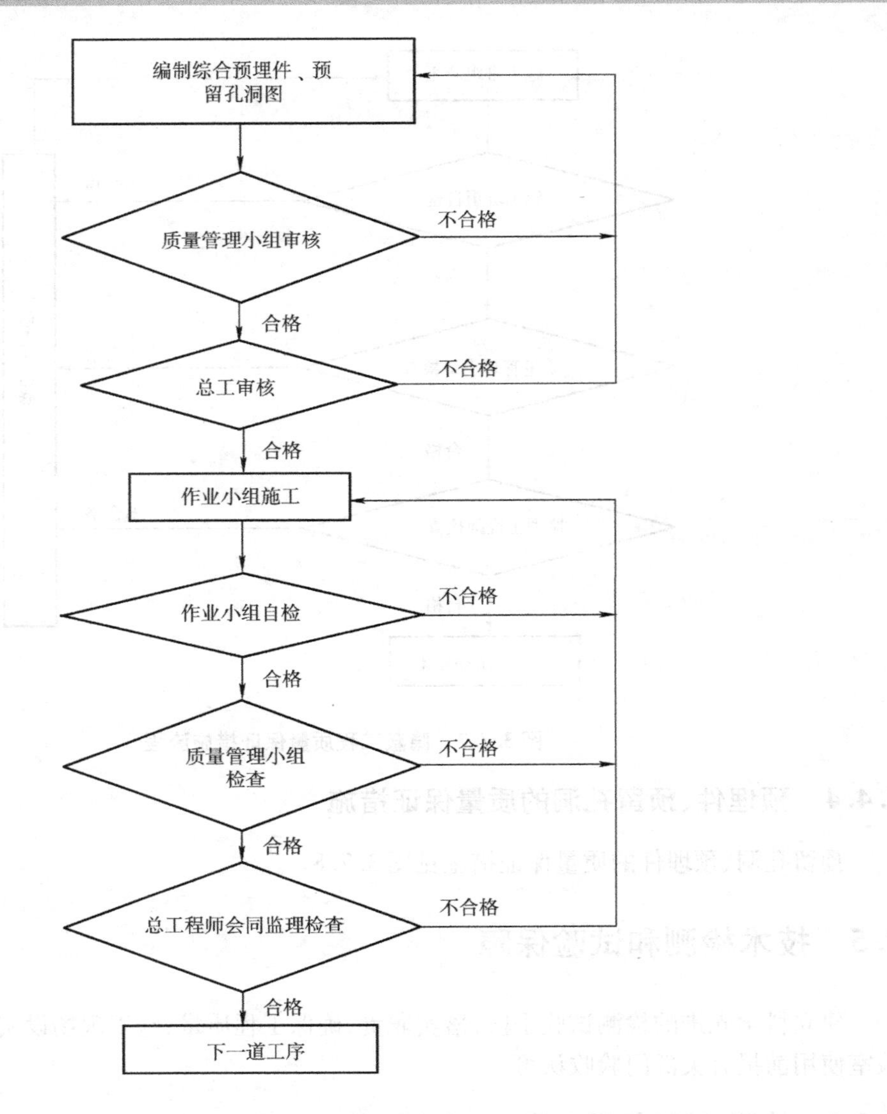

图 3.7.8 预留孔洞、预埋件质量保证措施

验,复验合格的原材料才能使用;经复验不合格的原材料,书面通知物资部门做出标记,隔离存放,按不合格品处理程序进行处理。

2. 钢筋检测

按规定对钢筋取样并进行抗拉和冷弯试验,及时出具试验报告,并对报告数据负责。

3. 施工现场混凝土检测

安排专人负责现场混凝土检测、试验工作;在混凝土施工时,实行全过程监测;量测入模混凝土坍落度,每班不少于 5 次;按规定在现场留置试块,试块组数应符合有关技术规定。

7.6 成品保护措施

对已经施工完的成品或半成品，要采取必要的保护措施，防止受损，造成浪费，从而保证工程的质量和工期。加强施工现场的成品保护工作，定期对管理和操作人员进行保护教育，提高职工自觉保护成品的质量意识。

建立责任区，落实到人，实行损坏赔偿制度。对已施工完的成品或半成品，根据工程的部位和楼层来划分成品保护责任区，落实到责任人和责任班组，使大家都有责任来保护成品。同时实行损坏成品赔偿制度。如本责任区内的成品受到损坏，将根据损坏的程度，除对有关损坏者进行处罚外，还对责任区内的人员予以处罚。

八、确保工程安全生产的技术组织措施

8.1 安全管理目标

本工程的安全管理目标：消灭死亡和重伤事故，轻伤事故频率控制在1‰以下。

8.2 建立健全保证体系和安全管理制度

8.2.1 安全生产保障管理机构

成立以项目经理为组长的安全生产领导小组，全面负责并领导本项目的安全生产工作。本项目实行安全生产三级管理：一级管理由经理负责，二级管理由专职安全员负责，三级管理由领工员（班组长）负责，各作业点设安全监督岗。按照本公司制定的《安全生产责任制》和国家有关安全生产管理规定的要求，落实各级管理人员和操作人员的安全生产责任制，做到纵向到底，横向到边，各自做好本岗位的安全工作。

8.2.2 安全保证体系

安全保证体系见图3.8.1。

8.2.3 施工安全检查工作程序

施工安全检查工作程序见图3.8.2。

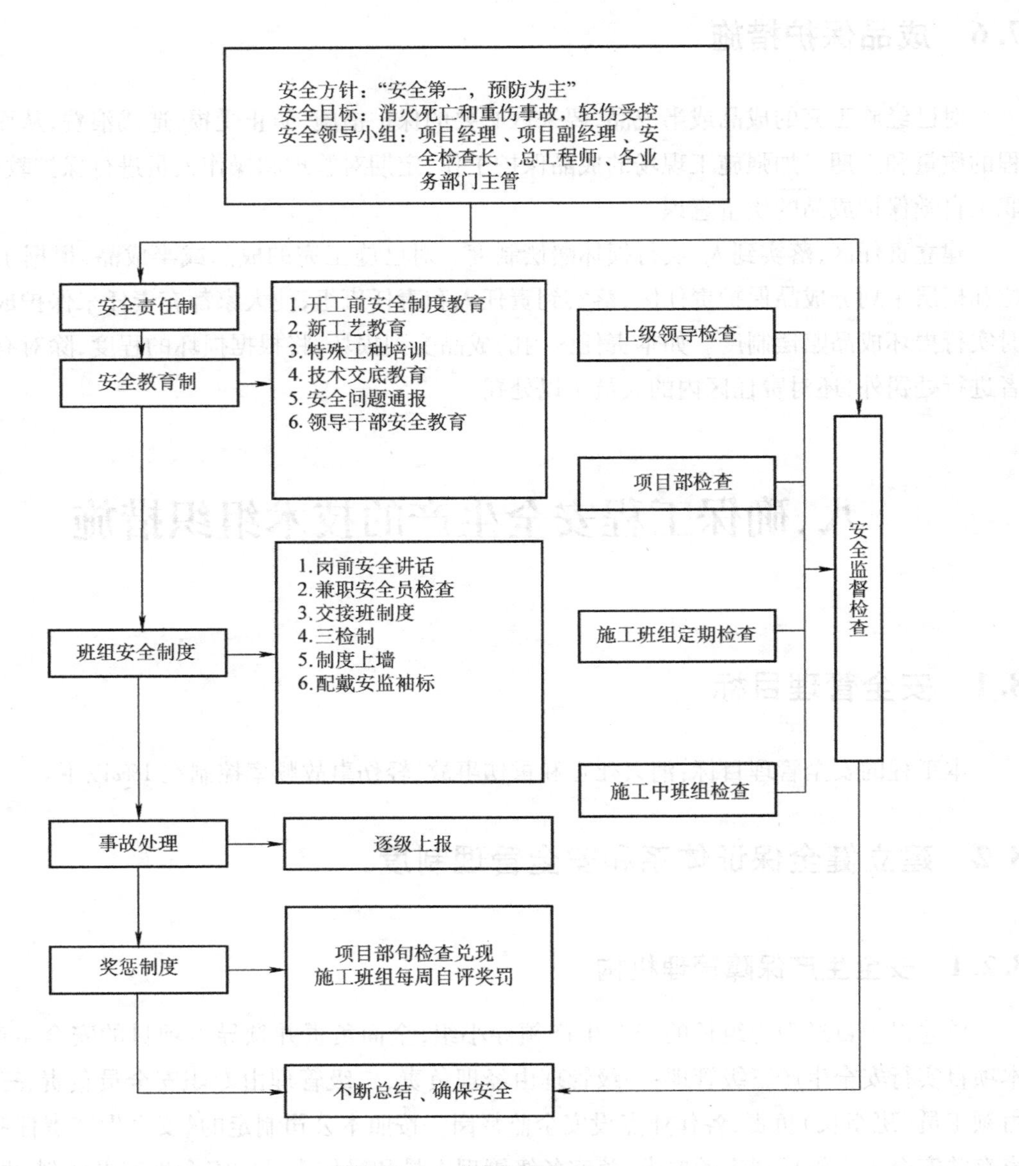

图 3.8.1 安全保证体系

8.2.4 安全生产责任制

1. 安全保障人员的配备

项目经理、副经理、项目总工、安全员，是安全保障机构的主要人员，是监察机构人员。施工班组安全监察员是专职安全检查员，是安全生产的组织者和执行者，作业组安全员是保证安全生产的直接人员。

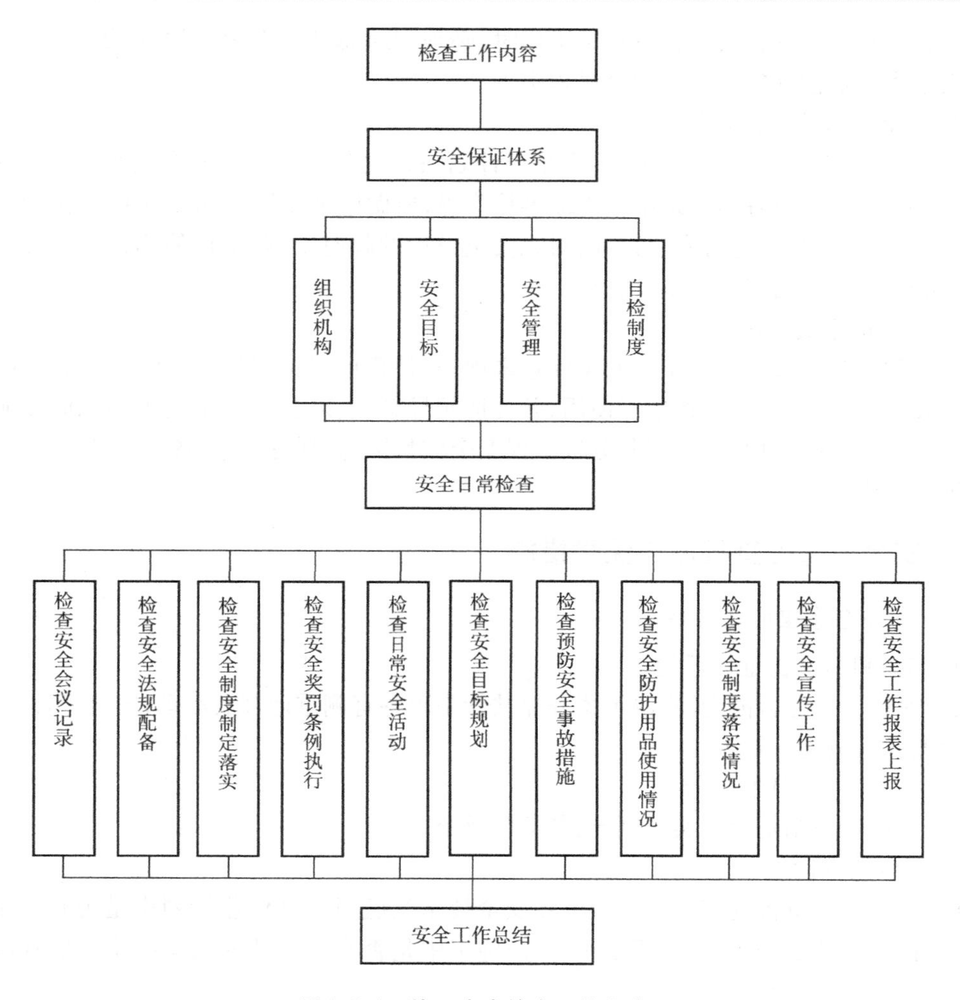

图 3.8.2　施工安全检查工作程序

2. 安全保障人员的职责范围

(1)项目经理

代表企业履行业主的工程承包合同，执行企业的安全生产计划，实现安全生产目标；负责项目的日常管理工作；建立和完善项目的组织机构，明确人员职责，建立适当的激励机制，充分发挥参与项目建设的所有职工的安全意识；主持项目工作会议，审定或签发主要的安全生产文件；编制职工安全培训计划；组织“安全生产计划”的实施及修改工作。

(2)项目副经理

负责项目安全体系的建立和运行；负责安全管理的日常工作；统筹项目安全保证计划及有关工作安排，开展安全教育，保证安全措施和制度的正常落实；负责安全事故的处理和事故防范组织的编制及实施；其他应由项目副经理担负的安全职责。

(3)项目总工程师

在下达生产任务进行施工技术交底时，必须同时下达安全技术措施；检查工作时，必须同时检查安全技术措施的执行情况；总结工作时，必须同时总结安全生产情况，提出安全生产要求，把安全生产贯彻到施工管理的全过程中去。

(4)安全质量监察工程师

坚决执行定期安全教育，实施“安全生产计划”；设立各施工班组的安全监督岗，支持和发挥安全人员的作用；对各施工班组发生的事故隐患，要做记录，限期改正；施工中必须检查各施工班组的临时结构是否进行安全设计，对无安全设计的临时工程，不得使用；参与经理部大型临时设施的设计，提出安全方案及意见。

(5)施工班组安全员

召开班组安全会议，制定工序安全注意事项；坚持班前讲话，提高全体职工的自我保护意识；对不安全的脚手架、脚手板拒绝使用，并提请领导解决；对已经完工的大型临时设施，在上级未鉴定前，可以拒绝使用；落实各分项工程安全监督岗，做到各工序、各岗位都有安全监督人员，保证安全生产。

8.2.5 安全保障检查程序与保障措施

1. 检查安全管理情况程序

(1)组织机构及保证体系检查

安全保证体系是否健全，党政工团齐抓共管是否各有侧重地开展活动；安全管理机构是否健全，专兼职人员配备是否齐全。

(2)安全生产责任制检查

安全生产责任制是否落实到领导、各部门及个人。

(3)安全技术检查

开工前是否有审批的安全设计或专项安全技术交底，旬、月作业计划中是否有安全措施；安全技术措施经费是否落实，使用是否合理；施工中是否有针对性的安全技术交底；临时设施是否有设计，使用是否合理。

(4)安全教育检查

项目负责人是否按规定经过安全技术培训并取得合格证书；特种作业人员是否持证上岗，是否做到持证率100%；新工及变换工种相应的安全教育面是否达到100%；安全宣传教育工作是否落实，安全生产氛围是否浓厚。

(5)安全检查

检查落实定期安全大检查制度，对查出的隐患是否定人定时订措施整改，是否有信息反馈、有记录。领导及管理人员是否做好日常巡回安全检查，对危险场所是否采取措施、实施监控。

(6)承包合同及民工管理

合同中是否有符合国家规定的安全条款及内容；使用民工或临时工是否经上级批准，是否按规定办理手续；是否落实了民工、临时工的安全培训及现场管理。

(7)事故处理检查

严肃事故报告制度，对已发生和未遂事故，是否坚持“三不放过”原则，认真追查处理。

(8)检查安全奖罚情况

是否有安全奖罚制度,安全与经济利益是否挂钩并落实。

(9)检查交通安全

检查司助人员证照是否齐全、符合规定;车辆管理制度是否健全,资料是否齐全;车况是否良好,有无带病运行情况。

(10)检查内业资料

安全及有关部门的台账是否清楚,资料是否齐全。

2. 检查施工场所程序

(1)检查安全宣传

是否有"工程简介"、"安全须知"、有关安全规程及安全警示牌;危险作业场所是否设有醒目的警示牌;是否有较固定醒目的安全标语,现场安全气氛是否浓厚。

(2)检查施工用电

电线路架设、配电、用电设施安装是否符合规定,闸刀是否完好、是否有箱有锁;是否按规定安装漏电保护器;手持电动工具是否良好。

(3)检查设备、机具

按规定是否安装安全保护装置,接零接地是否良好;是否落实持证操作,定人、定机及交接班等制度;安全操作规程是否齐全并挂牌;是否按规定检修保养、保持设备完好状态;起重设备及场内机动车辆是否按规定检验并使用。

(4)检查防爆防火

压力容器的使用是否符合规定;料库、易燃品较多处是否采取了消防措施。

(5)检查安全防护设施

是否按规定配备劳动防护设施,是否定期检修、正常有效;进入施工现场,是否按规定佩戴防护用品;穿越管道、管线等作业,是否按规定组织施工、设好防护。

8.3 施工安全技术措施

8.3.1 安全防范重点

根据本项目的工程特点,安全防范重点有以下几个方面:①防高空坠落事故;②防触电雷击事故;③防行车交通事故;④防基坑坍塌事故;⑤防机具设备伤害事故;⑥防洪灾事故;⑦防爆炸安全事故;⑧防火灾事故。

8.3.2 施工现场安全技术措施

施工现场的布置符合防火、防洪、防雷电等安全规定。有防止行人、车辆等坠落的安全设施;危险地点悬挂按照《安全色》(GB 2893—82)和《安全标志》(GB 2894—82)规定的标牌,夜间有人经过的坑、洞设红灯示警,现场道路符合《工厂企业厂内运输安全规程》(GB 4378—84)的规定,施工现场设置大幅安全宣传标语。

施工现场的临时用电，严格按照《施工现场临时用电安全技术规范》(JGJ 46—88)规定执行。电源采用三相五线制，设专用接地线，总配电箱和分配电箱应防雨，设雨罩和门锁，同时设相应的漏电保护器。从配电箱通往分配电箱的电路一律采用质量合格的电缆，并按要求埋设。严格做到“一机一闸一漏电保护装置”，一切电气设备必须有良好的接地装置。埋地敷设不小于0.6 m，并须覆盖硬质量保护层，穿越建(构)筑物、道路及易受损害场地时，须另加保护套管。

8.3.3　施工机械的安全控制措施

①各种机械操作人员和车辆驾驶员，必须取得操作合格证，不得操作与操作证不相符的机械，不将机械设备交给无本机操作证的人员操作，对机械操作人员要建立档案，专人管理。

②操作人员必须按照本机说明书的规定，严格执行工作前的检查制度和工作中注意观察及工作后的检查保养制度。

③指挥施工机械作业的人员，必须站在能够瞭望的安全地点，并明确规定指挥联络信号。

④使用钢丝绳的机械，在运转时用手套或其他物件接触钢丝绳，用钢丝绳拖、拉机械重物时，人员远离钢丝绳。

⑤定期组织机电设备、车辆安全大检查，对检查中查出的安全问题，按照“三不放过”的原则进行调查处理，制定防范措施，防止机械事故的发生。

8.3.4　高空作业的安全技术措施

本工程施工属高空作业，凡进入现场内进行作业必须符合下列要求。

①所有进入施工现场的人员要戴好安全帽，并按规定戴劳动保护用品和安全带等安全工具。

②在楼梯口、预留洞口、楼层临边搭设符合要求的围栏，且不低于1.2 m，并要稳固可靠。施工人员上下通行由斜道或扶梯上下，不攀登模板、脚手架或绳索上下，并做好“三宝、四口”等防护措施的管理。如图3.8.3所示。

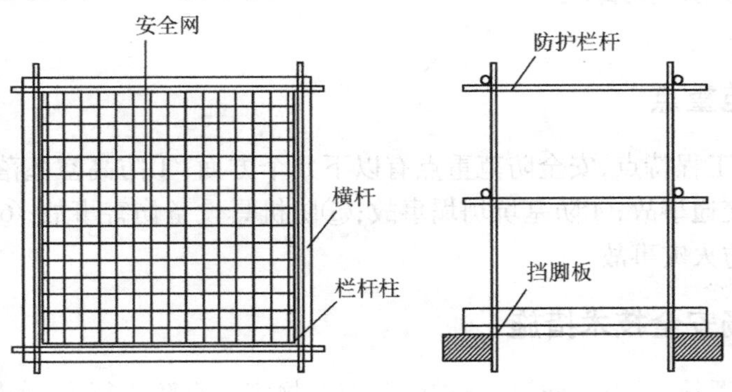

图3.8.3　安全防护示意图

③施工作业搭设的扶梯、工作台、脚手架、护身栏、安全网等要牢固可靠，经验收合格后方可使用。架子工程应符合《建筑施工高处作业安全技术规范》(JGJ 80—90)和《建筑安装工人

安全技术操作规程》的规定。

④进行两层或多层上下交叉作业时，上下层之间设置密孔阻燃型防护网罩加以保护。

⑤在建筑四周及人员通道、机械设备上方都应采用钢管搭设安全防护棚，安全防护棚要铺一层模板和一道安全网，侧面用钢筋网做防护栏。

8.3.5 加强监控量测，实施标准化作业，确保安全生产

加强施工过程中的各项监测，并做好详细记录，及时反馈，尤其是基坑开挖、主体结构、装饰施工三个阶段，做好地面及周边建筑的沉降观测及结构物变形观测，通过观测结果指导施工，确保施工安全及环境安全。

施工中严肃劳动纪律，杜绝违章指挥与违章操作，保证现场安全防护设施的投入，使安全施工建立在科学的管理、先进的技术、可靠的防护设施上。

8.4 消防、保卫、健康保证措施

8.4.1 消防、保卫、健康保证体系及责任分工

消防、保卫、健康保证体系及责任分工见图3.8.4。

施工现场的消防、保卫、健康领导小组组长由项目副经理担任，全面负责消防、保卫、健康的工作。

消防员由安全员担任，负责施工范围内义务消防队的组织及工作开展。

保卫员由办公室人员担任，负责组织义务治安联防队。

卫生员由办公室人员担任，全面负责本工程的职工健康情况、施工现场环境及生活卫生等。

8.4.2 消防保证措施

①现场的生产、生活区均设足够的消防水源和消防设施网点，消防器材配专人管理，组成一个15~20人的义务消防队，所有施工人员都要熟悉并掌握消防设备的使用方法。

②消防工作必须遵循“预防为主、防消结合”的方针，项目经理部的各级领导实行消防工作责任制，将消防安全工作纳入本单位的管理范围，做到同计划、同布置、同检查、同总结、同评比。

③建立健全消防组织，落实施工现场的消防设备；组织防火检查，督促火险隐患的整改；组织指挥火灾扑救，负责火灾的处理。

④保证各类房屋、库棚、料场等的消防安全距离符合国家或公安部门的规定，室内不堆放易燃品；严禁在木料加工场、料库等处吸烟；现场的易燃杂物随时清除，严禁在有火种的场所或其近旁堆放。

⑤做好施工现场的生活生产设施布置，合理安排场地内临时设施，做好场地内的排水供电线路，并符合三防要求，建立防洪、防火组织，配齐消防设施，制定三防措施和管理制度，使防洪、防火落实到实处。

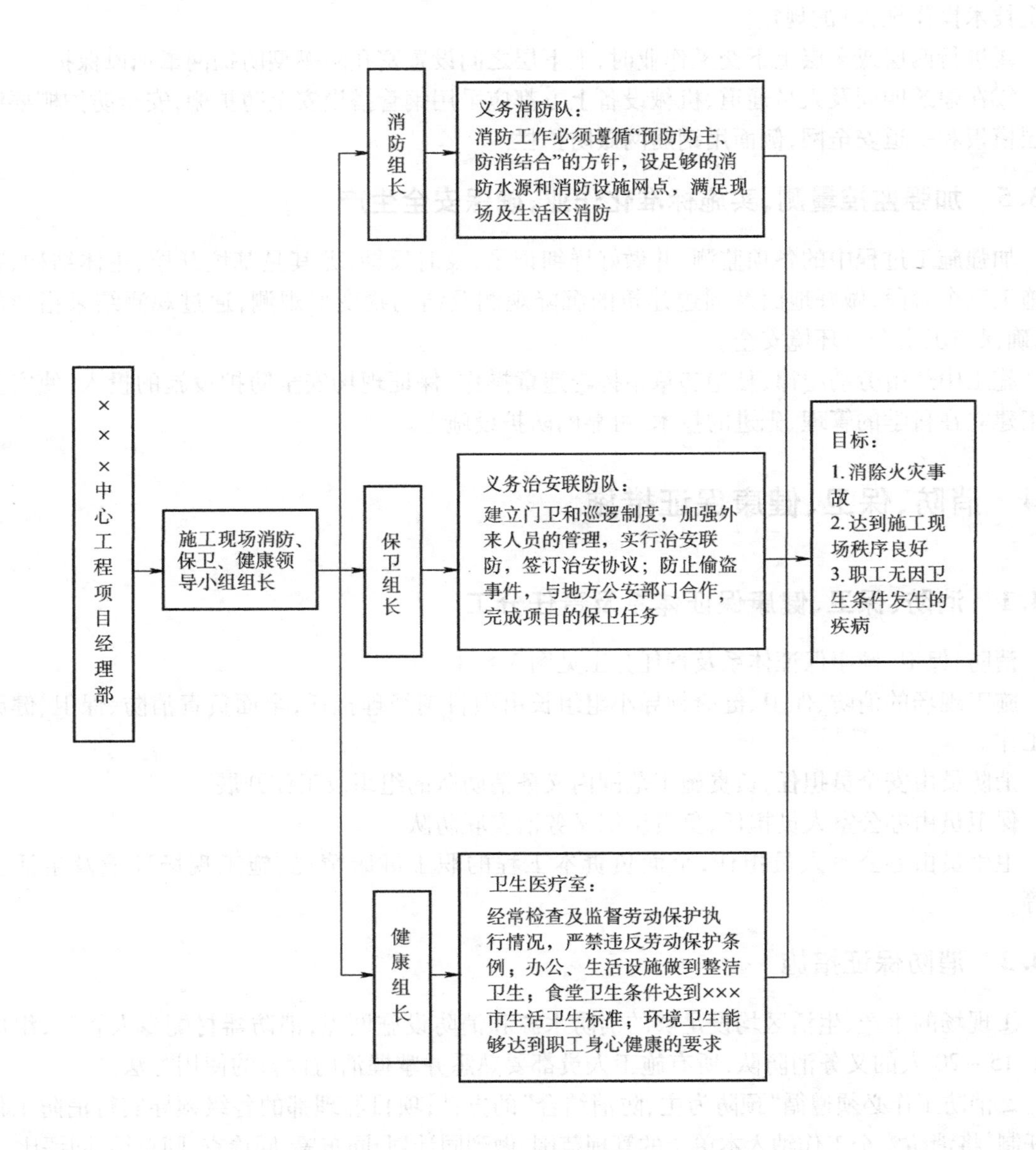

图 3.8.4　消防、保卫、健康保证体系

8.4.3　现场保卫措施

①施工现场建立门卫和巡逻保卫制度，经理部设公安民警及保安人员，佩戴值勤标志，负责工程及施工物资、机械装备和施工人员的安全保卫工作。

②加强外来人员的管理，掌握人员数量，实行治安联防，签订治安协议，非施工人员不得留宿。特殊情况须经保卫负责人批准。

③职工宿舍、材料库房等易发案部位要指定人员管理，制定防范措施，防止盗窃案件发生。

④施工现场发生的各类案件和突发事故，要立即报告公安机关并保护好现场，配合公安机关做好侦破工作。

8.4.4 施工人员的健康保证措施

建立卫生机构；施工现场设立卫生医疗室，定期组织参建职工到工地附近医院进行健康检查，如发现患有高血压、心脏病的职工，严禁其参加高空作业或不适应身体条件的作业；医疗室与施工班组的安全人员经常检查及监督施工人员的劳动保护执行情况，严禁违反劳动保护条例的事情发生。

九、地下管线及其他地上、地下设施的加固措施

本工程所在地地处×××新区，位于某建筑公司和国税局建设用地之间。因此，此地区地下可能存在市政管网及各种通信电缆。南北较为开阔，东西较为狭窄。

在土方开挖前，首先与业主调查摸清施工区域内的地下管线情况。若有管网在开挖区域，开挖时用灰线做好管线的标记，管理人员随时跟踪指挥土方开挖，并配合市政人员进行改移。

东西两端开挖时，由于场地狭窄，采用喷锚支护，边挖边进行喷锚。施工时派专人巡视边坡情况。

根据现场踏勘情况，地上部分没有别的需要保护及加固的地方。现场施工时，若发现需要保护及加固的地方，另行采取处理方案及措施。

十、确保文明施工和环境保护的技术组织措施

10.1 文明工地管理目标

为了保证工程在良好环境下安全、优质、高效地进行，我们采取规范化的现场管理，制定安全、质量创优措施，落实各项制度，保证办公及生活设施整洁卫生，并且狠抓职工教育，办好职工之家，提供良好的后勤服务，使全体人员在文明、安全的环境下施工，创建安全文明施工工地。

10.2 文明施工组织保证及管理制度

10.2.1 组织保证与责任分工

成立以项目经理为组长，总工和副经理为副组长，各部门负责人为组员的文明施工管理小组，健全文明施工保证体系（见图3.10.1），实行“标准明确，责任到人”的管理目标责任制，明确各有关人员的分工与职责，将文明施工落到实处。全面开展创建文明工地的建设活动，创造良好的施工环境和氛围，保证工程顺利完成。

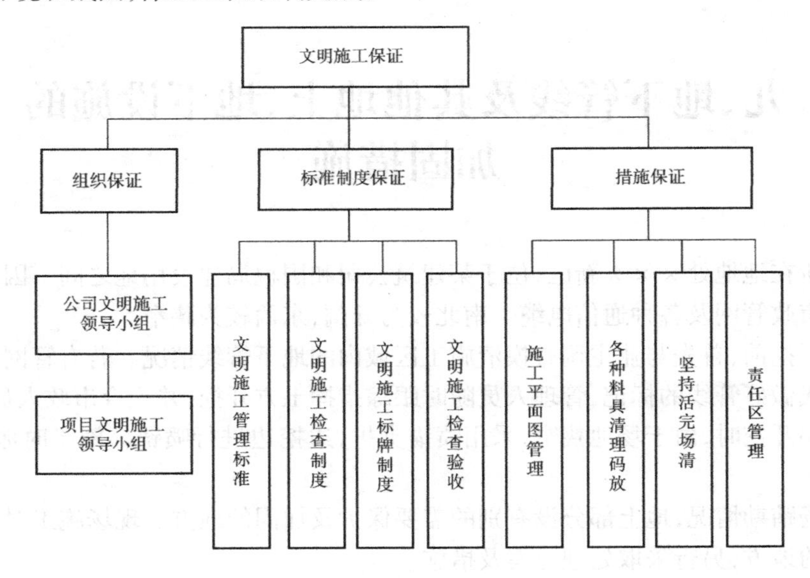

图3.10.1 文明施工保证体系

10.2.2 文明工地管理制度

①建立创建“区级文明工地”领导小组，全面开展创建文明工地活动，现场开展以创文明工地为主要内容的思想政治工作。

②健全项目经理具体领导、业务部门指导、各作业班组具体落实的管理网络。

③与现场的队伍签订文明施工协议书，建立健全岗位责任制，把文明施工责任落到实处，提高全体施工人员文明施工的自觉性与责任心。

④进场施工的队伍要签订文明施工协议书，建立健全岗位责任制，把文明施工责任落到实处，提高全体施工人员文明施工的自觉性与责任心。

⑤严格按照×××省的文明施工要求，制定文明施工细则，按其要求进行文明施工。管理小组对各班组进行定期检查，随时抽查，逐项打分，综合评比，进行奖罚。

⑥加强施工人员的文明施工意识，对员工进行文明施工教育，每周召开文明施工例会，并由专职人员举办文明施工讲座，宣传文明施工准则，提高每一位员工的文明施工意识，讲求职

业道德。

⑦树立行业新风，提高工程质量，全面提高企业的综合施工素质。

10.3 现场文明施工措施

10.3.1 施工现场管理规范化

①现场平面布置：根据本工程施工组织设计中的总平面施工图进行平面布置。生产和生活区应分开进行布置和管理。施工现场力求布局合理，材料、物品、机具、土方等堆放整齐，物流有序。

②工地四周做高2.2 m砖砌围墙。在大门内安全醒目处挂“六牌一图”，其内容为工程概况，企业简介，安全责任制，组织机构，质量、安全、文明工地目标，文明施工管理及施工总平面布置图，同时悬挂工程效果图，以方便领导视察及外来人员学习参观。

③现场设置环形施工道路，道路进行硬化处理，两边设置排水沟进行有组织的排水。

④机械设备搭设双层防护架，加强机械设备的日常保养工作。

⑤施工区域严格隔离，施工现场挂牌施工，管理人员佩卡上岗。工地做到：施工现场人行道畅通；施工周围环境优美；施工采用标准化作业；施工现场排水畅通。

⑥在靠近工地出入口处设一洗车台，所有车辆经冲洗干净后方可驶出工地。

⑦为保证周围施工环境的清洁，工地每天派清洁工清扫路面，并用洒水车洒水湿润，防止粉尘。

⑧在进入楼道口采用钢管搭设双层安全施工通道，以保证施工行人的安全。安全通道用扣件式钢管架搭设，通道净高4.5 m，双层架板铺设。

10.3.2 办公生活设施整洁

①办公室、会议室采用彩钢进行搭设，生活区宿舍、食堂采用砖砌，内墙刷白，外墙勾缝，水泥砂浆地面，采光、通风要好。

②办公、生活区窗明几净，环境整洁、卫生，设专人负责打扫，并设置生活垃圾桶，随时清理。

③食堂操作间锅台处贴瓷片，其余内墙刷白，外墙勾缝，水泥砂浆地面。

④制定食堂管理制度，有防蝇、防食物中毒措施，生熟食品分案操作。

⑤食堂卫生必须达标，办理卫生许可证并公示，炊事员要讲究个人卫生并公示健康证。

⑥宿舍的通风、采光、照明、卫生条件必须符合要求，照明线路布设正规，保持宿舍内整洁。

⑦制定治安、防火、卫生等的宿舍管理制度，宿舍不得设通铺，必须单人单铺，宿舍门口公示住宿人员名单及宿舍负责人。

⑧设置水冲厕所，厕所照明要按规定布设。

⑨公示卫生管理制度，有专人负责卫生清扫工作。现场设卫生急救室，配备保健急救箱，制定急救预案等。准备常备药和创伤药，公司定期安排卫生员对职工和民工进行体检并做好

卫生防疫等工作,制定急救管理制度,安排专人负责,保证急救资金、车辆等的落实。

⑩在现场设浴室,并制定浴室管理制度,定期正常开放。定点设置饮水设施,确保供应。

⑪办公、生活区必须保持整洁卫生,生活垃圾定点堆放、及时清运。

⑫生活区设置固定的晾、晒场所,道路尽可能进行硬化、半硬化处理,排水沟设置合理畅通。

10.3.3 营造良好的文明氛围

①开展文明职工活动,制定文明职工公约,定期对职工进行文明教育,并做好记录。

②规范行为,在施工现场不得随地大小便,进入现场的所有人员不得有赤身、穿拖鞋等不文明行为。

③对入场的劳务队伍建立劳务登记卡,不使用零散民工队伍。

④做好治安、防火、环境保护等工作,避免重大治安、扰民事件的发生。

⑤施工区、办公生活区必须设置黑板报、宣传栏,做好健康有益的宣传活动。

⑥按照本公司形象策划的要求和标准制作宣传彩旗及条幅标语,营造良好的文明施工氛围。

⑦办公、生活区设有娱乐活动室,配备电视、书籍、报刊等资料,经常开展文体娱乐活动。

⑧积极组织开展班组间的文明竞赛活动,定期组织总结、评比、表彰。

10.4 环境保护、职业健康、安全措施

公司是通过了中建协“三位一体”认证的施工企业,非常注重环境、安全、职业健康的管理和实施,在本工程施工中,项目部将一如既往地遵守和贯彻 GB/T 24001 环境保护体系,GB/T 28001职业健康、安全体系标准。

10.4.1 加强施工管理,强化环境保护意识

①成立以项目经理为组长的环境保护小组,配备一定的环境保护设施,组织各级人员认真学习环境保护法规,共同抓好环境保护工作。

②制定环境保护措施,对容易引起环境污染的情况制定预案,对容易引起环境污染的各种渠道严格控制,明确环保重点。

③切实贯彻环保法规,严格执行国家及地方政府颁布的有关环境保护、水土保持的法规、方针、政策和法令,结合设计文件和本工程实际,及时提报有关环保设计,按批准的文件组织实施。编制实施性施工组织设计时,把施工生产的环保工作作为其中一项内容,并认真贯彻执行。

④加强环保教育,宣传有关环保政策、知识,强化员工的环保意识,使保护环境成为参建员工的自觉行为。

⑤强化环保管理。健全企业的环保管理机构,定期进行环保检查,并与地方政府环保部门建立工作联系,接受业主及社会有关部门的监督。

10.4.2 施工现场环境保护内容

①防尘污染:搞好基础建设和绿化建设,严防沙尘污染。

②防止建筑材料污染:防止有毒的建筑材料进入现场或化工材料混装使用。

③防止大气污染:防止施工扬尘;防止生产和生活的烟污染。

④防止水污染:混凝土搅拌机、灰浆搅拌机、乙炔发生罐等作业产生的污水要进行处理;做好油漆、做好油料的渗漏等污染防治。

⑤防公害污染:做好卫生预防工作,防止蚊、蝇、虫、鼠类等公害的滋生。

⑥防止施工噪声污染:做好人为施工和机械施工的噪声防治。

10.4.3 防止污染措施

①防止尘土污染。搞好施工现场路面硬化和绿化建设。对起尘土方先洒水后运输,对施工现场的浮尘做好铺石洒水防护,储存土方整平整方拍实后,洒水种植速成草皮,防止风土扬尘。

②防止建筑材料的污染。采用国家认证的绿色环保材料,建立现场材料验收管理制度,杜绝有毒害材料进入现场。技术人员和操作人员应熟悉材料性能。对混合后会发生反应生成有毒害物质的材料应分开存放,并严禁混合使用。

③气体污染主要是燃料排气,对运输车辆和燃料排气加设尾气净化装置。

④茶、浴炉要用消烟除尘设备。食堂大灶的烟囱要有消烟除尘设备。

⑤施工现场严禁使用敞口锅熬制沥青,凡进行沥青液化作业的,要使用密闭和带烟尘处理装置的加热设备,防止浓烟携带粉尘污染大气。

⑥防止水污染。对搅拌机的废水排放进行控制,在搅拌机前台及运输车清洗处设置沉淀池,排出的废水要排入沉淀池内,经二次沉淀后,方可排入市政污水管道或回收再用于洒水降尘。未经处理的泥浆水,严禁直接排入城市排水设施内。

⑦施工现场排放的污水须经过沉淀池处理,以免污染环境。对其他污染性的材料,使用和保管要专人负责,防止油料的跑、冒、滴、漏,以免造成地下污染。

⑧防公害污染。对施工现场的照明、厕所、下水井、垃圾池等蚊、蝇容易滋生的部位,定期清扫喷药。容易腐蚀的材料要做好防腐、防潮隔离,并且喷洒防虫蛀药粉。

⑨建筑施工现场防噪声控制。施工现场要文明施工,建立健全控制人为噪声的管理制度。尽量减少人为噪声,增强全体人员防扰民的自觉意识。

⑩易产生强噪声的成品、半成品的加工制作,放在车间完成,减少施工现场因加工制作产生的噪声。尽量选用低噪声的施工机械。对施工现场的强噪声机械(如搅拌机、电锯、电刨、砂轮机等),要设置封闭的机械棚,墙体选用隔音材料,以减少强噪声的扩散。

⑪对施工现场的噪声,设专人监测、专人管理,根据测量结果填写建筑施工场地噪声测量记录表,凡超过《施工现场噪声限值》标准的,要及时对施工现场噪声超标的有关因素进行调整,达到施工噪声不扰民的目的。

十一、确保工期的技术组织措施

11.1 工期管理目标

本工程业主要求开工日期为2007年3月1日,竣工日期为2008年8月31日,其中主体封顶时间为2007年10月31日。公司保证2008年8月11日竣工,提前20天交付使用。

11.2 工期保证组织制度及措施

该工程列为公司重点管理的工程,并为之提供优先的人力、物资、设备保证,确保工期。按项目法组织施工,成立高效运行的项目经理部。项目经理部的主要施工人员和管理人员均由参加过高层建筑施工的人员组成,以充分利用丰富的施工经验组织施工。工程技术部设施工调度室,全面负责施工的统筹、协调和控制工作,抓好工序衔接和关键工序。编制实施性施工组织时,总体方案及分项工程方案要优先考虑工期的要求,在满足工期的前提下选择最佳方案。工程开工后,运用 Microsoft Project 项目管理软件,编制谨慎严密的网络计划,抓关键路线,严格按网络计划组织安排施工,实行动态管理。编制计划要留有余地,以便当各种因素可能对工期造成延误时有回旋余地;进度作业指标要留有余地,以便当各种延误发生时采取补救措施。根据网络图计划编制"月、旬、周"的作业计划,并根据实施过程中的完成情况,及时与计划对比,并采取措施修正调整,实行动态管理。对实际过程中出现的进度滞后及时分析查找原因,做到"以日保周、以周保旬、以旬保月",确保网络计划的实现。严格执行工地计划会制度,工地每天由工程技术部召开各作业班组计划会,落实当日计划完成情况并确定第二天的工作计划。每周组织召开周进度计划会,项目经理参加,落实当周计划完成情况并确定下周工作计划,重大问题及时上报公司。根据总体目标和实施进度、施工难度、外部因素等,提前预测有可能发生的工序间交叉配合不到位的现象,采取有效措施,抓住重点,攻克难点,优化资源组合,合理调配劳动力及机械设备等生产因素。精心组织、周密安排,保证材料设备提前到位,避免施工待料,保证施工机械机具的完好率。设专人对机械设备进行维修保养,成立机修班。特别是塔吊、搅拌站等主要设备,避免因机械设备、材料原因造成窝工或工期延误。全面落实经济承包责任制与分阶段保工期奖,将职工的经济收入与生产质量、进度、安全直接挂钩,调动职工的劳动积极性与创造性。主动加强与业主、监理、设计单位的联系,并征求意见,确保质量和工期。为此,成立由一名项目副经理为组长的协调领导小组,与各相关部门签订确保施工进度和施工安全的协议书。同时,加强与政府及有关部门的联系与协调,为施工创造良好的外部环境。

11.3 主要工序的工期保证措施

11.3.1 施工准备工期保证措施

进场后,首先在短时间内完成施工区域的临时工程的建设以及施工所需用水、用电、通信设施的建设,并进行调试,达到能够使用的程度。按照总体施工部署调遣足够数量的机械设备,塔吊尽早架设,保证各作业面的机械配备,切实保证人力、物资及相关设备满足施工需要,并保证在施工期间施工机械维修、保养工作,保证施工机械零配件的供应。

11.3.2 主体施工工期保证措施

详细了解现场实际情况与设计方案、意图,反复研究论证,制定能确保工期的最佳方案并严格执行,如遇特殊情况,及时研究论证调整。施工前用3D－σ有限元分析系统软件对施工方案进行理论计算,施工过程中跟踪验算,对施工过程中可能出现的问题进行预测分析,及时采取预防措施,确保施工安全可靠。

主体施工分段流水,合理组织安排是施工进度得以保证的关键,在组织安排施工时,相互协调、各自负责,减少相互之间的干扰。主体施工是本工程的关键线路,增强人力、物力及机械设备的投入,特别是要配备足够的脚手架、模板等周转材料,确保计划工期的实现。组织安排施工时充分考虑均衡生产,使劳动力、机械、材料、资金等资源的配置最优化。合理安排混凝土浇灌时间,尽量避开交通高峰期,以减少交通阻滞对混凝土施工的影响。施工过程中加强施工监测,采取有效措施确保施工安全,以稳求进度。

11.3.3 后期装饰及安装工期保证措施

后期装饰施工在主体工程分阶段验收后及时插入,形成立体施工。安排充足的劳动力进行分层施工。安装工程配合土建工程施工。避免返工和交叉污染。做好成品保护,保证及时施工、及时验收、及时成品保护。夜间做好垂直上料工作,保证第二天的工作,以免垂直运输紧张造成影响。

11.4 节假日的工期保证措施

节假日前,做好组织动员工作,安排好施工项目。提前与各个材料供应商协商,保证节假日期间砂、石、钢材、防水材料、商品混凝土、水泥等原材料的供应,最少储备20天的用料。提前储备各种易损机械配件,保证机械正常运转。平常劳动力轮换休假,保证节假日出勤率不低于90%,同时进行“保勤”,以确保工程所需的劳动力。

11.5 特殊情况下的工期保证措施

11.5.1 重大设计变更等赶工措施

本工程将严格按照施工计划安排,均衡组织生产,但若因重大设计变更、自然灾害或其他一些因素影响了计划工期,采取如下措施调整和追赶工期,确保总工期的实现。

①挖掘潜力,优化施工方案。

②加大人力、物力、机械和资金的投入。

③工程主体进度落后时,除组织好劳动力、运输等工作外,采取加大人力投入、增加设备投入等措施赶工。

④在总体安排中结构施工是关键工序,影响进度的主要原因是劳动力和周转材料不足所致,应增加劳动力和周转材料以赶进度。

⑤备用一定的资金,以便在赶工期间资金有充分保障,进而保证赶工措施的实现。

11.5.2 雨季施工的工期保证措施

做好雨季施工的管理和安排,随时保持与气象部门的联系,提前做好抵御暴雨、强风等灾害性天气的各种措施,抢晴天、战雨天,最大限度地减小气候因素对雨季的影响。施工现场储存足量的施工材料和防雨物品。材料、设备、加工场地要设置防雨设施,保证雨季的正常施工。及时检测、调整混凝土的配合比,对新浇灌的混凝土及时采取覆盖措施。雨季施工期间,安排专人及时疏导排水沟及排水设施,保证排水畅通。

11.5.3 炎热季节施工的工期保证措施

炎热季节施工时,应尽量避开高温、日晒,合理调整作息时间,应调整混凝土的浇灌时间,由专人进行混凝土的检测和养护。做好施工人员的防暑降温工作,加强生活后勤的保障,确保施工人员的饮食卫生及正常的休息,从而保证施工人员的出勤率和出工率。

11.5.4 夜间施工的工期保证措施

建立夜间值班制度,做好周密的组织和技术交底,配备足够的物资,保证夜间施工的顺利进行。夜间施工必须配置足够的照明设施。加强夜间施工的工序检查,确保施工过程的全程监控。夜间由管理人员值班,领导带班。

十二、施工总平面布置图及施工道路平面图

12.1 现场现有施工条件

施工现场较为宽敞,现场基本具备三通一平,水、电、排水管道等基本到位,进出口具备,满足现场施工条件。

12.2 施工现场总平面布置

施工现场总平面布置图见图3.12.1。

12.2.1 办公区、生活区

①在平面布置时,生活区、办公区统一布置,并与生产区适当分开,分别进行现场布置,有利于文明施工和环境保护。

②根据本工程排水管道的现有情况,将生活区和办公区集中布置在建筑物的北侧,现场内需要排掉的生活污水和施工污水将从下水管道排入污水河,为保证排入市政规划管线的水符合要求,施工污水及生活污水经现场设置的沉淀池沉淀后方可排入。

③办公区和生活区采用彩钢活动房和砖砌房屋相结合,办公区主要设有办公房屋、足够大的会议室、阅览室等。生活区设有管理人员宿舍、施工人员宿舍、餐厅、卫生间、淋浴间、盥洗间、活动室等。满足办公和娱乐的要求。

④共设办公室8间,会议室及活动室各1间。

⑤生活区设置临时宿舍40间,可容纳400人住宿,餐厅分食堂操作间和职工餐厅,厕所、淋浴间、盥洗间等满足要求。

12.2.2 生产区

生产区安排在建筑物的北侧和四周,生产区主要布置有垂直起重机械设备,周转材料堆场,必要的库房,钢筋加工棚和钢筋料场,木料加工场和模板半成品堆放区,砂浆搅拌站,砂、石料场,实验室,建筑材料堆场等。

12.2.3 现场道路和进出口

现场的北侧设有进出大门,作为施工车辆和人员的出入口。现场内部设有环建筑物一周的混凝土硬化道路,保证顺畅通行。

12.2.4 污水处理和排放

施工现场及道路进行硬化处理,并进行排水设施的布置。基坑四周修建临时排水沟,防止地表水排入基坑。大门口设置高压水枪冲洗车辆,并做排水槽,以免运输车辆带泥上路。

砂浆搅拌站设置沉淀池,厨房设置隔油池,厕所设置小型化粪池,污水经沉淀和处理达到标准方可排入市政管道。

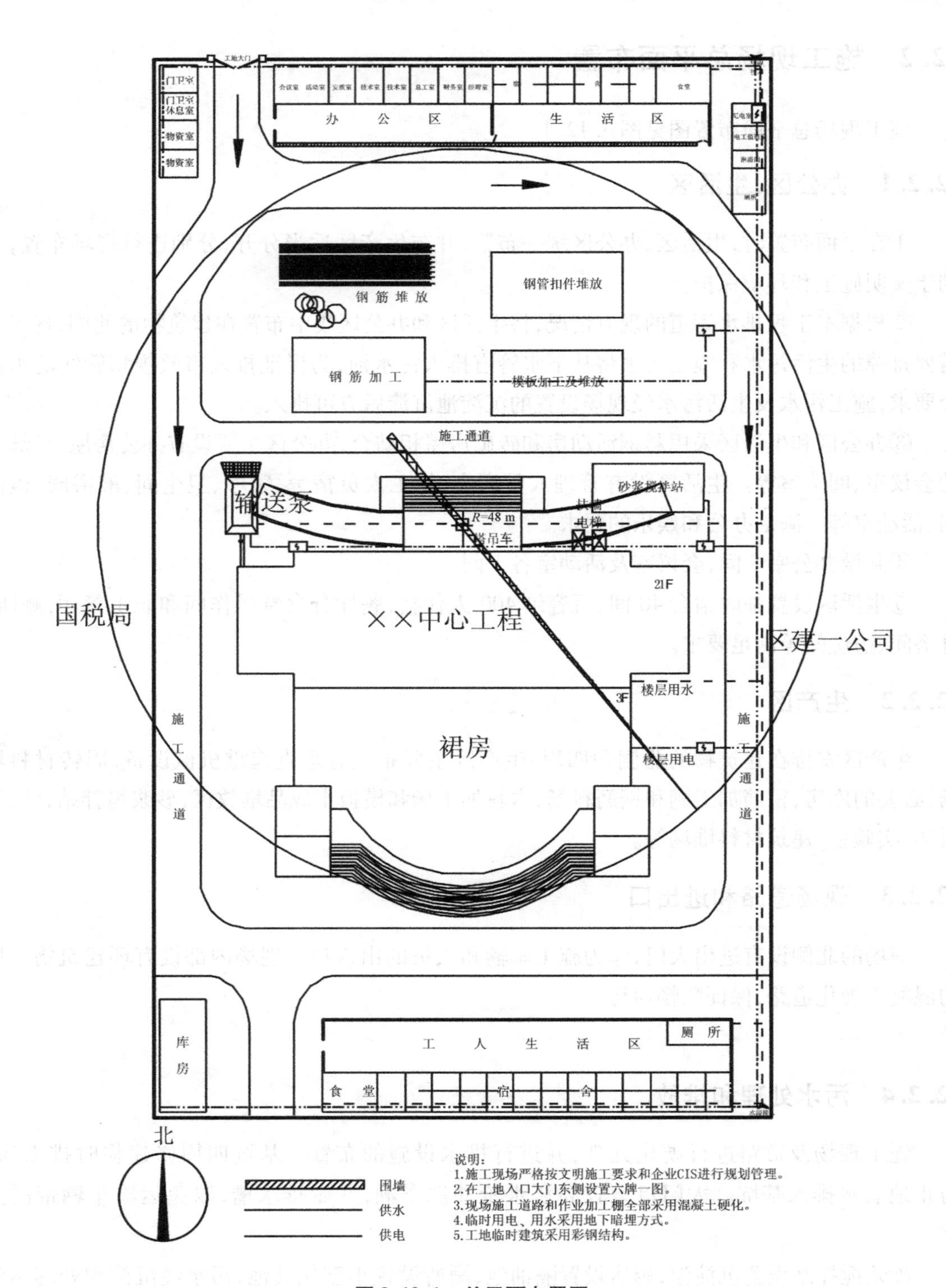

图 3.12.1 总平面布置图

12.3　临时用电设计

12.3.1　用电说明

①施工现场用电将从现场业主提供的总箱式变压器引至工地配电室。施工用电采用 TN-S 接零保护系统，重复接地电阻阻值应小于 10 Ω，保护零线（PE 线）应与工作零线分开单独铺设，不能混用，PE 线必须采用黄绿双色线。

②实行“三级配电两级保护”原则，如图 3.12.2 所示。

③开关箱距离机具不超过 3 m，箱内实行“一机一闸一漏电保护”。漏电保护器应选用电流动作型，额定漏电动作电流应不大于 30 mA，动作时间应不大于 0.1 秒。

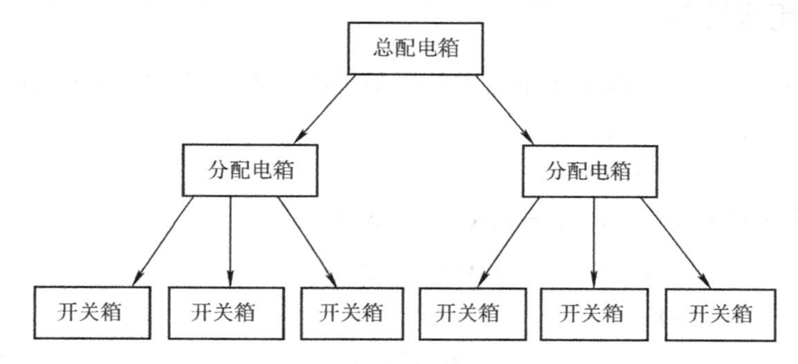

图 3.12.2　三级配电示意图

④楼梯间照明电压不大于 36 V，潮湿、易触及带电场所照明电压不大于 24 V。采用小型变压器进行电压的调整。

⑤电气设备的金属外壳、框架、部件、管道、围栏、门等均应保护接零。

⑥配电箱均采用铁制配电箱，铁皮厚度 1.5 mm，露天配电箱应有防雨淋罩，每个配电箱必须有专用的零线、PE 线端子，在箱门上注明其编号、名称，所有箱门均应配锁。动力和照明分开计量。

12.3.2　用电计算

施工用电机械、机具详见施工机械、机具计划表。按施工用电高峰期计算：

①电动机额定功率（查表）：

$\sum P_1 = 308\ \text{kW}$

②电焊机额定容量（查表）：

$\sum P_2 = 142\ \text{kVA}$

③照明用电量：照明用电按施工机械、机具的 10% 考虑。

$\sum P_3 = (K_1 \times \sum P_1 \div \cos\phi + K_2 \times \sum P_2) \times 10\% = 25\ \text{kW}$

本工程总用电量：

$$\begin{aligned} P &= 1.05 \times (K_1 \times \sum P_1 \div \cos\phi + K_2 \times \sum P_2 + \sum P_3) \\ &= 1.05 \times (0.5 \times 308 \div 0.75 + 0.6 \times 142 + 25) \\ &= 331.31\ \text{kVA} \end{aligned}$$

业主提供的供电容量为320 kVA,根据以上计算,经过用电统一协调,可满足施工要求。

12.4 临时用水设计

12.4.1 用水说明

施工现场用水将从现场水源接入。

12.4.2 施工用水计算

①施工用水量 q_1(L/S):以用水量最大的混凝土浇筑养护、砌体、抹灰同时用水进行计算:

$$q_1 = K_1 \frac{\sum Q_1 \cdot N_1 \cdot K_2}{T_1 \times t \times 8 \times 3\,600}$$

式中:按照每台班工作计算,$T_1 = 1$,$t = 1$,$K_1 = 1.15$,$K_2 = 1.5$。

浇筑混凝土 $N_1 = 250\ \text{L/m}^3$ $Q_1 = 100\ \text{m}^3$/台班

砌体 $N_2 = 200\ \text{L/m}^3$ $Q_2 = 50\ \text{m}^3$/台班

抹灰 $N_3 = 30\ \text{L/m}^2$ $Q_3 = 400\ \text{m}^2$/台班

则 $q_1 = 2.448\ \text{L/s}$

②因所选施工机械用水量 q_2 较少,可以忽略不计,故不考虑。

③施工现场生活用水量 q_3:

$$q_3 = \frac{P_1 \cdot N_3 \cdot K_4}{t \times 8 \times 3\,600}$$

式中:$P_1 = 580$ 人,$N_3 = 25$ L/(人·班),$K_4 = 1.3$,$t = 1.5$。

则 $q_3 = 0.436\ \text{L/s}$

④消防用水量 q_4:因施工现场在25 hm^2 以内,所以选

$q_4 = 10\ \text{L/s}$

总用水量计算:

$q_1 + q_2 + q_3 = 2.884 < q_4 = 10$

所以 Q 取10 L/s。

管径 D 的计算:

$$D = \sqrt{\frac{4Q}{1\,000\pi v}} = 0.071\ \text{m}$$

因此,选择DN75的钢管作为施工供水的主管,DN50、DN32等作为给水支管,可以满足生产用水和消防用水的需要。

十三、施工技术措施

13.1 施工技术管理措施

根据本工程的特点，为了按期、优质、高效、安全地完成本工程的施工，令业主满意，除施工方案、施工方法中涉及的具体施工技术措施外，对技术及技术管理工作做如下安排。

13.1.1 组织保证、制度落实

①本公司选派有施工经验、组织管理能力强、技术过硬的工程管理、工程技术人员组成项目管理班子，做好技术攻关及技术管理工作；选派技术过硬、作风好的施工班组进场施工。通过各种途径，确保员工能力满足岗位要求。

②建立以项目总工程师为首的技术管理体系，切实执行设计文件审核制、工前培训制、技术交底制、开工报告制、测量双检制、隐蔽工程检查签证制、“三检”制、材料半成品试验与检测制、技术资料归档制、竣工文件编制办法，确保施工生产全过程始终在合同规定的技术标准和要求的控制下。

③建立完善的技术岗位责任制。各级技术人员都要签订技术担保责任书，对关键和特殊工序实行技术人员专业分工负责制，明确责任，确保各项技术及技术管理工作的落实。

13.1.2 做好充分的技术准备工作

施工前组织技术人员对图纸进行认真的复核，充分了解设计意图，并针对设计要求、地质情况、现场条件编制实施性施工组织设计。针对关键及特殊工序制定详细的施工过程控制措施和操作细则。

13.1.3 做好技术交底工作

由项目总工程师和工程项目主管工程师亲自抓技术交底工作，对参加施工的全体人员进行详细的技术交底，将工程特点、施工方法、施工顺序、进度安排、操作要求、技术标准、质量要求、安全措施等认书面方式详细地交给施工人员。组织关键工序的作业人员要进行经常性的技术学习和培训，考试合格后，持证上岗，挂牌作业，使其理解并能自觉地贯彻执行所制定的施工控制程序和技术措施，提高职工的技术素质。

13.1.4 施工过程中严把“三关”

①严把图纸关。用于现场施工的图纸，都必须经过严格的复核、审核。充分了解设计意图，并按照 ISO 9002 质量保证体系进行管理，加盖受控章后由项目总工程师签发执行。未经

复核、审核的图纸,不得用于工程施工。

②严把测量关。制定切实可行的测量方案,经项目总工程师审核批准后方可实施。控制测量由项目部测量实施,并对控制线定期复核。施工放线由项目部测量组负责,工程技术人员复核。

③严把试验关。建立工地实验室,配齐满足施工需要的人员及仪器。按照要求做好工程的有关试验工作,为技术工作提供依据。对进入工地的原材料、半成品进行检验试验,杜绝不合格的材料及半成品使用到工程中去。

13.1.5 推行规范化管理、标准化作业

按照 ISO 9002 质量保证体系,规范技术及技术管理工作,杜绝由于管理的随意性造成的技术失误。施工作业严格执行施工工艺细则及相关操作规程,以规范、标准的作业确保技术措施的有效落实。

13.1.6 成立关键工序施工攻关 QC 小组

针对工程施工的重点环节,如地下室底板及侧墙防水,底板大体积混凝土施工,墙、柱模板清水混凝土施工,外架施工等成立 QC 小组,研究制定技术可行、安全可靠的施工技术方案,收集施工过程中存在的问题及有关参数,研究解决办法与对策,不断优化施工方案。

13.1.7 成立施工监测组

针对地表、地面建筑物及构筑物、主体结构沉降等,重点做好施工监测资料数据的收集整理工作,及时对数据进行分析,反馈指导施工。

13.1.8 加强联系、加强合作

加强与业主、监理、设计单位的联系,针对施工中遇到的技术难题,共同探讨好的解决方案,争取在施工技术方面得到广泛的合作与支持,保质保量地完成施工任务。

13.2 采用新技术、新工艺的可行性

13.2.1 计算机应用技术

施工过程中,运用 Microsoft Project 工程项目管理软件,对施工过程进行动态管理,以利于施工生产的均衡性。

施工前运用该软件编制详细的施工进度计划横道图与网络图,在此基础上管理施工进度,配置和优化资源,包括劳动力、资金、机械设备、材料计划等;施工过程中,根据施工进展情况,分析进度管理中存在的问题,抓住关键工序,及时调整施工进度横道图和网络图,以便更好地管理工程项目。

13.2.2 新型钢筋连接施工技术措施

本工程要求直径大于等于16 mm的钢筋采用机械连接技术，积极选用先进合理的钢筋连接技术是缩短工期、节约成本、保证工程质量的重要措施。本公司拟在本工程中采用直螺纹连接技术。

13.2.3 混凝土抗开裂施工技术措施

①合理选用原材料，采用“双掺法”优化配合比设计，尽可能降低混凝土的水化热，使其有适宜的早期强度和较好的施工性能（初凝时间不少于6小时，坍落度控制在16~18 cm，保证有良好的可泵性、泌水小、流淌斜度相对较小等）。

②根据设计文件留置后浇带。减少混凝土的体积，使温度应力和收缩应力相应减少，抗裂强度得到改善。

③选择合理的浇筑工艺，在规定的区段内保证连续浇筑。选择合理的浇筑路线，按斜面分层推进，确定每层的厚度及在初凝之前能被新浇混凝土覆盖的单位时间需要入模的混凝土量，确定混凝土供应量及必要的设备投入，防止“冷缝”。夏季应采用降低原材料入机温度、混凝土输送管上加湿草袋覆盖、喷水降温等措施，降低混凝土的入模温度。把握二次振捣时机，消除沉缩裂缝；做好初凝之后终凝之前的表面压抹，消除表面裂纹。消除在降温阶段出现应力集中的隐患。采用微机监测，及时提供水化热温升、内外温差和降温梯度信息，以便确认或调整施工措施，使混凝土在硬化阶段得到良好的保温蓄热养护，以利控制温度裂缝。

④大面积混凝土主要是控制收缩应力。墙体浇筑时在结束部位注意抽排浮浆，避免结构中存在易开裂、低强度、高收缩等薄弱部位。特别要加强保湿养护。

13.2.4 清水混凝土的施工技术措施

①为了保证墙体与楼板形成的阴角顺直、方正，较好地控制楼板标高，特制了阴角模，即在100 mm×50 mm的木枋上镶30 mm×30 mm×4 mm角钢，利用此阴角模与墙体、楼板分别相交形成阴角。

②根据墙体500 mm水平控制线，弹出阴角模下边线，所弹的线必须经过复检，无误后进行支模。

③粘海绵条，为防止阴角模与墙体接触的缝隙漏浆，在阴角模上用401胶粘贴5 cm宽的海绵条。

④支阴角模，利用下层墙体周边最上一层螺栓孔，插入直径16 mm以上钢筋，在其上铺设角模，再用木楔找好角模的平直并钉牢，以保证阴角方正，并控制楼板标高。

⑤支立柱、安装大小龙骨，从房间一侧（距墙200 mm左右）开始安第1排大龙骨和立柱，大龙骨要求为不小于100 mm×100 mm的木楞，间距不超过1 m为宜，并与阴角模固定；立柱采用钢支撑，间距80~120 cm，与龙骨钉牢。然后支第2排龙骨，依次逐排安装，按照竹胶合板的尺寸和顶板混凝土厚度确定小龙骨间距（不宜超过30 cm），铺设小龙骨，并与大龙骨钉牢，小龙骨要按照房间跨度的大小调整起拱高度。

⑥铺设竹胶合板,按事先已设计好的铺设方法,从一侧开始,铺设竹胶合板的上皮不得低于阴角模的上皮,一般高于 1 ~2 mm 为宜,以保证刮完腻子后阴角方正、顺直。竹胶合板必须与小龙骨钉牢,在钉竹胶合板时应用电钻打眼后再钉钉子,以防止竹胶合板起毛或烂边,减少使用次数。

⑦校正标高、起拱。按钢筋上的过渡标高控制线,即上层 500 mm 水平线,挂线检查各房间顶板模板标高及起拱高度,用杠尺检查顶板模的平整度并进行校正。

⑧粘贴胶带。顶板模板支设自检合格后,将竹胶合板间的拼缝及与阴角模的拼缝均粘贴胶带,防止漏浆。

13.2.5 新材料的应用

对于新材料、新产品的应用,采取考察、试验、做样板、制定详尽的施工组织设计、应用前进行经济技术分析等多种手段,力争高质量、高效益地完成施工任务。

13.3 冬雨季施工技术措施

13.3.1 冬期施工技术措施

本工程在 2007 年 3 月 ~2008 年 8 月期间施工,要经历一个冬期施工,因此保证冬期施工质量是保证本工程整体质量的关键。

1. *砌体工程冬期施工技术措施*

①砂浆的配置必须按配合比通知单执行。外加剂掺加量必须准确无误,现场设两个容积相同的水箱,为搅拌砂浆提供准确的外加剂掺加量和不间断的拌和溶液。配置外加剂溶液应在施工的前一天完成,以保证固体物质能充分溶解,待施工时再根据配合比将标准浓度的溶液放入水箱内备用。

②砂浆的搅拌时间应比常温季节延长 0.5 ~1 倍,以 2.5 ~3 min 为宜。

③冬期搅拌的热砂浆应采取措施,尽可能减少在搅拌、运输、储存过程中的热量损失。

④搅拌机设在不低于 5 ℃的保温棚内,砂浆应随拌随运(直接倾入运输车内),不得露天存放和二次倒运。

⑤在可能的情况下,应尽量缩短运距。砂浆运输用砂浆泵,在泵管上包裹保温材料,使用的灰槽也采取保温措施。

⑥砌筑时,为减缓砂浆温度降低,操作时从灰槽的边缘向中心挖灰使用。

⑦保温槽、泵管等要及时清理,每日工作完成后用热水清洗,以免冻结。

⑧砂浆应随拌随用,不要积存过多以免冻结。严禁使用已受冻的砂浆。

⑨不得在砌筑时随意向砂浆内加热水。

⑩砌体底层铺底砖时,应优先采用“一顺一丁”的砌筑方法。必须采用“一铲灰、一块砖、一揉压”的“三一砌法”进行操作,不允许大面积铺灰排砖。做到灰缝饱满度在 80% 以上,水平灰缝厚度为 9 ~10 mm。

⑪砌体在当日施工完后,将表面灰渣清理干净后覆盖保温材料。砌体砌完后,腰圈梁、构造柱等立即施工。

2. 冬期施工现场技术管理措施

建立现场测温制,安排专人专职测温。测温人员要把每天的测温情况填入测温记录表;认真填写冬期施工日志,内容包括工程部位、工程量、主要材料、天气气温等。根据外加剂的性质、品种的不同分别堆放。外加剂的配置设专人负责。保温材料要注意防潮,确保保温效果;计量器具必须经检验合格;试块在现场制作,强度以标准养护试块为准,与工程同条件养护的试块作为参考;冬期施工用的所有材料进场必须有材料试验单,并进行抽样检验;施工前向操作人员进行技术交底,其内容包括以下几点:

①冬期施工的工艺及方法;

②冬期施工质量标准及要求;

③技术安全措施;

④工程施工及验收规范;

⑤建立健全岗位责任制,以保证冬期施工措施贯彻执行。

13.3.2 雨期施工技术措施

1. 组织措施准备

进入雨季,成立防汛领导小组,由项目经理部总工程师任组长,各业务部门主任任副组长,统一指挥布置雨季的施工工作。编制《雨季施工作业指导书》,制定详细的雨季施工技术方案,明确规定应采取的措施。

2. 现场准备

在雨季到来之前,工地首先做好排水明沟,以便有组织地导流排水;场区道路、堆料全部按文明施工规划用混凝土硬化,做到雨后不陷、不滑、不存水;各种用电设施及闸刀箱做好防水措施,防止雨水使电路短路,烧损用电设备;搭设防雨棚存放各种机械设备,防止雨水损坏机械;对于有防雨要求的建筑材料(如水泥)仓库,做好防雨处理,防止其受雨淋而受潮失效。

3. 物资准备

雨季到来时,准备好抽水机、水管等排水设备,以备应急之用;在有防潮要求的仓库备足干燥剂并使其有适当的通风措施;准备好施工人员用的雨衣、雨鞋及施工用的防雨塑料布等物品。

4. 施工技术措施

雨季施工要安排好施工项目,编制相应的计划,做好施工准备。雨季应有专人收集天气预报信息,同当地气象部门联系,了解中长期天气预报信息,合理安排施工,将关键工序安排在大雨到来之前完成或下雨之后再开始施工。防汛领导小组在暴雨来临之前,做好预防、检查、组织、领导工作,确保安全,避免损失。

在大型机械及建筑四周做好排水准备,防止雨水使机械设备下沉,影响安全和正常使用。

施工期间，塔吊顶端、脚手架四角顶端设防雷及接地装置，六级以上大风时应停止高空作业，暴雨来临之前脚手架上的作业人员要及时撤离。

混凝土施工时，如突遇大雨，应按规范规定留置施工缝，待雨停后接着施工。施工完的混凝土要覆盖塑料布，防止被雨水冲刷。对于不允许留置施工缝的部位，严禁留置。

综合实训

根据《×××公司框剪结构办公楼施工组织》回答以下问题。

1. 分析标前与标后施工组织设计的区别与联系。本案例属于哪一类施工组织设计？
2. 施工组织设计为什么要进行工程的特点、重点与难点的分析？
3. 试述大体积混凝土裂缝产生的原因及控制措施。
4. 分析施工段的划分及流水施工的意义。
5. 建筑工程施工中的“三宝、四口”是指什么？
6. 施工配电实行的“三级配电两级保护”是指什么？

教学评估表

学习内容名称：____________班级：____________姓名：____________日期：____________

1. 本表主要用于对课程授课情况的调查，可以自愿选择署名或匿名方式填写。根据自己的情况在相应的栏目打“√”。

评估等级 评估项目	非常赞成	赞成	不赞成	非常不赞成	无可奉告
(1)我对本学习内容很感兴趣					
(2)教师的教学设计好，有准备并能阐述清楚					
(3)教师因材施教，运用了各种教学方法来帮助我学习					
(4)学习内容能提升我编制建筑工程施工组织的技能					
(5)以真实工程项目为载体，能帮助我更好地理解学习内容					
(6)教师知识丰富，能结合施工现场进行讲解					
(7)教师善于活跃课堂气氛，设计各种学习活动，利于学习					

续表

评估项目 \ 评估等级	非常赞成	赞 成	不赞成	非常不赞成	无可奉告
(8)教师批阅、讲评作业认真、仔细,有利于我的学习					
(9)我能理解并应用所学知识和技能					
(10)授课方式适合我的学习风格					
(11)我喜欢学习中设计的各种学习活动					
(12)学习活动有利于我学习该课程					
(13)我有机会参与学习活动					
(14)教材编排版式新颖,有利于我学习					
(15)教材使用的文字、语言通俗易懂,有对专业词汇的解释、提示和注意事项,利于我自学					
(16)教材为我完成学习任务提供了足够信息,并提供了查找资料的渠道					
(17)通过学习使我增强了技能					
(18)教学内容难易程度合适,紧密结合施工现场,符合我的需求					
(19)我对完成今后的工作任务所具有的能力更有信心					

2. 您认为教学活动使用的视听教学设备:

合适□　　太多□　　太少□

3. 教师安排边学、边做、边互动的比例:

讲太多□　　练习太多□　　活动太多□　　恰到好处□

4. 教学进度:

太快□　　正合适□　　太慢□

5. 活动安排的时间长短:

太长□　　正合适□　　太短□

6. 我最喜欢的本学习内容的教学活动是:

7. 我最不喜欢的本学习内容的教学活动是:

8. 本学习内容我最需要的帮助是:

9. 我对本学习内容改进教学活动的建议是:

实务四：×××学院砖混结构学生宿舍扩建工程施工组织

一、工程概况

本工程为×××学院学生宿舍扩建工程项目。本工程扩建部分总建筑面积646.1 m^2，建筑层数为5层，建筑高度为17.40 m，结构形式为砖混结构，建筑结构的类别为Ⅱ类，建筑设计使用年限为50年，抗震设防烈度为7度，耐火等级为地上二级。采用钢筋混凝土墙体承重，非承重的外围护墙和内隔墙均采用黏土空心砖（多孔砖），用M7.5砂浆砌筑。基础形式为浅基础。外墙装修采用贴灰蓝色外墙面砖；屋面防水等级为Ⅱ级，防水层合理使用年限为15年；外门窗为铝合金普通玻璃。

二、编制依据

本工程的施工组织设计依据国家和×××市现行规范、标准、法律、法规，结合施工单位企业标准和管理经验以及相关合同和设计文件编制而成。编制依据如下。

①本工程的建设审批单位对初步设计或方案设计的批复。

②城市建设规划管理部门对本工程初步设计或方案设计的审批意见。

③消防、人防、园林等有关主管部门对本工程初步设计或方案设计的审批意见。

④经批准的本工程初步设计或方案设计文件，建设方意见。

⑤《建筑结构可靠度设计统一标准》（GB 50068—2001）。

⑥《建筑结构载荷规范》（GB 50009—2001 2006版）。

⑦《混凝土结构设计规范》（GB 50010—2002）。

⑧《建筑抗震设计规范》（GB 50011—2001 2008版）。

⑨《建筑地基基础设计规范》（GB 50007—2002）。

⑩《砌体结构设计规范》（GB 50003—2001）。

⑪《建筑抗震设防分类标准》（GB 50223—2008）。

⑫《混凝土结构耐久性设计规范》(GB/T 50476—2008)。

三、施工部署

3.1 施工管理目标以及部署原则

3.1.1 质量目标

积极推行质量体系标准化管理,工程质量等级确保优良。

3.1.2 工期目标

确保56天(日历天)竣工交付使用。

3.1.3 安全生产目标

杜绝重大伤亡、设备、火灾事故,一般事故年频率控制在8‰以内,达到住房和城乡建设部安全评分标准优良以上。

3.1.4 文明施工目标

创安全、文明示范工地。

3.1.5 服务目标

严格按《建设工程质量管理条例》规定实行保修,定期回访,超出保修期后合理收费,确保服务质量。

3.1.6 施工部署原则

实行项目法管理,积极开发、引进、采用新技术、新工艺、新材料,精心组织,精心施工,优质、高速、安全、低耗地完成工程建设任务。

3.2 施工组织机构

组建工程项目经理部,聘任有丰富经验的同志担任项目经理、技术负责人,项目经理部下设工程技术组、质量安全组、材料设备组、生产经营组、劳资保卫组、后勤及财务组和办公室。项目经理部定期召开工作会议,确保各项管理目标的顺利实现。施工质量管理组织机构如图4.3.1所示。

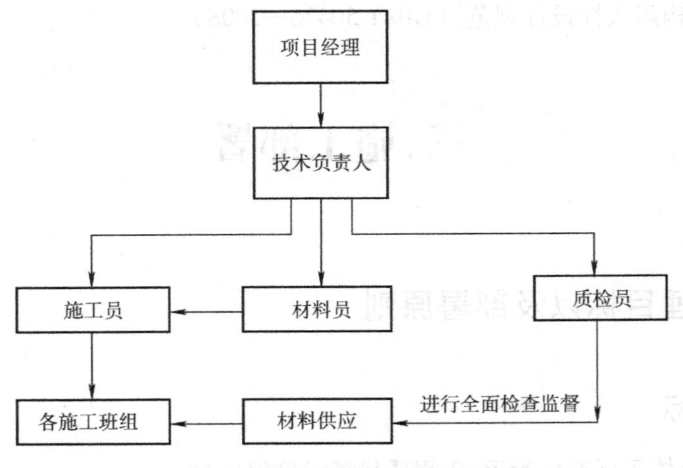

图 4.3.1　施工质量管理组织机构图

3.3　施工进度安排

根据业主要求及工程实际情况，我公司确定工期为 56 天。施工时通过合理的流水作业、工序搭接与穿插，确保工程进度，施工进度采取网络计划。

3.4　主要周转材料供应

为确保本工程各项管理目标的实现，在公司内部对人、财、物进行统一调配，确保供应及时。

模板支撑及外脚手架采用普通钢管、扣件搭设，支模架配早拆体系，由公司负责调集，优先保证。模板采用 14 mm 厚竹胶合板模板，木枋主要采用 50 mm × 70 mm 杉木枋，脚手板为竹脚手板，所有周转材料由项目经理部按计划在各施工阶段分批购置、调入。

3.5　主要施工机械设备投入

3.5.1　脚手架、垂直运输方案

根据工程结构特点，结合现场实际情况，我公司决定安装一台门吊进行垂直运输，安装位置详见图 4.6.3。施工现场采用封闭式，为保证施工人员的安全，做好文明施工，外脚手架采用双排钢管、扣件式脚手架，实行全封闭，并挂好安全网和安全防笆，内脚手架采用钢管满堂脚手架，顶棚装修搭设活动支架，内架随搭随拆，周转使用，外架随主体上、随外装饰下，脚手架搭设必须整齐，架板满铺，安全设施齐全。

脚手架严格按施工规范规定和《建筑施工安全检查标准》(JGJ 59—99)的要求搭设，搭设前制定详细的搭设方案，对立杆、间距、架体与结构的拉结进行设计与验算，并按规定设好剪刀

撑，脚手架搭设好后由质量检查员进行验收，验收合格后方准投入使用。

3.5.2 砂浆搅拌及混凝土浇捣机械

施工现场安装JDY500混凝土搅拌机一台与UJ200和灰机一台，以保证混凝土、砂浆的制备供应。混凝土浇筑配置插入式振动器2台，平板式振动器1台。

3.5.3 钢筋、木料加工机械

在施工现场搭设钢筋加工棚与木料加工棚各一个，布置钢筋加工、木料加工机械各一套。

3.5.4 测量仪器、通信及办公设备

测量仪器配备经纬仪及水准仪各一台，选用经校验的50 m钢卷尺2把，5 m塔尺2根，其他钢卷尺20把。通信设备配备四台对讲机，供门吊司机与指挥施工用，办公室安装两台IC智能插卡电话，主要管理人员配备手机，以供内外联系；另根据办公人员数量配置相应的办公设施，在项目经理办公室购置一台电脑，以便对工程进行现代化信息管理。

3.5.5 安装工程机械设备

根据工程需要，安装施工队伍配备电焊机、切割机、手电钻、电动试压泵、套丝机、绝缘摇表、万能表等设备和仪表。

3.6 施工各阶段准备工作

3.6.1 施工现场准备

①项目经理部根据现场地形，分析比较，抓紧完成施工平面布置，在对建设方提供的轴线点复核合格后，测量人员立即展开引测工作，并根据图纸尺寸、位置关系建立好轴线、标高控制网。

②根据业主提供的场地，并按施工需要，组织施工班组搭设临时设施，水、电人员按指定点，将施工用水、用电引入施工现场并敷设至各施工点，及时完成施工现场临时道路与排水设施的工作。

③预算部门及时提交预算书与工料分析表，施工人员按施工图及进度计划编制各阶段材料用量计划，材料部门按计划需要分批采购材料并组织进场，材料边进边用，现场保持一定的储备量，堆放整齐。

④机械设备进场后，迅速安装好并进行试运转检查，项目经理部及时组织上级有关部门对门吊等大型设备进行验收，特种作业人员经培训考核合格后持证上岗。

⑤试验人员按要求进行材料现场见证取样送检，及时做好混凝土、砂浆配合比的试配试验工作。

3.6.2 技术准备

①组织技术人员熟悉施工图及施工规范,认真学习监理条文细则及有关单位(如设计、质监)对工程的施工要求。项目经理部认真做好对进场人员的技术培训及安全教育工作,技术负责人对主要施工人员做出层层技术交底。

②技术负责人组织技术施工部门及时完成图纸会审工作,编制好项目质量计划与地下室工程施工方案,尤其是地下室底板施工应作为重点来抓,方案编制时要严谨、务实、内容详尽,针对性强,可操作性高。

③项目经理部认真落实大型机械设备的进场,技术人员根据施工工期编制详尽的施工进度计划(包括网络计划),严肃工程技术纪律,建立并完善技术管理制度,认真贯彻实施;资料员加强技术资料的收集与领发手续,通过不断强化内部管理,确保工程技术工作的严谨性与科学性。

3.7 施工检测

在各阶段施工过程中,根据工程结构特点,对分部分项工程做好工程质量检测工作,重点项目如下:①轴线检查;②材料进场,材质检测;③钢筋接头检测;④“两强”试块检测;⑤平整度、垂直度检测;⑥阴、阳角方正的检测;⑦防水工程检测;⑧沉降观测等。

3.8 施工用水、用电

施工用水取自来水,施工用电根据建设单位指定点接入,施工用水、用电严格按要求敷设,确保供应及时、架设美观、场容清洁。

3.9 施工流程安排

施工工艺流程:轴线复核、定位放线→基础施工→土方回填→主体结构施工→装饰工程施工→水电安装工程穿插施工→收尾调试→竣工验收。

四、主要分部工程施工方案

4.1 基础结构施工

4.1.1 基础施工条件

本工程基础为浅基础。

4.1.2 施工流程

施工工艺流程:轴线坐标控制网交接→轴线复核、定位放线→凿桩头、承台、地梁施工→基础结构施工→回填土。

4.1.3 轴线复核、定位放线

施工队伍进场后,立即组织施工、测量人员按业主提供的轴线、标高点及施工平面图尺寸重新放线,采用J2经纬仪直接定出纵横主轴线,并按二级导线网精度要求闭合无误后,再引测出其他各细部轴线。标高控制网采用S3水准仪复核并闭合,再配合利用经检校合格的钢尺进行引测。

4.1.4 土方开挖

本工程基坑不深,开槽时应根据勘察报告提供的参数进行放坡,基坑距道路、市政、建筑物较近处应进行边坡支护,以确保道路、市政管线、现有管线及现有建筑物的安全和施工的顺利进行。

4.1.5 承台及基础梁模板、钢筋、混凝土施工

①在混凝土浇筑前应先进行验槽,轴线、基坑尺寸和土质应符合设计规定。坑内浮土、积水、淤泥、杂物应清除干净。局部软弱土层应挖去,用C15级混凝土做换土垫层。

②在基坑验槽后应立即浇筑C15垫层混凝土,以保护地基,垫层厚100 mm,每边伸出基础边100 mm。混凝土宜用表面振动器进行振捣,要求表面平整。当垫层达到一定强度后,在其上弹线、支模、铺设钢筋网片,底部用与混凝土保护层同厚度的水泥砂浆块垫塞,以保证钢筋位置正确。

③在基础混凝土浇筑前,应将模板和钢筋上的垃圾、泥土和油污等杂物清除干净;对模板的缝隙和孔洞应予堵严,模板表面要浇水湿润,但不得积水。边角处的混凝土必须注意捣实。

④基础梁施工前将轴线投测在垫层上,弹出基础边线,模板采用竹、木模板,钢管支撑,基础钢筋绑扎要注意先后顺序,转角处插筋注意方向,插筋用钢管固定位置避免插筋位移,混凝土施工前应按设计强度等进行试配试拌,严格控制混凝土的质量。

⑤地梁模板采用12 mm胶合板,60 mm×80 mm杉木枋制成定型模板拼装,直径27.5 mm钢管及配套扣件做支撑。

⑥钢筋加工、绑扎严格按施工规范及设计图纸进行,施工时注意将承台短向钢筋放在长向钢筋上面,混凝土施工前塞好垫块,确保保护层厚度为35 mm。钢筋统一在钢筋车间加工成型。运至现场后,对照图纸进行绑扎,绑扎好经检验合格,邀请监理、设计、甲方等现场代表进行隐蔽验收,验收合格后进行混凝土的浇捣。混凝土用插入式振捣棒振捣密实。

⑦混凝土分层浇捣、机械振实,24小时后即进行养护,并及时组织验收,尽快土方回填,土方分层回填,分层夯实。

⑧基础砖砌体采用MU10黏土砖,M7.5水泥砂浆砌筑。

⑨施工时先将地梁、承台表面清扫干净,弹出墙身线,立好皮数杆并双面挂线,采用一顺一

丁砌筑方式,砌筑时注意内外咬槎、上下错缝、砂浆饱满,并按设计要求做好防潮层。

4.1.6 土方回填

经设计、业主、监理、质监人员共同验收后,可进行基坑土方回填,回填要点如下。

①土方回填应等基础验收后进行,土方回填之前要排除基坑内积水,清除杂物。

②填土用同类土(砂质黏土),土的含水率控制在最佳范围。

③填土从低处开始,手推车运土,人工用锄分层摊铺。

④基坑回填土及位于设备基础、地面、散水、踏步等基础之下的回填土,必须分层夯实,每层厚度不大于250 mm,压实系数大于0.94。

4.2 主体工程施工

在进入主体结构施工时,将施工现场平面进行适当调整,加强测量施工力度,对轴线、标高、建筑物的沉降观测的精确度加以严格控制,确保工程质量。

4.2.1 测量施工

1. 测量定位

在施工至 ±0.000 板面时,将 ±0.000 以下轴线统一上翻,并重新放线一次,以便复核±0.000轴线偏差,并将所有垂直偏差消除。

2. 标高引测

用水准仪在 ±0.000 楼面建立轴线标高控制网,用经检校的钢尺统一上翻,再以上翻点为基准建立每层的标高控制网,以避免累积误差。

3. 竖向控制

本工程采用外控方式,轴线向上引测亦采用J2 经纬仪将主轴线向上投测至施工层上并闭合。

4. 沉降观测

在 ±0.000 以上 0.5 m 高设置 6 个沉降观测点,每施工完一层观测一次,并及时记录归档,直至竣工后移交业主继续观测。

4.2.2 施工顺序

施工顺序:分中弹线→砌体→水电预留预埋→分段浇筑构造柱→扎圈梁钢筋、支侧模→浇筑混凝土→砂浆座平、安放预制板→水电预留预埋→砂浆堵头、细石混凝土填缝→养护→拆梁模。

4.2.3 施工要点

1. 模板工程

①根据模板设计方案并结合建筑物单层面积综合考虑模板配置数量,柱模材料采用

12 mm厚竹胶合板，60 mm×80 mm 木枋配制成定型模板，梁板模板用 12 mm 厚竹胶合板，80 mm×100 mm木枋配制成定型模板。

②模板在配制好后刷脱模剂，按规格堆放，使用前先检查模板质量，不符合标准的严禁投入使用。

③柱模支设时，先弹出柱四周边线，接线校正，吊垂线，加密柱箍并用柱箍支撑牢固，以防止走模，柱模根部用水泥砂浆堵严，防止跑浆“烂根”。

④所有模板均按清水模板制作，每次使用前均应刷脱模剂一道，每周转一次，必须对模板进行一次清理修整，确保混凝土表面光洁平整。梁、板等水平承重构件的模板拆除必须在同条件养护试块达到施工规范允许的拆模强度后方可进行。

2. 钢筋工程

①本工程钢筋的施工方法采用现场机械加工，门吊吊运，人工绑扎成型。

②钢筋采购必须严格控制质量，材料进场时试验人员与建设方、监理代表共同见证取样送检，试验合格后方可使用。

③钢筋施工前认真熟悉图纸和施工规范，切实理解设计意图，按照配料单下料、加工。加工好的钢筋按部位、构件挂牌标记，分类堆放，领取时按单发料。

④绑扎时，按照图纸规定的规格、尺寸、间距，在模板上做好定位线，按规定做好保护层，自检合格后，邀请建设方、监理方等进行验收并办理好隐蔽工程验收记录。

⑤梁筋采用对焊、柱主筋采用电渣压力焊连接。电渣压力焊焊前先做试件，确定焊接参数，焊时将上下钢筋对正压紧，同一截面接头数量应符合施工规范规定。

⑥钢筋焊接和机械连接的操作工，都必须经过培训考核，持有特殊工种的岗位合格证书。

⑦按抗震要求弯成 135°，为方便施工，制作时一边弯钩先弯成 90°，另一边弯成 135°，当安装绑扎成型后，再用小扳手把 90°的弯钩弯到 135°。

⑧现浇楼板的钢筋绑扎按常规操作，钢筋绑扎好后由专职质检员检查核对，自检合格后，及时通知监理、业主及质监部门验收，并办好隐蔽工程验收手续。

3. 混凝土工程施工

本工程采用商品混凝土，强度等级表 4.4.1 所示。

表 4.4.1　不同构件的混凝土强度等级要求

梁	桩承台(柱基)	构造柱	垫层	现浇板
C30	C30	C20	C15	C30

商品混凝土采用门吊运送，振动器振实。混凝土浇捣前，先制定详细的施工方案，做好充分的施工准备，搞好层层技术交底。浇捣前先报验，模板内杂物必须清理干净，混凝土浇捣时，控制好混凝土的均匀性和密实性。楼面混凝土施工段内混凝土应连续进行浇捣，不留施工缝，如因停电等原因而造成施工间歇，应严格按施工规范留设施工缝。柱混凝土下料高度大于 2 m时，应用串筒下料。混凝土振捣时，柱混凝土用直径 50 mm 的插入式振动棒振捣，楼面混凝土用直径 25 mm 的插入式振动棒振捣，振动棒应尽量避免直接碰撞模板及钢筋，对于梁交叉钢筋密集处，用插杆或振动棒斜插，小心振捣密实，振捣以泛浆无气泡为止。混凝土浇捣完

毕,及时派专人养护,对于承重构件及悬臂构件的模件拆除,必须在同条件养护试块的抗压达到设计强度后,方准拆除和允许承受全部荷载。

4. 砌体结构施工

①砖进场时,必须按规范抽样检验合格后方可使用,砂浆先经试配,由实验室出具配合比,按配合比严格进行配比配料,严格控制原材料的质量及砂子的含泥量,并按规范留置试块。

②砌砖采用三顺一丁方式砌筑,双面挂线,按清水墙要求砌筑,仅不需勾缝。砌筑前,应将砌筑部位清理干净,放出墙身中心线及边线,浇水湿润。首先用砂浆或细石混凝土(比较厚的部分)找平,根据图纸上门窗位置进行放线,在砖墙的转角处及交接处立皮数杆,在皮数杆之间拉准线,依准线逐皮砌筑,其中第一皮砖按墙身边线砌筑。

③砌筑方法采用"三一"砌筑法,即"一铲灰、一块砖、一揉压"的操作方法。砖墙与构造交接处留五进五出直槎,进出要标准整齐,以保证构造柱断面尺寸,并按设计设置拉结筋。

④砖墙水平灰缝和竖向灰缝宽度宜为10 mm,但不小于8 mm,也不应大于12 mm,水平灰缝的砂浆饱满度不得小于80%;竖缝宜采用挤浆或加浆方法,不得出现透明缝,严禁用水冲浆灌缝。

⑤砖墙的转角处,每皮砖的外角应加砌七分头砖。门窗上下层吊通线,保证门窗的上下位置对齐,内外墙交接处按砌体施工规范留斜槎。

⑥砖墙工作段的分段位置,宜设在伸缩缝、构造柱或门窗洞口处,相邻工作段的砌筑高度差不得超过一个楼层的高度,也不宜大于4 m。砖墙临时断处的高度差,不得超过一步脚手架的高度。

⑦墙中的洞口、管道和预埋件等应于砌筑时正确留出或预埋,宽度超过300 mm的洞口应砌筑平拱或过梁。

⑧砖墙每天的砌筑高度以不超过1.8 m为宜。

⑨木砖制作、防腐、安装符合规范要求,装锁边设三块,安锁处一块,另一边设两块。

5. 屋面工程

本工程屋面为高聚物改性沥青卷材防水,其施工工艺具体如下。

(1)施工顺序

施工顺序:屋面清扫→水泥砂浆找平→高聚物改性沥青卷材防水→保温层→面层。

(2)施工准备

1)材料　水泥选用425号普通硅酸盐水泥;砂选用中砂,含泥量小于3%,级配良好,空隙率小。

2)防水材料　高聚物改性沥青卷材。

3)作业条件　找平层施工前,基层要打扫清理干净。根据设计要求的分格缝弹线,进行彻底清扫。

(3)操作工艺

a. 找平层

在抹找平层以前,基层洒水湿润,但不能将水浇透,适当掌握;按设计确定找平层厚度、标高，用水泥砂浆做好灰饼；按设计要求配制水泥砂浆，水泥砂浆采用机械搅拌，按照屋面分格缝分仓铺设，拍实压紧，并保证坡度符合设计要求。

b. 防水层施工

①铺设高聚物改性沥青卷材。先将盛胶黏剂（如404胶等氯丁橡胶系列的胶黏剂）的容器打开，用木棒拌均匀。

②在卷材表面涂刷胶黏剂。即将防水卷材展开摊铺在平坦干净的基层上，用长把滚刷蘸取胶黏剂，均匀涂刷在卷材表面上。待胶黏剂干燥20分钟左右，至指触基本不粘时，才能进行铺贴施工。

③在基层表面涂刷胶黏剂。用长把滚刷蘸取胶黏剂，均匀涂刷在基层处理剂已基本干燥的干净的基层表面上，待胶黏剂干燥20分钟左右，至指触基本不粘时，即可进行铺贴卷材的施工。

④铺贴卷材时，将卷材沿长方向布置并使已涂刷胶黏剂一侧向外对折，把卷材对准基准线铺设，也可将已涂刷胶黏剂的卷材用长度与卷材宽度相等，直径为40 mm左右的硬纸筒或塑料硬管作芯材，卷成圆筒形，然后在卷芯中插入一根直径30 mm、长度1 500 mm的铁管，由两个人分别手持铁管的两端，并使卷材的端部黏结固定在预定部位，再使卷材长边沿基准线铺展卷材。铺贴时不允许拉抻卷材，使卷材松弛地铺贴在基层表面上，且不得有褶皱存在。

⑤铺贴平面与立面相连的卷材时，应先铺贴平面，然后由下向上铺贴，并使卷材紧贴阴角，不允许有空鼓的现象存在。同时应避免卷材在阴阳角处接缝，卷材的接缝必须离开阴、阳角200 mm以上。

⑥每铺完一张卷材时，应立即用干净松软的长把滚刷从卷材一端开始横方向顺序用力滚压一遍，以彻底排除卷材与基层之间的空气，使其黏结牢固，与基层粘牢。在搭接缝处采用50 mm宽的双面黏结胶带进行黏结密封，要求粘牢封严。

c. 保温层施工

防水层施工完毕经试验合格后方可进行保温层施工。

d. 刚性防水层

①按设计配合比拌和好细石混凝土，按先远后近、先高后低的原则逐格进行施工。

②按分格板高度，摊开刮平，用平板振荡器十字交叉来回振实，直至混凝土表面泛浆后再用木抹子将表面抹平压实，混凝土初凝前，再进行第二次压浆抹光。也可在压浆抹光时再均匀涂刷一层防水水泥浆以增强抗渗性。

③屋面泛水应严格按设计节点大样要求施工，泛水高度不应低于120 mm，并于防水层一次浇捣完成，泛水转角处要做成圆弧或钝角。

④铺设、振动、压实混凝土时，必须严格保证钢筋间距及位置准确。

⑤混凝土初凝后，及时取出分格缝隔板，用铁抹子二次抹光，并及时修补分格缝缺损部分，做到平直整齐，待混凝土终凝前进行第三次压光。混凝土终凝后，必须立即进行养护，采用蓄水养护法或稻、麦草、锯末、草袋等覆盖后浇水养护不少于14天。也可涂刷混凝土养护剂。

e. 施工注意事项

①找平层严格控制水灰比，冲筋距离不要过大，随铺灰随刮平，拍实以确保强度和密实度。

②防水层不得在雨天、大风和施工温度低于5 ℃的环境中施工。安排好施工流向，不能过

早上人,防水层全部施工完毕后,严禁人上屋面。

4.3 装饰工程施工

装饰工程应严格遵循由上而下、由外而内的次序,各种装饰材料应先提供样品,经建设方认可后,方可进行采购,并按样品开箱抽验,要求颜色一致、质量均匀。材料进场后,进行样板墙、样板间的制作,验收合格后方可大面积施工,各种装饰工程施工方法如下。

4.3.1 外墙色面砖

1. 工艺流程

工艺流程:1∶3 水泥砂浆打底→1∶2 ~ 1∶2.5 水泥砂浆搓平→贴色面砖。

2. 施工要点

①打底前改铺好操作架,封堵外墙洞眼,清扫墙面。

②门窗洞口。

③打底搓平。

④贴外墙色面砖。

4.3.2 内墙面及顶棚抹灰施工

抹灰的顺序:墙面清理→做饼冲筋→打底灰→抹面灰。

①抹灰前必须先将墙面清理干净,然后四角规方、做饼冲筋,横线找平,竖线吊直,弹出墙裙或踢脚板线。

②用托线板检查墙面平整垂直度,大致确定抹灰厚度(最薄处一般不小于 7 mm),再在墙上用打底砂浆或 1∶3 水泥砂浆,沿垂直方向做 10 cm 宽标准灰饼线冲筋,横向间距为 1 200 ~ 1 500 mm。

③门窗阳角及墙的转角阳角、柱角均做 1∶3 水泥砂浆护角,阳角水泥砂浆粉刷宽度一般为 50 mm,护角高度为 1 800 mm 以上。

④基层混凝土必须凿毛,并用清水湿润刷素水泥浆一道。混凝土基层均应刷 107 胶水泥浆一道,凡水泥砂浆粉刷部位均应洒水养护。

⑤顶棚抹灰前,在四周墙上弹出水平线,以墙上水平为依据,先抹顶棚四周,然后胶圈找平。面层宜在底子灰五六成干时进行,底子灰如过于干燥应先浇水湿润,罩面分两遍压实赶光。

4.3.3 油漆工程施工

本工程油漆工程主要为木门。

施工要点:清扫除污→用腻子抹平→打砂纸→满刮腻子→打砂纸→刷底油一道→复补腻子→打砂纸→第一遍油漆→补腻子→打砂纸→第二遍油漆→软毛刷光。

油漆颜色由建设方看样选定,施工前事先进行调色试验、做样,对颜色验收合格后方可大面积施工;配料调色由专人进行,不能随意增加稀释剂;涂刷油漆时应做到横竖顺直,纵横交错,均匀一致;面漆涂刷色调要均匀,不显刷纹、砂点,理平理光,光泽明亮。

4.3.4 水泥砂浆楼地面工程

首先对基层进行清理,洒水湿润,抹踢脚板(有墙面抹灰层的踢脚板,底层砂浆和面层砂浆分两次抹成,无墙面抹灰层的只抹面层砂浆),刷素水泥浆结合层,刷时应随刷随铺水泥砂浆,用水准仪测平做塌饼控制地面平整度,塌饼冲筋后即可铺水泥砂浆,铺时用木抹子赶铺拍实,木杠贴饼和冲筋标高刮平(在水泥砂浆初凝前完成)。压光第一遍后,水泥砂浆凝结,用铁抹子压第二遍,要求不漏压,平而出光。第三遍压光在水泥砂浆终凝前进行,可用铁抹子把第二遍压光留下的抹子纹压平、压光、压实。地面压光24小时后,即可铺锯木灰并洒水养护,养护时间不少于15天,养护期间不允许压重物和碰撞。

4.3.5 门窗工程

1. 木门安装

(1)木门框安装(后塞门框)

①后塞门框前要预先检查门洞口的尺寸、垂直度及木砖数量,如有问题,应事先修理好。

②门框应用钉子固定在墙内的预埋木砖上,每边的固定点应不少于两处,其间距应不大于1.2 m。

③在预留门洞口的同时,应留出门框走头(门框上、下坎两端伸出口外部分)的缺口,在门框调整就位后,封砌缺口。当受条件限制,门框不能留走头时,应采取可靠措施将门框固定在墙内木砖上。

④后塞门框时需注意水平线要直。多层建筑的门在墙中的位置应在一直线上。安装时,横竖均拉通线。若门框的一面需镶贴脸板,则门框应凸出墙面,凸出的厚度等于抹灰层的厚度。

(2)木门扇安装施工要点

①安装前检查门扇的型号、规格、质量是否合乎要求,如发现问题,应事先修好或更换。

②安装前先量好门框的高低、宽窄尺寸,然后在相应的扇边上画出高低宽窄的线,上下冒头也要画线刨直。

③画好高低、宽窄线后,用粗刨刨去线外部分,再用细刨刨至光滑平直,使其合乎设计尺寸要求。

④将扇放入框中试装合格后,按扇高的1/8~1/10,在框上按铰链(合页)大小画线,并剔出铰链槽,槽深一定要与铰链厚度相适应,槽底要平。

⑤门扇安装的留缝宽度应符合规定。

2. 铝合金窗施工

窗为铝合金窗,采用现场制作、拼装及安装的方法。

①施工顺序:材料准备→断料→钻孔→组装成型→包装→安装窗框→节点处理→窗扇、玻璃安装→上胶。

②铝合金窗所选用的材料、附件质量必须符合设计要求及国家标准规定。

③铝合金窗断料前按窗杆件需要的长度画线,根据设计图纸、规格尺寸,结合型材长度,合理用料,尽量减少短头废料。

④杆件连接采用螺钉、铝拉钉固定,钻孔前先量准孔眼位置,钻孔采用小型电钻或手枪式

电钻,组装方式采用45°对接,组装好的铝合金窗框用塑料包装后方可安装。

⑤安装前先做好准备工作,根据设计要求,将窗框立好,用临时木楔固定,检查立面垂直,上下位置均符合要求后,用射钉或膨胀螺丝固定,锚固板要固定牢固,不得有松动现象。

⑥框与洞口空隙采用矽棉条或玻璃毡分层填塞,槽口填嵌好密封胶,施工时注意不要损坏框上的保护膜。

⑦待室内外装修基本完成后进行窗扇安装,要求窗扇与边框平行,门窗扇固定在合页上后,必须保证上、下两个转动部分在同一轴线,最后将玻璃安装上,剥去保护膜。

五、水、电安装工程施工方案

5.1 预埋施工方案

土建主体工程施工期间的安装施工统称为预埋工程,预埋施工为整个安装工程的第一道关键性工序。它的质量好坏不仅直接影响整个安装工程质量,而且影响到土建工程质量,务必高度重视。预埋工作开始前,所有施工人员必须充分熟悉施工图纸以及图纸会审记录等技术文件,对整个工程要做到心中有数。发现问题时要及时与设计院取得联系。在施工现场要加强和土建及建设单位的协商工作,整个预埋工作要主动,不能拖工程进度的后腿。

1. 孔、洞预留

所有进户管线的预埋套管均应在基础钢筋绑扎时埋设好。现浇混凝土楼板中的孔洞也应在楼板钢筋绑扎时预留。原则上,当孔洞口径大于钢筋网格尺寸而影响钢筋结构时,应由土建施工预留(这些孔洞应标示在土建施工图中)。如土建施工图中没有标示,则应提请设计院出具通知单。现场施工人员应及时督促土建施工人员做好预埋并检查核对坐标尺寸是否符合要求。安装工人不能擅自切割钢筋,以免影响土建结构。套管在楼地面要高出完工后地平面10 mm,墙面套管两端与粉刷后平齐。

2. 穿线管预埋

穿线管敷设应密切配合土建施工。梁、柱和楼板中的线管要与钢筋绑扎同步施工,墙内线管在砌筑时埋入,钢管的连接应采用套管焊接。套管应与电线紧密连接,长度要符合规范要求。禁止采用对口焊接。钢管断口处要保持管口齐整无毛刺,连接紧密,焊接严实、无渗漏。塑料管的连接采用套管黏结法连接。线管要沿最短路径敷设,弯曲半径要符合规范要求,半硬塑料管在直线敷设时要尽量拉直。所有钢管线路均采用钢质接线盒。塑料管用配套的塑料接线盒。接线盒固定牢靠,并用废纸塞满内部,以免漏浆产生堵塞。暗配管的混凝土保护层要大于15 mm。管道穿越伸缩缝、沉降缝处要设补偿装置。管路长而又无法安装过线盒的应在预埋时穿好铁丝。钢管进入配电箱时管口应整齐,露出箱口5 mm。

3. 配电箱、消防栓箱及开关、插座盒等在粉刷前埋设

箱盒安装要严格控制坐标及标高，一定要按土建装修统一预放的水平标高点严格掌握。埋设深度应保持表面与粉刷基准面平齐或略低数毫米，但不能出现高出墙面的现象。并列安装的盒子必须严格控制间距，使面板安装后能互相紧贴。在现浇混凝土中预埋盒子时，应将盒子焊在主钢筋上，并使正面紧贴模板，配电箱、消防箱都只能预埋箱体，内部元件和面板应取下妥善保管。如面板无法取下，则应在表面加以保护，防止油漆损坏。同一场所埋设箱盒时要拉水平线，使所有箱盒标高一致。

4. 避雷引下线、接地装置的安装预埋

当建筑物的接地装置利用本身的基础钢筋时，则应在基础钢筋施工时将接头焊接，如土建钢筋接头采用焊接头则不再加焊。钢筋的引上位置应在图上标明，以便日后与屋面避雷网相连。引下线应在适当的位置引出扁铁，以便与系统的中性点以及室内金属设备、管道、铝合金窗等相连接。同时建筑四角的引下线应在 -0.5 m 的地方预留外引点，以备增加接地极。接地电阻测试点应留在外墙 +0.4 m 的位置，同时应预埋专用的暗盒，如建筑设计为专用接地极，则应在土建基础施工时安装好，以减少土方工作量，加快工程进度，暗敷的接地引下线应在外装修前敷设完毕。

5. 其他预埋件

其他水、电、暖通设备的预留铁件、螺栓、挂钩等都要按图纸及设备的实际安装孔径进行预留。所有预埋件要固定牢靠，埋在混凝土中的预埋件要与钢筋焊接，在捣制混凝土时要派专人看护检查。

5.2 给排水工程施工方案

1. 管道

所有生产生活用水管道，应根据设计材质要求采用相应的接口连接方法。所有进场的管道均需有产品合格证及材质书。管道在使用前要进行外观检查，有明显缺陷的要剔除，弯曲的要调直，对各种阀门和管件都要进行检查，不合格产品严禁用于工程。立管要在地面施工前完成。所有墙上、楼板下支架都要在最后一次面灰粉刷前安装好。在不影响土建施工的前提下，干管都要尽量提前安装，吊顶内的管道在吊顶施工前要安装完毕，在立管安装时要根据图纸和土建标高位置反复核对，务必将各层甩口位置一次留准。立管安装后要马上补洞和固定，避免碰撞移位，固定立管要吊垂线。在安装水平管道时要先按坡度要求定出数点，然后以此为标准固定管道。所有吊、支、托架的制作安装都要符合标准要求。有热伸缩的管道（如蒸汽、热水、冷却水管道）要按设计安装活动架和管道伸缩器，在安装管道伸缩器时应按规范要求进行预拉伸。管道过楼面、墙面时要穿套管，套管与管子间的空隙用石棉绳或玻璃纤维填充。所有暗管一律在隐蔽前试压，保温管道在保温前试压。各种管道按设计要求刷不同的颜色，并在上面用白色箭头表示介质的流向。

2. 管道附件及卫生器具的安装

阀门必须严格按照设计型号规格采购安装，不得随意更改。阀门的安装必须考虑方便维

修更换,所有阀门都必须有出厂的强度及严密性试验报告。对于成批的阀门,应在工地做强度及严密性抽查试验,发现不合格的应通知厂家处理。安装螺翼式水表,表前与阀门应有 8 ~ 10 倍水表直径的直线管段,其他水表的前后应有不小于 300 mm 的直线管段。

卫生间是土建与安装最重要的施工配合点,任何一方的施工缺陷都可以造成漏水而影响工程质量,应予特别重视。在安装卫生器具的排水管时,要使管口高出完工后的地面 5 ~ 10 mm。地漏口应低于地面 5 ~ 10 mm,并且整个卫生间地面应坡向地漏口。安装大便器时,蹲坑与皮碗的连接用 14 号铜丝两道错开绑扎拧紧,冲洗管插入皮碗的角度要调整合适,每个大便器的上水接口都必须经过试水无渗漏后再就位,蹲坑出水口一定要插入排水承口内,连接处的缝隙用油灰或 1∶5 白水泥混合灰填实抹平,进水皮碗附近填以干砂。大便器四周都要用豆石混凝土填满,表面做防水粉刷抹面,抹面应与墙面粉刷连成一体,以防水从墙角渗下。卫生间地面粉刷完毕后要做积水试验,一昼夜无渗漏现象才可做表面装修。洗脸盆安装时应保证坐标和标高准确,垂直度偏差不得大于 3 mm。挂墙式脸盆的托架用膨胀螺栓固定。有装饰面的浴盆应留有通向浴盆排水口的检修门。安装供水管时,应使热水管在上,冷水管在下;热水嘴在左、冷水嘴在右。

5.3 电气工程施工方案

1. 电器和设备安装

(1)配电装置安装

配电装置包括各种配电开关箱、控制箱、控制柜和双电源互换箱,各配电装置都应按标准图集进行安装并符合规范。一般来说,墙上配电箱安装面板应与墙平齐,其内部导线排列整齐,多股导线应用接线端子压接。配电箱上应标明用电回路名称。配电箱安装的垂直偏差不应大于 3 mm,箱体与建筑物接触的部分应刷防腐漆。

(2)开关、灯具及其他弱电设备安装

开关、插座安装时,应先将盒子里的水泥渣清除干净,盒子四周墙面有缺损不平者先修补齐整,出线管口处导线不得有损伤,开关安装应保持开闭方向全部一致,插座安装应使其插孔接线符合规范,灯具安装应严格按图纸位置施工,灯具均为吸顶安装,一般用膨胀管固定,也可采用预埋木砖的方法。弱电电器都要校好线后再进行安装接线。

(3)电机检查接线

电机检查接线前应检查绝缘电阻,绝缘电阻不小于 0.5 MΩ,如绝缘电阻达不到要求,则应对电机采取干燥措施,接线端子全部采用压接,压接前应除去端子表面和导线端的氧化层并涂以导电膏,压模的大小要符合端子及导线的规格,接线柱螺栓要有防松弹簧垫圈,在潮湿场所,电机出线管口要做好防潮处理,电机外壳应按规定做好接地。

2. 电气指标测试

测试内容包括绝缘电阻和接地电阻,所有电气设备和电气线路绝缘电阻都不应小于 0.5 MΩ。电气线路应在设备、灯具安装前分段测试:电气设备可逐个单独测试,如无条件可与线路一道分层分段测试,达不到标准数值的要逐一检查、排除故障,直至合格。接地电阻的测量应在晴天进行,按设计要求接地电阻值应不大于 2 Ω,并做好测试记录。

3. 调试与验收

绝缘电阻测试符合要求，各种用电设备安装完毕并检查无误后，可对线路进行通电试验，通电前应检查各开关是否灵活、熔断器熔丝是否符合要求，关电时先将各分路开关断开，再合上总电源开关，检查电压是否正常，然后分路送电，先送照明电源，逐层逐房合上电灯开关，直至全部照明灯亮，动力要按各个系统分别送电。电机送电先要断开各设备与电机的联轴器，使电机空载运转，并做好记录，空载运转达到规定时间并无异常情况，则说明电气系统正常，然后做带负荷运转，调试合格后，应会同建设单位、设计单位和公安消防部门进行验收，并做好各种记录。

六、施工进度计划及保证措施

6.1 工期目标

根据工程施工招标书工期要求及我公司类似工程经验，确定本工程施工工期为56天（日历天），主体进行流水作业，具体详见施工进度计划图4.6.1和4.6.2所示。

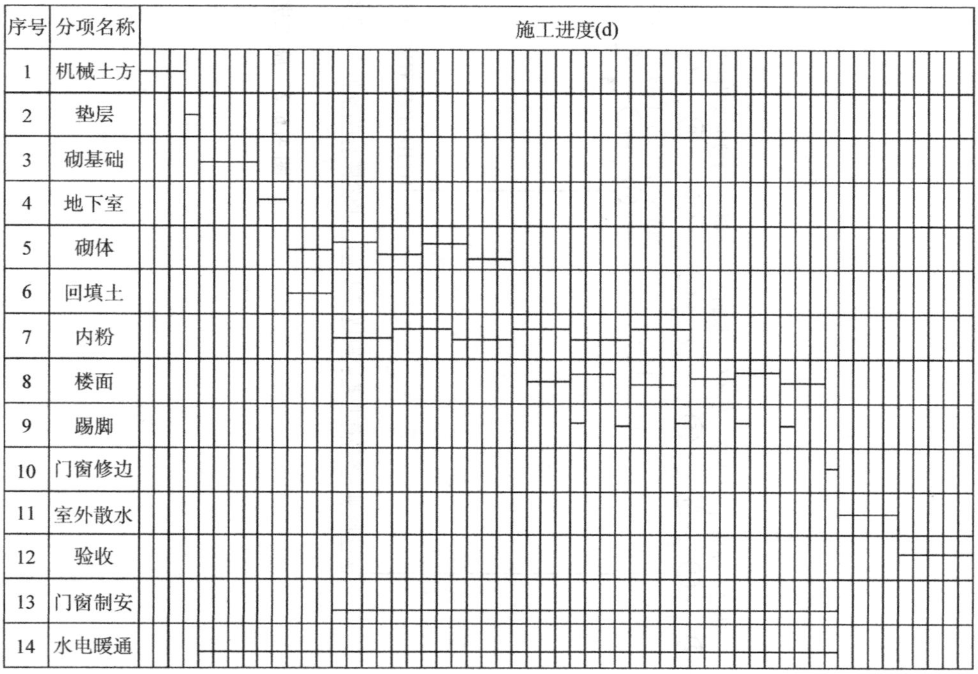

序号	分项名称	施工进度(d)
1	机械土方	
2	垫层	
3	砌基础	
4	地下室	
5	砌体	
6	回填土	
7	内粉	
8	楼面	
9	踢脚	
10	门窗修边	
11	室外散水	
12	验收	
13	门窗制安	
14	水电暖通	

图4.6.1　施工进度计划横道图

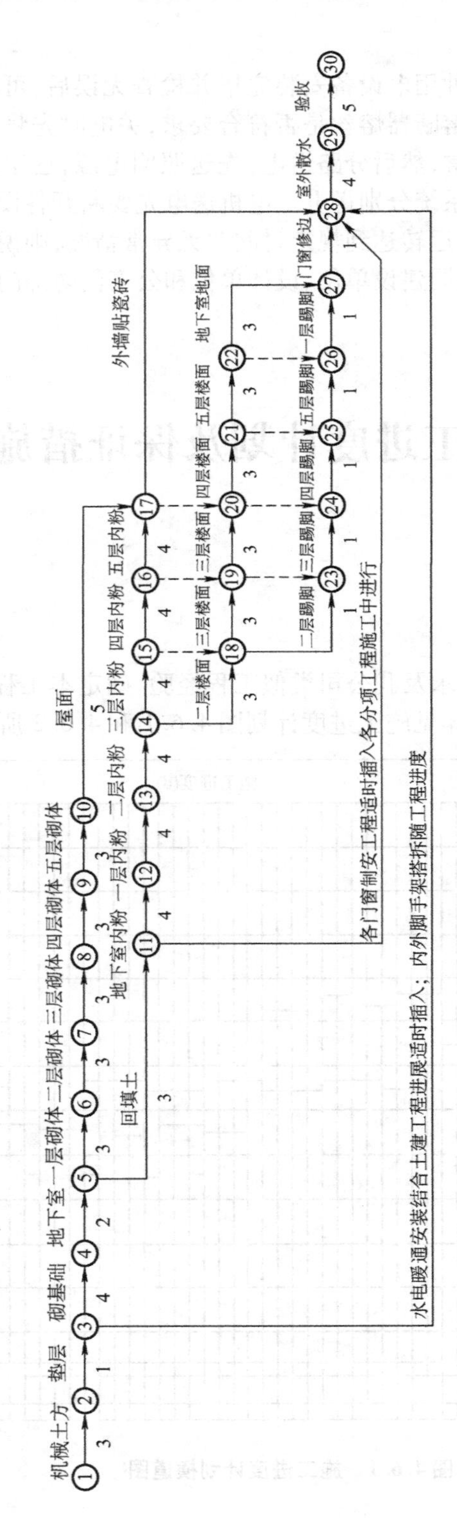

图 4.6.2　施工进度计划网络图

6.2 保证工程进度措施

6.2.1 组织管理措施

①我公司将组织精干、高效的项目部领导班子,精心施工、严密部署,优质保期地完成该工程。

②成立工程项目经理部,我公司将委派有多年类似工程施工经验和工程管理经验及较强的综合协调能力的同志任项目经理及技术负责人。

③我公司将把工程质量作为重点来抓,工程所需人、财、物,公司统筹安排、统一协调,在公司内部统一平衡调度,优先供应,确保工程施工顺利进行。

④明确责任制,以分阶段控制进度计划为管理目标,工程技术组制定详细的月、旬滚动施工计划,项目经理部与施工班组签订好各分项工程承包合同,提前完成有奖,滞后受罚,让进度与效益挂钩,在施工时严格组织穿插,确保参建人员的积极性与施工热情,通过流水作业,严密控制各阶段的施工目标。

⑤各部门人员认真做好各施工阶段的施工准备工作,如提前编制材料采购计划,材料部门保证材料及时到位,防止因材料短缺而延误工期。

⑥加强机电设备管理,及时保养、检修机械设备,机械易损件常备好,施工阶段特种作业人员一律经考核后持证上岗,专人专机,防止无证操作或机械出现故障而影响工程进度。

⑦施工期间,项目经理部注意协调好各工种、各专业的关系,水、电等安装人员及时搞好预制、预埋,与土建协调配合,安装工程施工时注意与土建施工的衔接,各方互创条件,交叉作业,防止打乱仗而延误施工工期。施工人员严格遵守建设方的各项规章制度,避免因小事发生纠纷,影响进度而延误工期。

6.2.2 技术措施

①为确保施工进度并满足工程施工需要,我公司将全力以赴,投入足够的周转材料与机械设备,以提高机械化施工程度与工作效率。拟投入的机械设备数量如下:一台 SSE100 门吊,两台 UJ200 砂浆搅拌机,钢筋、木料加工等设备各一套。

②合理布置施工平面,避免因道路阻塞等原因而延误材料进场,同时避免材料二次进场而影响施工进度。

③考虑季节性施工,雨季采取搭设防雨棚的措施,小雨不停工,大雨不离现场;夏季采取搭设凉棚的措施;冬季施工现场采取防滑措施,创造条件赶工、抢工。

6.2.3 平面布置

根据对本工程的现场踏勘及建设单位提供的资料和情况,结合施工方案和施工进度计划的具体要求,以不占用规划建筑用地和合理利用场地为原则,对施工场地进行布置。

1. 运输

施工现场布置一台 SSE100 门吊，负责钢材、砖、砂浆、混凝土、周转材等材料的垂直运输。

2. 砂浆搅拌布置

施工现场设搅拌站，其中设两台 UJ200 砂浆搅拌机，其旁堆放砂、石并设地秤二台，以及水泥库。

3. 钢筋

施工现场设一钢筋加工车间。钢筋架空堆放，分类堆放整齐。

4. 周转材料

钢管扣件、模板按计划进场，施工现场设一木料加工车间。

5. 砖、半成品等材料

按计划进场，随进随用，材料进场后严格按施工现场平面布置图所示位置堆放。

6. 配电房

生产区西南端设置一间砖房进行配电，设专职电工持证上岗负责。

6.2.4 办公、生活设施

办公、生活设施现场平面布置见施工现场平面布置图 4.6.3。

6.2.5 施工临时用水

施工用水由建设单位指定点接入，综合考虑生产、生活、消防用水量并参照规范要求，主进水管采用一根直径 100 mm 的钢管，各用水支管采用 50 mm 钢管，在场内敷设时尽量采用暗埋，每隔 50 m 安直径 50 mm 的闸阀。施工用水量计算如下。

(1)现场施工用水

$$q_1 = \frac{K_1 \Sigma Q_1 N_1 K_2}{T_1 \times t \times 8 \times 3\,600} = 6.5 \text{ L/s}$$

(2)机械用水

$$q_2 = \frac{K_1 \Sigma Q_2 N_2 K_3}{8 \times 3\,600} = 1.5 \text{ L/s}$$

(3)生活用水

$$q_3 = \frac{P_1 N_3 K_4}{t \times 8 \times 3\,600} = 0.5 \text{ L/s}$$

$$q_4 = \frac{P_2 N_4 K_5}{24 \times 3\,600} = 0.8 \text{ L/s}$$

(4)消防用水

$$q_5 = 10 \text{ L/s}$$

(5)总用水量(Q)计算

$$q_1 + q_2 + q_3 + q_4 = 9.3 \text{ L/s} < q_5 = 10 \text{ L/s}$$

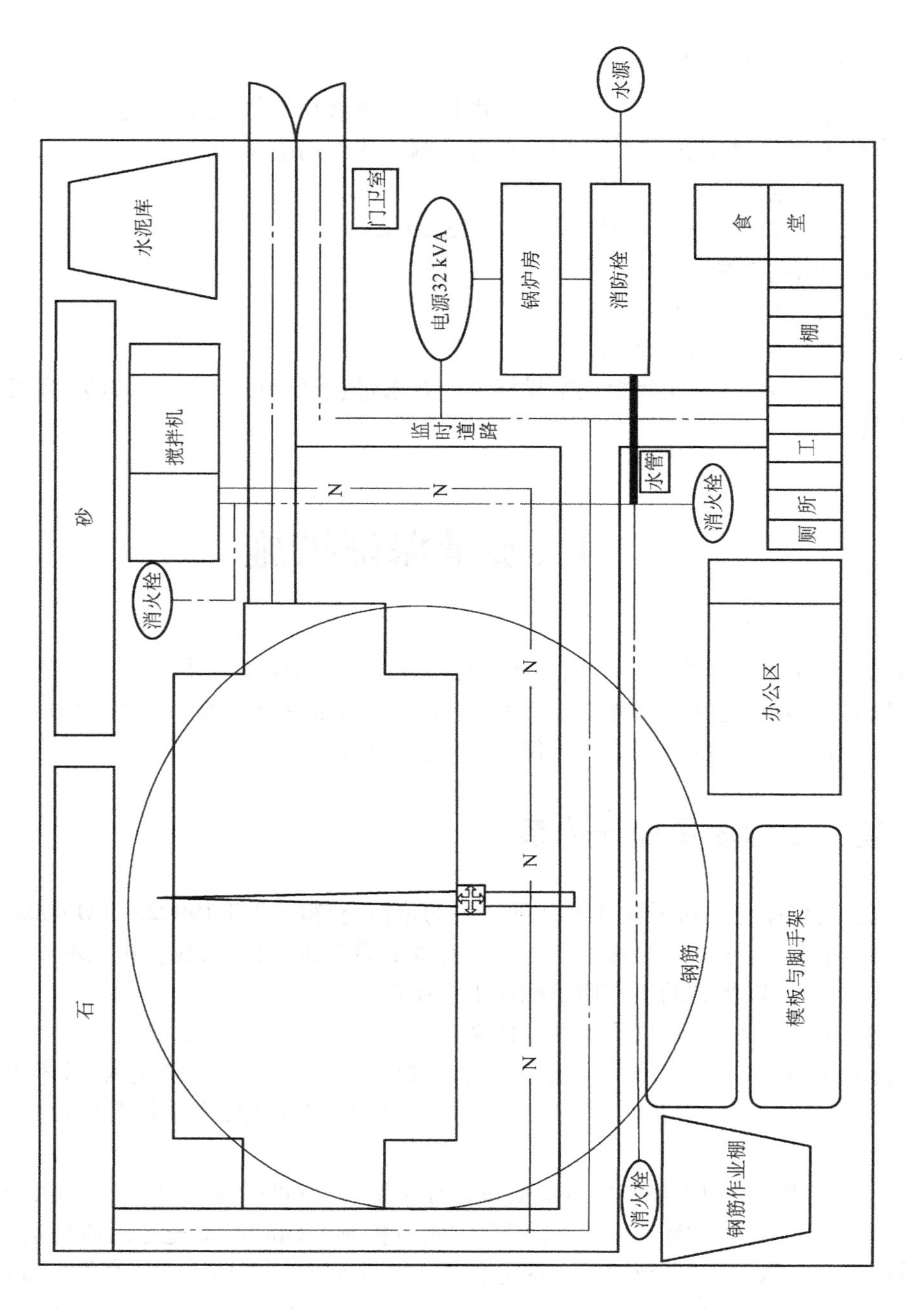

图 4. 6. 3　施工现场平面布置图

故取 $Q = q_5 = 10\ L/s$

(6)管径计算

$$D = \sqrt{\frac{4Q}{1\ 000\pi v}} = 0.96\ m$$

故取1根直径100 mm的钢管作为主进水管。

6.2.6 施工临时用电

施工用电由建设单位指定地点接入,由环形电缆线引至各施工用电点。电线采用电缆线加塑料套管地下暗敷埋设,布线采用三相五线制。施工用电量计算如下。

(1)动力用电容量

$$P_{动} = K_2\Sigma P_2 + K_1\Sigma P_1/\cos\phi = 137.1\ kVA$$

(2)施工用电总量

$$P = 1.1P_{动} = 150.8\ kVA$$

即施工用电高峰期功率为150.8 kW。

若我公司中标,我公司将根据本投标书的要求进行详细的专题设计,即"施工现场临时用电组织设计"。

七、质量保证措施

本工程质量目标是积极推行质量体系标准化管理,确保工程质量等级优良。为了实现工程质量目标,我公司将在本工程中建立科学、全面的质量保证体系,加大技术力量和机械设备的投入,采用切实可行的技术措施确保该工程质量目标的实现。

7.1 建立工程质量保证体系

①我公司已率先通过质量体系认证中心的审核,获得GB/T 19002—ISO 9002标准的质量体系国际认证,建立了一套严谨、完整、行之有效的质量体系程序,我公司在本工程中将确保质量体系有效运行,以优秀的工作质量确保工程质量。

②成立项目经理部,建立质量保证体系组织机构,并对项目部领导及职能部门按质量体系要素进行分工,在本工程项目部设项目经理、项目生产副经理、技术负责人、技术组、质安组、生产经营组、劳资组、材料设备组、办公室等。按照质量体系程序,建立各岗位责任制,健全各项规章制度。

③成立以项目经理为组长的全面质量领导小组,严格贯彻我公司质量方针,形成行政上支持、技术上把关的良性循环,并负责工程总体质量控制。同时配备充足的质检员,具体实施工程的质量管理和数据检测,形成第二级监督体系。全面质量领导小组认真做好宣传教育工作,不断强化质量管理意识,广泛开展QC小组活动,通过PDCA方法控制工序全过程,确保工序

质量，以实现工程项目总目标。

④各专业班组由施工员任组长、各作业班组负责人任副组长，成立质量自检小组，把好质量自检关，形成第一级监督体系。项目部经常开展质量动态分析，根据工程特点针对质量通病和施工薄弱环节，编制合理的施工方案，提出质量控制要点，组织技术人员预先攻关，采取有效的预防措施，从根本上消除质量隐患，达到“防患于未然”。

⑤更新管理方式。项目部配置一台计算机，采用计算机管理各类检测数据，对各类数据进行统计分析，并根据计算成果得出保证质量最优的施工方法。工程施工通过计算机对钢材、水泥等原材料质量、使用情况进行跟踪，制定详细的月、旬、周滚动计划并跟踪管理，严格控制施工进度与施工预算，重大施工方案（如脚手架、模板支架搭设等）均通过微机严格设计计算，充分发挥微机在工程管理中的应用。

7.2 人员方面的保证措施

①选择专业水平高、技术好、管理能力强的工程技术人员和管理人员负责本工程的施工管理。

②项目经理安排有协调组织能力的专业技术人员任各组组长，并安排具有一定工作能力和实践工作经验，敢于坚持原则，廉洁奉公，不徇私情，有较强的事业心、工作责任感，热爱质量管理工作的人员任质量监督员，施工现场设专职质量监督员一名，对施工全过程严格监控。

③依照本公司质量保证手册及质量体系程序文件，设专人负责情报信息、资料档案管理工作，及时收集、传递、整理、分类与归档，保证施工规范、标准的有效性与技术资料的完整性，确保工程质量。

④重要岗位安排专人持证上岗，并保证人员相对稳定，项目部对特种作业人员建立台账，实行动态管理。

⑤我公司有一批专业技术较强的劳务队伍，将尽量使其从事的施工项目单一化、专业化，以此提高生产技术水平，稳定施工质量，并在进场时组织他们学习技术规范，树立质量第一、确保省优质工程的思想。

⑥所有进入施工现场的人员，由技术负责人组织统一学习公司质量手册并进行考核，考核成绩不合格者不得上岗工作，将质量手册及质量意识深入每一位参建人员的心中。

7.3 机械设备及检测仪器方面的保证措施

①采用技术先进、性能稳定可靠的设备、仪器进行施工，项目部建立设备及运行情况跟踪台账，让各设备的运行情况一目了然，并配备修理人员跟班作业，出现故障及时抢修，使工程设备处于最佳运行状态。

②施工现场配备足量的能满足本项目精度要求的、经周检合格的测量仪器，定期检查、校正仪器，避免由于仪器的误差影响工程质量，主要仪器有经纬仪一台，S3 水准仪一台，试验工具（包括混凝土试模三组，坍落度筒、钢材、水泥取样送检盒），一套质量检查工具等。另外，各种原材料抽样检验就近送当地经技术监督部门检测认证具备资质的实验室检测。

7.4 材料管理保证措施

①材料质量控制。项目部进行工程需要的物资采购,供货方必须是经我公司评审合格的物资分供方,提供的产品必须有出厂合格证和原材料检验报告,物资入库严格执行物资储存、保管、发放程序,物资保管做到“三相符”。

②对钢筋、水泥、砂石、管材等原材料、半成品,项目部实验室按规定取样送检合格后方可使用,对未经检验及检验不合格的材料不得使用。

③对钢材、水泥等原材料及半成品等,项目部建立材料使用跟踪台账,做到材料质量、数量、使用部位一目了然,有效地控制工程质量并具有追索性。

7.5 质量检查保证措施

①对业主提供的轴线控制桩、标高原始点,由主任工程师组织有关人员验证并办理移交手续,做好工程测量控制网,在施测前,编写好测量作业指导书,并经总工程师审批后,由测量员按测量作业指导书和测量操作规程负责实施现场的测量工作,并做好测量成果记录。

②项目部建立标准化养护室,由送检试验室和项目部试验员及时对原材料产品质量检查验证,并按现行取样见证制度抽样试验,掌握试验数据并及时报送施工过程中的抽样试验结果和工程完工后的检查试验资料。对所有试验资料进行数理统计和分析整理,建立好工程全过程的试验资料档案,确保技术资料的完整性与真实性。

③加强施工过程中的混凝土和砂浆的施工管理,根据砂石的含水率及时调整配合比,严格控制砂石的级配及含泥量,控制好混凝土、砂浆的配合比,确保“两强质量”。施工技术人员全过程旁站和抽查,检查配比情况。

④施工过程中,施工员对每道工序进行技术交底,并组织操作班组对每道工序进行自检、互检、交接检,质检员进行专检并验收评定质量等级,符合设计图纸要求和验评标准后,按规定报验同意后方可进入下道工序,隐蔽工程必须经设计院、质监站、建设方、监理方验收合格后方可进行隐蔽,并及时做好隐蔽工程验收记录。

⑤对施工过程中出现的不合格品进行评审,调查分析原因,制定纠正和预防措施,消除产生不合格品的原因,防止同类问题再次发生。

7.6 主要工序质量保证措施

1. 测量工程

开工后,测量人员根据测量规范与施工图尺寸建立本工程轴线、标高控制网,及时做好测量成果标志和记录,并根据工程特点建立一个标高、轴线变化示意图,设立控制点,根据施工情况随时进行控制。测量记录必须经过专职质检员复核检查,并送建设和监理单位审核,未经复核的测量记录不得作为测量成果使用。各施工班组在使用测量成果前,应对轴线、标高进行复核,及时办好移交手续后方可使用。

2. 土方回填

土方回填前先清理干净基层，严格控制回填土土料和土的最佳含水率，回填时分层夯实，打夯机夯打次数充分，回填管沟时，人工先在管子周围填土夯实，从管道两边同时进行，直至管顶0.5 m以上。在转角处机械夯不到的地方，采用人工夯实。

3. 钢筋工程

所有进场钢筋必须提供质量保证书或产品质量证明书，同时现场按规范取样送检，试验合格后，方可下料加工。钢筋加工和绑扎的质量都必须符合设计和规范要求。钢筋采用集中加工，挂牌堆放。对焊接头、电渣焊接接头均由技术熟练的专业人员进行，且持证上岗，作业前进行模拟操作，试焊合格后，才允许施焊并取样检测，现场焊接做好详细记录，包括操作者姓名、证件号码、焊接部位数量、试件编号、试件质量情况等。钢筋加工后及时检查加工尺寸，必须符合设计要求和施工规范，在混凝土浇筑前，须经设计院、质监站、监理、设计方验收合格，做好隐蔽工程验收记录，钢筋绑扎好后注意保护，万一遭到破坏，及时修复。

4. 模板工程

模板的组装质量直接影响到结构施工的好坏，因此在模板组装时，必须严格处理好模板拼缝，控制好平整度。模板及其支架均应通过计算确定，必须确保有足够的强度、刚度和稳定性。所有模板每使用一次均涂刷一遍脱模剂，并随时进行维护、清理。模板安装后，班组间进行自检、互检合格后，由施工技术人员、质检员对模板的中线、标高、几何尺寸、垂直度、刚度、稳定性、拼缝处理进行全面检查，模板的拆除需留置同条件养护混凝土试块，经试压达到规范要求强度后方可拆除。

5. 混凝土工程

混凝土必须严格按设计强度等级施工。混凝土浇筑前必须用水湿润模板，施工接缝先浇水湿润，浇筑一层素水泥浆，增加黏结力。混凝土施工过程中，按施工规范要求进行振捣，防止漏振和欠振现象。混凝土浇筑好后，湿水养护14天，混凝土初凝前禁止在其上踩踏和施工。在混凝土施工过程中，按规范要求留置试块。楼板、梁支撑的拆除必须确认混凝土强度达到设计要求(有混凝土试块报告)，并经批准后才可进行。

6. 防水工程

①屋面防水制定专门的施工方案，施工时把握好施工工序和质量，严格按工艺标准进行施工。特别注意屋面天沟、出屋面管道等处的细部处理。

②屋面、天沟、卫生间等防水工程做好蓄水和淋水试验并做好检验记录，以保证屋面无一点渗漏。

7. 装饰工程

为确保装饰工程质量达到优良标准，将在材料采购、管理及操作工艺上采取有力措施。

①装饰材料比优比价，优先选用质量好、信誉高的厂家的名优产品，把质量放在第一位，价格放在第二位。

②装饰工程正式施工前，做好样板墙和样板间，确定好省优工程的工艺标准，以此为标准

带动装饰工程的全面质量管理。

③外墙装饰施工:材料采购前,利用计算机做出外墙面装饰效果图,并进行优化处理,会同建设单位、设计单位、监理单位对面砖的颜色、规格、尺寸等进行确认,建设单位满意后才进行采购。达不到要求立即返工,验收不合格的不给以结算,并重罚。

④室内涂料:涂刷前应清扫并剔除基层表面的浮渣、毛刺、油污等,基层干燥并符合要求后方可进行涂刷,涂刷时应做到横平竖直,纵横交错,均匀一致。按规定程序刮腻子、打磨砂纸,涂刷要色调均匀,不显刷纹,理平、理光,光泽明亮,达到设计要求和建设方选定的颜色要求。

8. 楼地面工程

楼地面工程预先制定防止空鼓、开裂等质量通病的技术措施,做到基层清理彻底、砂浆配合比准确、和易性适度,分层刮糙赶平压实,做好养护和成品保护。

本工程地面为水泥砂浆地面,宜采用水准仪严格控制地面的平整度。严禁出现地面空鼓、开裂、起砂等现象。地板砖地面在铺贴前,会同建设方、设计方根据现场形状、尺寸等,确定好地板砖的规格、尺寸、图案、颜色及排板方案,进行配板,提出料单,地板砖进场时要逐块检查,对照料单,规格、尺寸、颜色不符合者予以退回。基层处理时,先凿除浮浆,用清水冲刷干净。根据排板方案,在四周各贴一块板作为控制标高的依据,然后接通线铺贴,施工时,先在基层上刷一道掺胶的水泥浆,随贴随抹,然后铺水泥砂浆,再嵌贴地板砖,前后左右对称、对齐,用橡皮锤轻轻敲击四角,使之平整。贴完后做好养护和保护工作。

9. 门窗工程

铝合金窗在装运、存放时轻起轻放,下边用塑料泡沫板垫平,码放整齐,防止变形。铝合金窗材料先用保护膜封闭后,方可安装,安装后两侧用木板浆堵缝,将水泥砂浆刷净,防止砂浆因固化而不易清理并破坏表面氧化膜,保护膜在交工前用手轻轻撕去,不可用铲刀铲;室内搭架或进行其他工序作业时,严禁碰撞铝合金窗边框和玻璃。如不慎造成铝合金窗边框变形,应矫正或更换。

10. 安装工程

水、电预埋预留与土建施工同时进行。确保预埋位置、型号、数量准确无误,安装规则整齐,高度一致,牢固可靠,严格事后凿墙打洞。安装工程与土建、装修穿插进行,配线暗管管口平齐,管端入箱(盒)。上下水道支架安装牢固。

水、电等安装工程施工时严格按设计图纸及施工规范和操作规程施工,严格按质量检查评定标准检查验收,加强试压、灌水、通水、测试等的检查和监测。加强质量通病的防治,施工前针对各种质量通病产生的原因,有针对性地制定防治措施,在施工时特别引起重视,加以预防,确保不出现滴、渗、堵、不稳不牢,安装不规范、不美观等质量通病。

水、电等安装工程与土建工程交叉施工时,密切配合,互相提供方便,注意保护好建筑成品和上道工序工作成果。认真熟悉图纸及规范,及时、准确地做好预留、预埋工作,以避免事后凿槽、打洞及返工。采购的材料及成品应为符合设计及规范要求的合格产品,并逐项请建设方验收、签证,严防伪劣、假冒产品流入本工程中。

7.7 质量通病的防治措施

7.7.1 卫生间防渗处理

本工程卫生间下水管穿过楼面，积水时间长，是防渗的重点。针对本工程的特点，我公司根据多年实践经验采取预防措施，将卫生间楼面四周均上翻150 mm高做混凝土挡沿，并用1∶2.5水泥砂浆内掺5%防水剂做找平层。管道注意预埋套管，预埋套管上焊止水环，预埋套管、预留洞口大小位置必须准确。管道、地漏及卫生设备安装后，将预留洞口四壁清理干净，装好模板，用C20细石混凝土掺少量膨胀剂认真捣实。防水层、楼地面面层做完后，分别做24小时以上蓄水检验，如果发现问题查找原因，及时处理。

7.7.2 窗口渗水防治法

根据我公司以往的施工经验，窗口渗水主要是窗台渗水，因此在窗台处捣一层60 mm细石混凝土，内配3根直径为6 mm的钢筋。窗套在安装后用止水条填塞，窗框周围用掺防水剂的水泥砂浆填塞密实。滴水线必须做出外比内低20 mm的聚水线。窗口防治渗水的关键是精施工、勤检查，发现不符合要求的，坚决返工。

7.7.3 框架填充墙顶部裂缝防治方法

砌筑前按砌块尺寸计算皮数和排数，使最上一皮留出110 mm高空隙，采用与原砌体同种材质的砌块斜砌，挤紧顶牢，进行墙面基层粉刷之前，在梁与墙分界处铺钢丝网片，防止因两种不同材料收缩不一致而引起裂缝。

八、现场安全文明施工

8.1 文明、安全设施

①实行封闭式管理，入口设门房，派专人24小时守卫，除工作需要外，严禁非施工人员进出工地。

②拟建建筑物施工期间满挂安全网和竹篱笆，作业层用彩条布密封，减少噪声、灰尘的污染。

8.2 现场管理

本工程施工现场将严格按×××省建委颁发的《施工现场综合考评（试行）办法》和《建筑

施工安全检查标准(JGJ 59—99)》的规定贯彻执行,施工现场平面布置由项目经理全权负责实施与管理,并由项目部制定分区分段的岗位责任制,力创文明安全样板工地。

8.3 安全保证措施

为了贯彻我国“安全第一、预防为主”的工作方针,按照住房和城乡建设部颁布的《建筑施工安全检查标准》(JGJ 59—99)和《工程建设标准强制性条文》的要求,我公司将针对本工程的施工特点,结合我公司多年来的安全生产经验,建立安全保证体系,落实安全生产责任制,确保本工程的安全生产。

8.3.1 安全组织管理措施

①我公司在多年的施工过程中,建立了完整的安全保证体系,明确规定公司经理是企业安全生产第一责任人,从公司到项目部,逐级建立了安全管理机构,并建立了各级安全管理制度。在本工程的施工过程中,将充分发挥各级职能部门的作用。

②成立以项目经理为组长,专职安全员为副组长,各相关职能部门负责人为组员的安全领导小组,每天领导小组各成员开一次碰头会,对当天施工中所应注意的安全事项进行交底,每星期召开一次有各班组负责人参加的安全生产会议,总结过去一周的安全生产工作,并对将要陆续展开的工作进行技术交底和布置。

③制定安全生产管理目标,建立安全生产责任制。在本工程施工过程中,项目部制定安全管理目标(伤亡控制指标和安全达标、文明施工目标),并对安全责任目标进行分解和落实。建立安全生产责任制,按照“谁主管,谁负责”与“管生产必须管安全”的原则,明确规定项目部各领导、各职能部门和各类人员在生产活动中应负的安全职责,在公司与项目经理部、项目经理部与各施工班组签订的经济承包合同中,明确规定安全生产职责和安全生产指标,根据安全生产工作的好坏,做到赏罚分明。

④项目部应配齐国家、省、市及公司内部关于安全管理的规范、规程、标准和制度、文件,保证国家和地方政府法规以及公司内部管理规定在安全管理中得以贯彻落实,使得安全管理有法可依、有章可循。

⑤严格执行专职安全员及特殊工种持证上岗制度。本工程严格按省、市安监部门要求配备足量的安全员,对特殊工种加强管理,特殊工种人员必须经培训考核合格,持证上岗。

⑥由项目经理牵头,专职安全员具体实施组织,用精神和物质相结合的鼓励办法,开展经常性的、内容丰富的、形式多样的安全活动。我公司人员进场后,项目部及时展开安全技术革新活动和安全合理化建议活动,对于建议被采纳者予以奖励。

⑦建立并保存在建筑施工中所开展的安全性评价与风险性分析、技术安全交底、安全教育培训、安全检查、劳动安全监察通知书/指令书、事故调查处理报告等与安全管理有关的活动记录,为纠正不合理措施和改进安全管理方式、方法提供重要信息。

8.3.2 安全检查措施

①建立并执行安全检查制度，定期组织各职能部门对工地进行安全检查，对本工程进行全面性和考核性的检查；项目部每半月对工地进行一次安全大检查，由项目经理牵头，专职安全员组织各相关部门对工地进行隐患清查，检查中发现问题要定人、定措施、定期限整改，整改后由相应安全机构验证。

②专业性检查：由公司安全、设备部门定期组织专业技术人员对门吊、脚手架及电气设备等进行单项检查，对存在的隐患及时整改。

③安全员做好日常巡回安全检查，并做好安全检查记录；施工员在检查生产时检查安全；各班组应经常进行自检、互检和交接检查；为防止施工人员上下班时间、节前、节后纪律松懈，思想麻痹产生安全隐患，应加强安全检查活动；充分做到层层设防，级级把关，搞好安全工作。

8.3.3 安全教育措施

①建立安全教育制度，明确项目经理、技术负责人、专职安全员、施工员、各专业操作班组负责人等相关人员在安全教育中所应承担的职责，定期组织人员进行安全教育培训，以安全生产的政策、法令、法规、标准、规范和安全操作规程为主，结合本项目的实际安全生产情况，对有代表性的典型事故案例进行讲解，事故是血写的教训，通过有针对性、生动鲜明的教育，使受教育的员工印象深刻，牢记不忘。

②做好新入场工人及变换工种工人的三级安全教育工作。三级安全教育由技术、安全和劳资部门配合组织进行，从公司、项目到班组层层进行教育培训，考核合格者方许进入生产岗位，同时建立员工安全生产教育卡，将员工的三级安全教育工作存档备案。

③详细制定各工种的安全技术操作规程，安全技术教育的内容应主要体现在技术操作规程上，写明要领，指出安全习惯和关键问题，并尽可能把操作步骤表达清楚。建立班前活动制度，各分项工程施工前各班组负责人应做好本班组的安全教育工作，并对班前安全活动进行记录。

④施工员、专职安全员在各分项工程施工前，要进行详细可靠的安全技术交底，交底内容要包括：常规操作要求、施工规范要求；根据施工内容需采取的安全技术措施；按有关施工安全操作的要求，对关键工程实行有针对性的安全技术交底。

⑤冬、雨季施工时应组织现场员工进行冬、雨季施工安全和消防的宣传教育，并制定安全生产、防水、防潮、防滑、防火、防爆、防中毒等各项规章制度，教育员工严格遵守。

8.3.4 安全技术措施

根据《建筑施工安全检查标准》(JGJ 59—99)中的统计分析，表明安全事故主要集中在高处坠落、触电、物体打击、机械伤害、坍塌事故五个方面，故在本工程施工中应特别对这些方面予以高度的重视，重点设防。

1. 现场环境要求及“三宝”利用

①建筑物外脚手架四面全封闭，双排架满挂密目安全网，施工现场以围墙与外界隔离。施

工现场四处张挂醒目的安全标志、安全宣传牌,警示、提醒每个进入现场的施工人员。根据作业环境合理采用不同的色彩,尽量减轻作业人员眼睛及全身的疲劳,降低事故频率。

②施工人员进入施工现场必须按要求配戴好安全帽,高处作业系好安全带,凡衣冠不整、穿拖鞋者一律不许进场,对违规者予以罚款处理,屡教不改者严禁进入施工现场,安全帽、安全网、安全带必须经试验合格后才能使用。

③做好防暑、防雨措施及季节性施工准备,搞好茶水供应以及劳保用品的分发工作。对于不能满足作业照明要求的场地应及时架设灯具。

2. 脚手架安全措施

①外脚手架搭设前必须制定详细的施工方案和设计计划书,随主体的外脚手架按规定搭设,搭设时控制好立杆的垂直偏差和横杆的水平偏差,做好墙体的拉结点,确保脚手架具有稳定的结构和足够的承载力。操作层及其上、下满铺架板,严禁出现探头板,外脚手架搭设好后由项目专职安全员会同有关施工部门组织验收,合格后方可投入使用。安全立网采用全封闭式,隔层设置安全平网,为防止碎石穿透安全网伤人,采用竹篱笆封闭外脚手架,确保施工安全。

②搭设用外脚手架钢管由于弯曲或锈蚀严重者不得使用。

③外装饰和脚手架拆除过程中,要注意连墙杆和拉结点不能拆除过早,保持架体稳定。脚手架拆除时,划分好作业区,周围设围栏或树立警戒标志,地面设专人指挥,严禁非作业人员进入拆架区域。

④卸料平台严格按照规范进行搭设,对最大载荷进行计算,并挂牌标志,卸料平台不能直接作用于外脚手架上,应做好卸料平台的周边防护。

3. 高处作业安全措施

①高处作业人员须经医生体检合格,凡患有不适宜从事高空作业疾病的人员,一律禁止从事高空作业。

②在建筑物的出入口,搭设长 3 ~6 m、宽度大于通道两侧各 1 m 的防护棚,棚顶满铺脚手板作为安全通道。

③高处作业应有足够的照明设备和避雷措施。

④高处作业所需的料具、设备等,必须根据本工程施工进度随用随运,禁止超负荷。料具应堆放平稳,工具随时放入工具袋内,严禁乱堆乱放和从高处抛掷材料、工具、物件。楼层垃圾集中堆放,及时清理,倾倒时有防护设施并设专门区域。

4. 楼层施工安全及防护措施

①现浇楼板工程要制定好详细的施工方案,并有针对性措施。严格控制模板上的施工荷载,模板上堆料要均匀,保证立柱稳定。模板拆除必须经审请批准后进行,拆除底模时,混凝土必须达到设计强度,模板拆除区域设警戒标志并设专人监护。严禁操作人员站在正拆除的模板上,遇六级以上大风时,暂停室外作业。

②楼层内所有孔口须设置安全防护,尺寸在 1.5 m×1.5 m 以下的孔洞,洞口预埋通长钢筋网或加固定盖板。1.5 m×1.5 m 以上孔洞,四周设两道护身栏杆,其间支挂水平安全网。

③楼梯踏步及休息平台处,设两道牢固护身拦,用安全网立挂防护。

④楼层边缘及通道周边设两道防护栏杆并挂安全网封闭。

5. 临时用电安全防护措施

①制定好临时用电施工组织设计,搞好施工现场的安全用电工作,确保现场用电安全。

②现场采用三相五线制,三级配电两级保护。

③各种机械设备做好接地接零,保证“一机一箱一闸一漏”,并在配电箱内标明用电设备名称。

④架空线采用绝缘铜线或绝缘铝线,严禁架在脚手架上,架空线路与邻近线路或设施必须保持6 m的距离。

⑤配电箱统一采用铁制配电箱,箱中导线的进线口和出线口设在箱体的下底面。严禁箱体的上顶面、侧面、后面或箱门处有进出线路,进出线分路成束加护套并做防水弯,导线束不得与箱门口直接接触,并注意防雨。配电箱要上锁,钥匙由现场电工保管,箱内不允许放置任何杂物,并应保持清洁。

6. 施工机具安全措施

①执行机械设备验收制度,机械设备按规定要求安装后,必须进行调试运转,办理验收手续后才能投入使用,各种机械实行专人专机,持证上岗,没有上岗证的不准操作机械。

②门吊使用前必须经安监部门办理准用手续,其力矩限制器、限位器、保险装置必须齐全、灵敏、可靠。

③搅拌机搭设防砸、防雨操作棚。

④乙炔发生器必须使用金属防爆膜,严禁用胶皮薄膜代替。

⑤平刨、圆盘锯、钢筋机械、电焊机等做好保护接零,有漏电保护器,无人操作时,切断电源。手持电动工具保护接零,Ⅰ类手持电动机具按规定穿戴绝缘用品。

7. 其他方面安全技术措施

①搞好防火保护,在仓库、工棚等生产、生活区配备足够的灭火器、消防池,木工车间与模板堆放区严禁吸烟,在外脚手架旁进行作业时,必须重点防范明火的产生。晚上保卫人员进行巡逻值班,确保财产安全。

②设专人负责现场的排水工作,对于临时设施和设备的防护进行全面检查;对于怕雨、怕潮、怕裂、怕倒的原材料、构件和设备等,放入室内或设立坚实的基础堆放,或用篷布封盖严密。

③砌筑施工时严格按照施工规范规程,严禁在墙顶上站立画线、刮缝、清扫墙等;砍砖时应面向内打,以免碎砖落下伤人;超过胸部以上的墙面,不得继续砌筑,必须及时搭设好架设工具;装砂浆的料斗不能装得过满,吊运砖时严格控制运量,防止门吊超负荷运行。

④拉直钢筋时,地锚要牢固,卡头要卡紧,并在2 m区域内严禁站人;绑扎立柱钢筋时,严禁沿骨架攀登上下;起吊钢筋骨架,下方禁止站人。浇筑框架梁、柱的混凝土搭应设好操作平台,严禁直接站在模板或支撑上操作,以免踩滑或踩断坠落。

⑤安排好职工、民工的生活和住宿,保证足够的休息时间,作业时间一般为8小时,合理调整好作业时间,以保证工人有饱满的精神,在工作中精力充足,防止事故发生。

九、主要机具使用计划

9.1 机具设备的使用管理

①根据项目实际情况编制本项目所需机具使用计划，包括机械设备的型号、规格、数量、进出场时间。按照机具使用计划组织设备进场，所有进场机械必须经检验合格方可投入使用。

②实行人机固定，机械使用、保养责任制。要求操作人员必须遵守安全操作规程，爱护机械设备，执行保养规程；认真执行交接班制度，填好运转记录。

③实行操作证制度。对操作人员进行培训、考试，确认合格者发给操作证。施工机械操作人员及特种作业人员必须持证上岗。

9.2 计划投入本工程的主要机具设备

①垂直运输采用一台 SSE100 门吊。

②采用一台 JDY500 混凝土搅拌机进行混凝土的搅拌，采用一台 UJ200 和灰机负责砖砌体砂浆及粉刷砂浆的拌和。

③现场调配钢筋加工设备和木料加工设备各一套。

9.3 主要机具使用计划

主要机具使用计划见表 4.9.1。

表 4.9.1 主要机具使用计划

序号	机械或设备名称	型号规格	数量/台	额定功率/kW
1	门吊	SSE100	1	7.5
2	和灰机	UJ200	1	3
3	交流电焊机	BX3－300	1	38.6
4	闪光对焊机	UN－100	1	100
5	电渣压力焊机		2	
6	钢筋调直机	GJ4－4/14	1	9
7	钢筋切断机	GJ5－40	1	7.5

续表 9.1

序号	机械或设备名称	型号规格	数量/台	额定功率/kW
8	钢筋弯曲机	GJ7-40	1	3
9	平板振动器	ZB5	1	0.5
10	插入式振动器	ZX50	2	1.1
11	木工平刨床	MB504A	1	3
12	木工圆锯	MJ104	1	3
13	木工开榫机	MX2112	1	9.8
14	切割机	J3G-400	3	2.2
15	经纬仪	J2	1	
16	水准仪	S3	1	

十、劳动力安排计划

劳动力安排计划见表 4.10.1。

表 4.10.1 劳动力安排计划

序号	工种名称	单位	数量			
			施工准备阶段	基础阶段	主体阶段	装饰阶段
1	泥工	人	8	5	10	5
2	木工	人	2	2	8	8
3	钢筋工	人	0	2	6	0
4	普工	人	2	5	8	8
5	水电工	人	1	1	2	2
6	架子工	人	0	2	3	3
7	电焊工	人	0	2	2	2
8	机械工	人	2	2	2	2
9	铝合金门窗安装工	人	0	0	0	5
10	合计	人	15	21	41	35

说明:各工种人员的数量为本阶段、本专业高峰时期的数量。

十一、主要材料、构件用量计划

11.1 材料管理

11.1.1 材料计划的编制

根据施工进度计划计算出月、旬材料、构件用量计划，并提前一个星期交材料采购部门落实。

11.1.2 料的消耗定额管理

材料核算应以材料施工定额为基础，经常考核和分析消耗定额的执行情况，着重关注定额材料与实际用料的差异，不断提高定额管理水平。

11.1.3 材料的库存管理

①对入库的原材料要严格检查物品的规格、数量和质量，发现问题，分清责任，只有数量、质量、规格都符合采购文件要求时，才能办理验收、入库手续。

②入库材料要记入材料台账。材质证、合格证、复检报告应编号存放。对有标记要求的，要做好标记工作。

③库容要整洁，布局要合理。材料存放要实行"四号定位""五五摆放"，做到材质清、规格清、新旧清、过目知数。露天存放的材料，必要时要上盖下垫，堆码整齐。进入库房、料棚存放的物品，应采用货柜陈列，防止挤压。

④保管员要正确掌握材料的性能、用途、保管期限。定期进行检验，采用科学的保管方法，以保证材料的安全、有效，减少材料储存损耗。做好盘点工作，分析盈亏原因。

11.1.4 材料的现场管理

加强材料管理，严禁次品及不合格材料进入施工现场，现场材料严格实行验品种、验规格、验质量、验数量的"四验"制度。开展生产节约活动，对各班组根据其工程量实行限额领料、当日记载、月底结账、节约有奖的制度，使材料计划落到实处。

11.2 主要材料用量计划

主要材料用量计划见表4.11.1。

表 4.11.1 主要材料用量计划

序号	名称	单位	数量	备注
1	木材(综合)	m^3	49	
2	钢筋(综合)	吨	14	
3	水泥(综合)	吨	100	
4	多孔砖	万块	10	
5	中砂	m^3	30	
6	粗砂	m^3	35	
7	砾石	m^3	35	

十二、现场文明施工措施

为创造良好的现场施工环境，根据我公司多年的经验，将从多方位、多角度入手，以安全为突破口，质量为基础，对本工程实施标准化管理，严格按《建筑施工安全检查标准》(JGJ 59—99)的文明施工规定与×××建筑施工现场综合考评标准执行，创建施工现场安全文明工程。

12.1 文明施工管理措施

①成立现场文明施工领导小组，由项目经理任组长，项目技术负责人任副组长，项目部其他成员与质量、安全负责人任小组成员，领导小组负责文明施工措施的制定与落实，各工种专业班组长为技术骨干，全面展开文明施工活动，所有参建人员形成一个干群结合的安全管理网络，确保责任到人，贯彻实施有力。

②本工程定为创“建筑安全文明施工示范工程”项目，工程施工期间，投入足够的人力、物力与财力，以确保管理目标的实现。

③将施工现场人员的教育纳入日常生活和生产中，由项目经理部办公室组织并成立职工教育领导小组，制定日常生活规章制度，定期组织法律、法规的学习，杜绝聚众闹事、嫖娼、打牌赌博、偷扒、造谣中伤等黄、赌、毒的社会丑恶现象发生，做到人人自觉遵纪守法，个个认真努力工作，对民工建立花名册与“三证”检查，加强对流动人口的计划生育管理工作，对素质不合格的人员一律清退出场，将违法乱纪的人员及时扭送公安机关。

④所有参建人员均认真遵守建设方的有关要求、管理制度及现场纪律与保卫制度，遵守当地政府的治安管理制度，项目经理部认真制定各种文明施工岗位责任制，执行公司施工现场文明标准，确保创“省施工现场安全、文明工程”。

12.2 文明施工实施措施

①在施工现场大门口处悬挂“五牌一图”，设置施工标志牌，标明工程概况、工程负责人、

建筑面积、开竣工日期、施工进度计划、总平面布置图等,标志要鲜明、醒目、周全。在施工现场的出入口及危险作业区挂好安全标志及安全标语,安全标志牌、标语、横幅、线路必须整齐、标准、规范,并在人员相对集中处设置宣传栏、黑板报等。在施工现场的显眼处悬挂好建筑施工许可证。

②现场质量、安全检查员天天在现场巡回检查,对各工序、各楼层仔细检查,做到高标准、严要求、勤检查、时刻跟着工人转,不管是重要部位还是角落处,都要检查到,发现隐患及时消除,发现违章及时纠正,把各项规章制度、岗位责任落实到参建人员行动上,为工程文明施工保驾护航。

③施工中密切协调好与建设单位及周围的关系,尽可能地不影响建设单位人员的工作与生活,减少人为因素对施工的影响。协调好土建与安装的关系,做到不相互影响、不相互扯皮,正确处理好质量与进度、质量与效益、安全与效益、文明施工与效益的关系,在保证质量、安全和文明施工的前提下尽可能地追求进度和效益。

④施工现场搭设 2.2 m 高围墙与外界隔离,在施工现场主出入口搭设牌楼,标明我公司项目名称,确定专职现场保卫人员,制定门卫制度及岗位责任制。

⑤所有进入施工现场的工作人员要遵守建设单位的规章制度,爱护施工区域内的一草一木,不得损坏公物,施工期间不得在施工区域内闲游,对损坏施工区域内公物的一律照价赔偿,发生偷窃行为者一律扭送当地公安机关处理。

⑥项目部及时协同建设单位与当地派出所取得联系,与有关部门签订社会治安责任书,给保卫人员备执勤工具,保卫和门卫人员必须定期向项目部、公司保卫科汇报日常工作情况,接受建设单位保卫科和当地派出所的监督和指导。

⑦现场管理人员一律戴红色安全帽,二线工作人员戴白色安全帽,一线工作人员戴黄色安全帽,民工一律戴蓝色安全帽。

⑧各办公室挂好岗位责任制、各种技术规范、各种统计规划网络表,摆设要整齐,环境要整洁卫生,形成一种技术意识浓、管理机制健全、健康文明向上的气氛,创造一个良好的办公环境。

⑨施工现场的临建设施、材料堆放、机械设备、水电道路的布置都要按审批后的平面图布置。工地地面做硬化处理,设置排水沟、沉淀池等排水设施,做到工地无积水,排水畅通,泥浆废水、污水不外流或不堵塞下水道。工地专门设置吸烟处,禁止随意吸烟,彻底治理脏、乱、差。

⑩建筑材料严格按施工平面图布置,堆放整齐,并按类别分类堆放,标注名称、品种、规格、检验状态等情况,易燃易爆物品分类存放。所有材料都要按计划数量,按先后次序分批进场,储备量尽量压缩,废料尽可能回收加工利用或及时处理,建筑垃圾必须及时清理出现场并按建设单位指定地点倾倒。

⑪保持场内清洁卫生,实行门前“三包”制度,每天早晨清扫道路上所留余土及垃圾,场内严禁随地大小便,不准随地倒放生活垃圾、污物,违者罚款。

⑫施工人员在安排工作时必须有头有尾,施工现场尽量做到工完料清,对工完料未清的部分,要安排人转运、清理,以保证施工现场整齐、文明。

⑬制定施工现场宿舍管理制度,宿舍要做到通风明亮、保暖隔热;室内地面应硬化,保持室内清洁卫生。夏天装吊扇,施工人员一律睡双层铺单人床。施工现场严禁居住家属,严禁非工地人员及小孩在施工现场穿行、玩耍。

⑭施工现场设置食堂,食堂外墙抹灰刷白,内墙贴白色釉面砖,抹水泥地面,安装纱门纱窗,设置"四无"(无鼠、无蟑、无蚊、无蝇)措施及卫生责任制,食堂经常消毒,保持干燥、整洁、卫生。食堂办理食品卫生许可证,炊具经常洗刷,厨房有冰箱冰柜,生熟食品分开存放,食品腐烂变质,炊事人员办理健康证,施工人员统一配制餐具,实行买饭买菜分食制。食堂工作台人员一律穿戴白色工作服、工作帽,服装要整洁。

⑮工地设浴室,安装淋浴器,厕所采用水冲式蹲式坐便器,同时在工地设娱乐室、休息室等,配备彩电、音箱、书报等,丰富广大施工人员的业余文化生活;在工地门卫入口两侧、主道路两旁及临建宿舍前摆放鲜花、盆景,将工地布置成花园式工地。

12.3 消防、环保措施

①现场设立专职消防员,责任落实到人。

②搅拌站、水泥库用彩条布围起来,外架采用密目式安全网和竹篱笆封闭,高处严禁抛物和丢垃圾,一经发现,立即严肃处理,减少灰尘、噪声对周围环境的污染。

③在施工现场设洗车槽,凡出入车辆均自动冲洗底盘和轮胎,不带泥上路。

④施工现场设置地下沉淀池,生产用水、生活污水须经过沉淀池沉淀后,再统一排入院区下水管网,厕所附近设临时化粪池一个。

⑤施工现场内设置垃圾站,生产、生活垃圾必须集中堆放,按时清运。

12.4 合理化建议

为优质、高速、低耗地完成本工程的施工,我公司根据同类工程施工经验及本工程的具体情况,提出如下建议。

①建议Ⅰ级热轧钢筋(直径小于10 mm的钢筋)采用冷扎带肋钢筋;Ⅱ级热轧钢筋采用住房和城乡建设部推广使用的400 MPa热轧钢筋(新Ⅲ级钢筋),其强度价格比大大优于普通热轧钢材。

②建议本工程外墙水泥砂浆基层参入JS改性剂,可避免水泥砂浆易裂缝的通病,保证工程质量。

③建议卫生间等潮湿房间门采用塑钢门,与木门相比单价差不多,但比木门耐潮湿,使用年限更长。

④建议卫生间等潮湿房间楼面现浇时墙体部位上翻150 mm,以利防水。

综合实训

根据案例《×××学院砖混结构学生宿舍扩建工程施工组织》回答以下问题。

1. 砖混结构建筑物施工的主要环节有哪些?
2. 试述砖混结构建筑施工组织设计的主要内容。
3. 完成下表,并指出总工期。

工作 $i-j$	D_{i-j}	ES_{i-j}	EF_{i-j}	LS_{i-j}	LF_{i-j}	TF_{i-j}	FF_{i-j}	关键工作
0-1	3							
0-2	4							
1-2	3							
1-4	2							
2-3	6							
2-4	8							
3-5	5							
4-5	4							

4. 试述单位工程进度计划的编制步骤。

教学评估表

学习内容名称:____________ 班级:____________ 姓名:____________ 日期:____________

1. 本表主要用于对课程授课情况的调查,可以自愿选择署名或匿名方式填写。根据自己的情况在相应的栏目打"√"。

评估项目 \ 评估等级	非常赞成	赞成	不赞成	非常不赞成	无可奉告
(1)我对本学习内容很感兴趣					
(2)教师的教学设计好,有准备并能阐述清楚					
(3)教师因材施教,运用了各种教学方法来帮助我学习					

续表

评估项目 \ 评估等级	非常赞成	赞成	不赞成	非常不赞成	无可奉告
(4)学习内容能提升我编制建筑工程施工组织的技能					
(5)以真实工程项目为载体，能帮助我更好地理解学习内容					
(6)教师知识丰富，能结合施工现场进行讲解					
(7)教师善于活跃课堂气氛，设计各种学习活动，利于学习					
(8)教师批阅、讲评作业认真、仔细，有利于我的学习					
(9)我能理解并应用所学知识和技能					
(10)授课方式适合我的学习风格					
(11)我喜欢学习中设计的各种学习活动					
(12)学习活动有利于我学习该课程					
(13)我有机会参与学习活动					
(14)教材编排版式新颖，有利于我学习					
(15)教材使用的文字、语言通俗易懂，有对专业词汇的解释、提示和注意事项，利于我自学					
(16)教材为我完成学习任务提供了足够信息，并提供了查找资料的渠道					
(17)通过学习使我增强了技能					
(18)教学内容难易程度合适，紧密结合施工现场，符合我的需求					
(19)我对完成今后的工作任务所具有的能力更有信心					

2. 您认为教学活动使用的视听教学设备：

合适□　　　　太多□　　　　太少□

3. 教师安排边学、边做、边互动的比例：

讲太多□　　　　练习太多□　　　　活动太多□　　　　恰到好处□

4. 教学进度：

太快□　　　　　正合适□　　　　　太慢□

5. 活动安排的时间长短：

太长□　　　　　正合适□　　　　　太短□

6. 我最喜欢的本学习内容的教学活动是：

7. 我最不喜欢的本学习内容的教学活动是：

8. 本学习内容我最需要的帮助是：

9. 我对本学习内容改进教学活动的建议是：

实务五:×××企业二期厂房轻钢屋面工程施工组织

一、编制目的与依据

1.1 编制目的

本施工组织设计编制的目的:为×××市×××企业二期厂房轻钢屋面工程项目投标阶段提供较为完整的纲领性技术文件,一旦我公司中标,将在此基础上进行深化,用以指导工程施工与管理,确保优质、高效、安全、文明地完成该工程的建设任务。

1.2 编制依据

①招标文件、施工图纸等资料。

②×××市有关建筑工程安装文明施工的规范、标准。

③×××市×××钢结构有限公司施工节点图集、ISO 9001 质量保证体系标准文件,质量手册等技术指导性文件以及现有同类工程的施工经验、技术力量。

④中国现行的有关标准和规范要求:

ⓐ《钢结构工程施工质量验收规范》(GB 50205—2001);

ⓑ《建筑钢结构焊接规程》(JGJ 81—91);

ⓒ《钢结构高强度螺栓连接的设计、施工及验收规程》(JGJ 82—91);

ⓓ《钢结构制作工艺规程》(DBJ 08—216—95);

ⓔ《冷弯薄壁型钢结构技术规范》(GBJ 18—87);

ⓕ《压型金属板设计施工规程》(YBJ 216—88);

ⓖ《建筑设计防火规范》(GBJ 16—87);

ⓗ《钢—混凝土组合楼盖结构设计与施工规程》(YB 9238—92);

ⓘ《门式刚架轻型房屋钢结构技术规程》(CECS102:98)。

二、工程概况及特点

2.1 工程概况

①建设单位:×××市×××企业。

②工程名称:×××企业二期厂房轻钢屋面工程。

③工程地点: ×××园区内。

④设计单位: ×××市工业设计院有限公司。

⑤建筑面积:30 243 m^2。

⑥厂房简况。

ⓐ结构形式:本工程为1~2层轻钢结构;屋面坡度1:12。

ⓑ材料选用:本工程钢结构部分屋架梁等均采用Q235AF钢板制作,其中檩条采用Q235冷弯薄壁C型钢;屋面系统采用0.53 mmV-760压型彩钢板+50 mm玻璃保温棉+0.473 mm V-900压型彩钢板。

2.2 工程特点

1. 工期紧

本工程根据计划,从施工到交工验收共计60日历天,所以必须合理安排各阶段的工作时间及相互交接时间,且明确各工序的最迟交接时间,以保证工程如期竣工。

2. 施工范围大

本工程为1~2层轻钢结构,各种构件布置必须分类就近堆放,尽量减少材料的二次搬运,同时须合理安排起重机行走路线,以提高工效,钢结构在安装过程中,须做好雨季施工安全措施。

3. 构件品种多

本工程因各种钢构件均需工厂加工制作,然后装箱运输至工地,各种构配件必须有组织、有计划地按图纸要求分类编号,小构件须分类打包做到有条不紊。

三、施工部署

3.1 实施目标

为充分发挥企业优势,科学组织安装作业,我们将选派高素质的项目经理及工程技术管理人员,按项目法施工管理,严格执行 ISO 9001 质量保证体系,积极推广新技术、新工艺、新材料,精心组织,科学管理,优质高效地完成施工任务,严格履行合同,确保实现如下目标。

1. 质量等级

优良。

2. 工期目标

钢结构安装工期 60 日历天。

3. 安全文明施工

采取有效措施,杜绝工伤、死亡及一切火灾事故的发生,创文明工地。

4. 科技进步目标

为实现上述质量、工期、安全文明施工等目标,充分发挥科技的作用,在施工中积极采用成熟的科技成果和现代化管理技术。

3.2 施工准备工作

3.2.1 设计阶级

①根据建设单位意图,了解其总体设想,并根据×××市工业设计院有限公司的施工图进行施工。

②积极参与图纸会审,及时提出问题请求答复,并积极向建设单位及设计单位推荐优秀的建筑节点图集。

③设计过程中,根据建设单位的意图,积极协助建设单位对各种材料进行选型、订货。

3.2.2 原材料供应阶段

①根据经建设单位审核的施工图纸要求积极采购原材料,所有原材料的供应必须符合 ISO 9001 质量标准要求。

②原材料采购过程中,若某些材料未能采购到,应积极同业主联系,在业主签字认可的情况下遵循等强度或等面积代换原则方可使用。

③所有采购的材料必须索取材料分析单、检验书等合格证明文件。

3.2.3 制作运输阶段

①钢构件开始制作前,应安排相关人员进行技术交底工作。

②技术交底完工后,根据工程设计要求编制详细的制作工艺方案,提出施工机具要求并安排制作人员、焊接材料等。

③因本工程钢构件为厂内制作,厂外安装,所以钢构件制作应详细区分各安装单元构件,制作完工后根据 GB 50205—2001 验收签发构件合格证。

④钢结构制作施工过程中,应注意各种资料的收集、整理工作。

⑤钢结构制作完工发运前 10 天,应联系好各种运输车辆,及时将各种材料检验装箱后运输。

3.2.4 安装阶段

①材料到达工地现场前 5 天公司将派人进驻现场,联系好各种运输及装卸设备,为工程开工做好充分的机具准备。

②因本工程的安装原则为厂内技术人员指导并组织安装力量,故开工前公司将派人做好人力配备计划,精心挑选各种必需工种人员,并进行施工前安装技术及安全交底工作,做好记录,同时贯彻落实工程质量与安全目标。

③工程开工前,应会同建设单位人员办理好当地工程开工必办的各种手续,并做好施工安装过程策划。

④安装过程中,各工序相互交接时应有验收记录,并且对存在的不合格品及时进行返工返修。

3.2.5 竣工验收

①由现场管理部门做好建设单位及有关部门的协调,确定竣工验收的时间、地点、方式。

②竣工验收前现场管理部门做好现场卫生清理工作、安装工程的资料汇总及整理工作,并出具《竣工报告》、《工程综合评定表》及其他资料。

③竣工验收后,应将竣工资料送交建设单位及质监单位签字确定工程等级,并送至相关部门存档。

3.3 施工协调管理

3.3.1 与设计公司的工作协调

①我们将在施工过程中积极与设计公司配合,解决施工中的疑难问题。

②积极参与施工图会审,充分考虑到施工过程中可能出现的各种结构问题,完善图纸设计。

③主持施工图审查,协助业主会同建筑师、供应商(制造商)提出建议,完善设计内容和设

备物资选型。

④对施工中出现的情况,除按建筑师、监理的要求处理外,还应积极修正可能出现的问题,并会同发包方、建筑师、监理按照进度与整体效果要求进行隐蔽部位验收、中间质量验收、竣工验收等。

⑤根据发包方的指令,组织设计单位、业主参加设备及材料的选型、选材和订货。

3.3.2 与建设单位的协调

①按照与建设单位签订的施工合同,精心施工,确保工程中各项技术指标达到建设单位的要求。

②会同建设单位的工程技术人员做好施工过程中的技术变更工作。

③主动接受建设单位施工过程中的监督,定期向建设单位汇报工程进度状况;对于施工中需要建设单位协调的工作,应立即向有关负责人汇报并请求解决。

3.3.3 与土建、水、电施工单位的协调

①根据建设单位的总体安排,积极与土建单位配合并指导土建单位做好预埋件的埋设、校正、复核工作。

②根据施工图纸及合同要求,向有关单位通报施工计划,并按规定对土建基础进行复测并做好记录。

③施工过程中,积极配合水、电等安装单位做好在钢构件上吊点位置标注的指导工作,监督各吊点的焊接情况。

④在施工过程中,还应积极与土建、水、电安装单位配合做好各种安全防护工作,并且服从建设单位对各施工单位的统一协调指导及监督工作。

3.3.4 与监理公司的配合

①监理公司在施工现场对工程实际全过程监督,在施工过程中如发现材料及施工质量问题及时通知现场监理工程师,处理办法经现场监理工程师签名同意后实施。

②隐蔽工程的验收时,提前24小时通知现场监理工程师,验收合格后方可进入下一道工序施工。

③安装设备具备调试条件时,在调试前48小时通知现场监理工程师,调试过程由专人做好调试记录,调试通过双方在调试记录上签字后方可进行竣工验收。

④具备交工验收条件时,应提前10天提交“交工验收报告”,通知建设单位、监理公司及有关单位对工程进行全面验收评定。

3.4 协调方式

①按进度计划制定的控制节点,组织协调工作会议,检查本节点实施的情况,制订、修正、

调整下一个节点的实施要求。

②由项目经理部负责施工协调会,以周为单位进行协调。

③本项目管理部门以周为单位编制工程简报,向业主和有关单位反映、通报工程进展及需要解决的问题,使有关各方了解工作的进行情况,及时解决施工中出现的困难和问题。根据工程进展,我们还将不定期地召开各种协调会,协助业主与社会各业务部门的关系以确保工程进度。

四、施工现场平面布置

4.1 临时设施及材料堆场布置

由于本工程工期紧、施工内容多,故合理安排工序、布置现场临设(起重机行走路线)是关键。由于本工程位于×××市,交通便利,为保证施工过程中不影响市区环境卫生,必须合理布置办公区、职工宿舍、食堂、材料仓库等临时设施。

4.2 解决临时用水、用电

主要施工机械设备用电设配电箱,电源从业主提供的配电箱中引入;因钢结构工程为干作业,故施工过程中除生活用水(由业主免费提供)外基本无须用水。

4.3 临时设施占地计划

施工临时设施主要有临时办公和生活用房、临时道路材料堆场等,如表5.4.1所示。

表5.4.1 临时设施占地计划

序号	用途	所需面积/m^2	需用时间	备注
1	值班、办公室	80	自开工到竣工	由业主免费提供
2	食堂、餐厅	160	自开工到竣工	由业主免费提供
3	宿 舍	200	自开工到竣工	由业主免费提供
4	临厕浴	100	自开工到竣工	由业主免费提供
5	工具、材料仓库	200	自开工到竣工	由业主免费提供
6	材料堆场	1 500	开工后3天	由业主免费提供
7	合计	2 240		

4.4 劳动力计划

根据本工程特点共安排以下6个工种级别，共50人。

①起重工(4人)。

②安装工(20人)。

③电焊工(8人)。

④油漆工(6人)。

⑤电工(2人)。

⑥普工(10人)。

以上人员不包括项目部管理技术人员在内。

五、主要项目施工方案

5.1 钢结构施工安装工艺及流程

5.1.1 钢结构安装工艺及质量控制程序

钢结构安装工艺及质量控制程序见图5.5.1。

5.1.2 施工安装流程图

1. 安装工艺流程

安装工艺流程：场地三通一平→构件进场→吊机进场→屋面梁(楼层梁)安装→檩条支撑系杆安装→涂料工程→屋面系统安装→零星构件安装→装饰工程施工→收尾拆除施工设备→交工。

2. 屋面系统安装工艺流程

屋面系统安装工艺流程：准备工作→屋面大梁安装校正→屋面檩条压杆支撑安装固定→天沟安装→排水管道安装固定。

3. 屋面梁连接程序

屋面梁连接程序：对接调整→安装螺栓固定→安装高强螺栓→高强螺栓初拧→高强螺栓

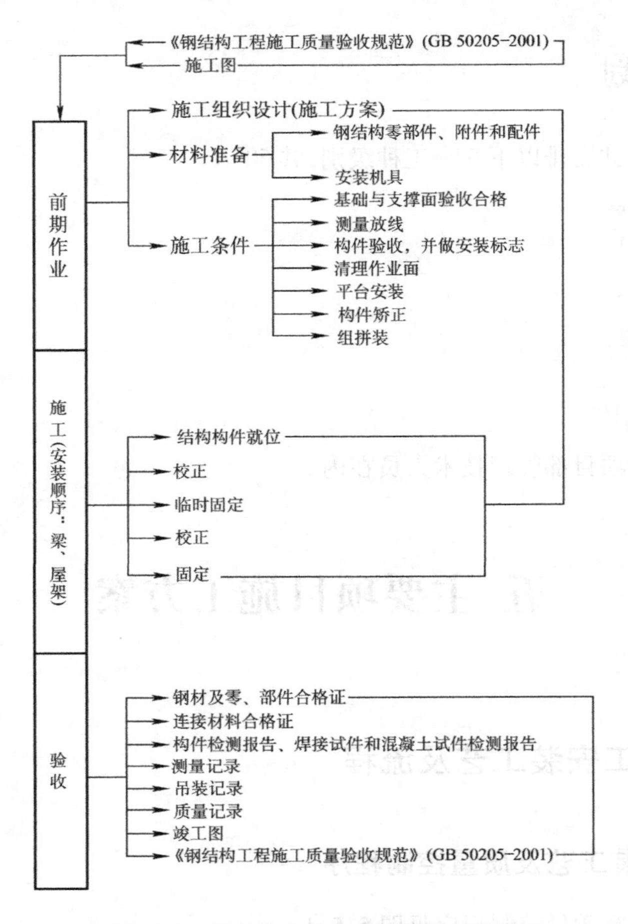

图 5.5.1　钢结构安装工艺及质量控制程序

终拧→密封。

5.2　钢结构工程安装

5.2.1　吊装前准备工作

安装前应对基础轴线和标高、预埋板位置及其与混凝土紧贴性进行检查、检测，办理交接手续，其基础应符合如下要求。

①基础混凝土强度达到设计要求。

②基础的轴线标志和标高基准点准确、齐全。

③基础顶面预埋钢板作为梁的支撑面，其支撑面、预埋板的允许偏差应符合规范要求，如表 5.5.1 所示。

表 5.5.1　基础顶面预埋钢板支撑面、预埋板的允许偏差规范

项次	项目	允许偏差
1	支座表面(1)标高 (2)水平度	±1.5 mm 1/1 500
2	预埋板位置(注意截面处) (1)在支座范围内 (2)在支座范围外	±5.0 mm ±10.0 mm

④超出规定的偏差，在吊装之前应设法消除，构件制作允许偏差应符合规范要求。

⑤准备好所需的吊具、吊索、钢丝绳、电焊机及劳保用品，为调整构件的标高准备好各种规格的铁垫片、钢楔。

5.2.2　起重机械选择

本工程计划选用 QY16－16T 汽车式起重机分别承担主钢梁、楼层梁、钢屋面以及其他所有钢构件的装卸及安装。起重机行车路线如图 5.5.2 所示。

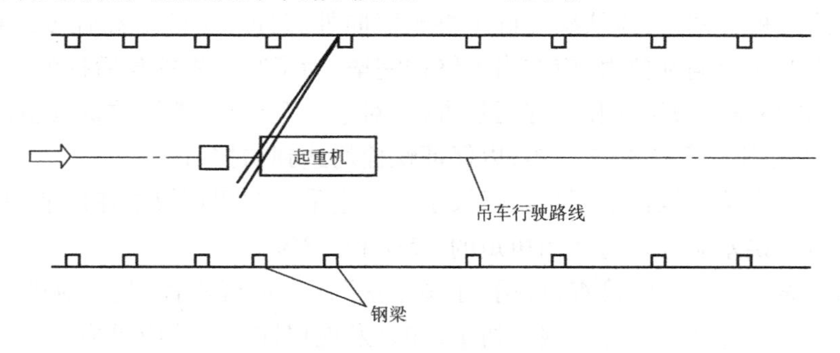

图 5.5.2　起重机行车示意图

5.2.3　钢结构的吊装

1. 钢屋架的吊装

①钢屋架现场拼装，采用立拼。

②吊装采用单榀吊装，吊点采用四点绑扎，绑扎点应用软材料垫至其中，以防钢构件受损。起吊时先将屋架吊离地面 50 cm 左右，使屋架中心对准安装位置中心，然后徐徐升钩，将屋架吊至柱顶以上，再用溜绳旋转屋架使其对准柱顶，以使落钩就位，落钩时应缓慢进行，并在屋架刚接触柱顶时即刹车对准预留螺栓孔，并将螺栓穿入孔内，初拧作临时固定，同时进行垂直度校正和最后固定，屋架垂直度用挂线锤检查，第一榀屋架应与抗风柱相连接并用四根溜绳从两边把屋架拉牢，以后各榀屋架可用四根校正器作临时固定和校正，屋架经校正后，即可安装各

类支撑及檩条等,并终拧螺栓作最后固定。钢梁安装允许误差如表 5.5.2 所示。

表 5.5.2 钢梁安装允许误差规范

序号	项目	标准
1	梁两端顶面高差	L/100 且≤10 mm
2	主梁与梁面高差	±2.0 mm
3	跨中垂直度	H/500
4	挠曲(侧向)	L/1 000 且≤10.0 mm

2. 高强度螺栓的连接和固定

①钢构件拼装前应清除飞边、毛刺、焊接飞溅物等,摩擦面应保持干燥、整洁,不得在雨中作业。

②高强度螺栓在大六角头上部有规格和螺栓号,安装时其规格和螺栓号要与设计图上的要求相同,螺栓应能自由穿入孔内,不得强行敲打,且不得气割扩孔,穿放方向符合设计图纸的要求。

③从构件组装到螺栓拧紧,一般要经过一段时间,为防止高强度螺栓连接副的扭矩系数、标高偏差、预拉力和变异系数发生变化,高强度螺栓不得兼作安装螺栓。

④为使被连接板叠密贴,应从螺栓群中央顺序向外施拧。为防止高强度螺栓连接副的表面处理涂层发生变化影响预拉力,应在当天终拧完毕,为了减少先拧与后拧的高强度螺栓预拉力的差别,其拧紧必须分为初拧和终拧两步进行,对于大型节点,螺栓数量较多,则需要增加一道复拧工序,复拧扭矩仍等于初拧扭矩,以保证螺栓均达到初拧值。

⑤高强度六角头螺栓施拧采用的扭矩扳手和检查采用的扭矩扳手在班前和班后均应进行扭矩校正。其扭矩误差应分别为使用扭矩的 ±5% 和 ±3% 。

对于高强度螺栓终拧后的检查,可用“小锤击法”逐个进行检查,此外应进行扭矩抽查,如果发现欠拧、漏拧者,应及时补拧到规定扭矩,如果发现超拧的螺栓应更换。

对于高强度大六角螺栓扭矩检查采用“松扣、回扣法”,即先在累平杆的相对应位置画一组直线,然后将螺母退回 30°~50°,再拧到与细直线重合时测定扭矩,该扭矩与检查扭矩的偏差在检查扭矩的 ±10% 范围内为合格,扭矩检查应在终拧 1 小时后进行,并在终拧后 24 小时之内完成。

⑥高强度螺栓上、下接触面处加有 1/20 以上斜度时应采用垫圈垫平。高强度螺栓孔必须是钻成的,孔边应无飞边、毛刺,中心线倾斜度不得大于 2 mm。

5.2.4 钢结构施工质量标准

严格按照《钢结构工程施工质量验收规范》(GB 50205—2001)的要求组织施工。

5.2.5 钢结构防腐技术

钢构件防腐应充分考虑到该建筑的防腐要求。

1. 钢构件面防锈漆的涂装

(1)施工环境

本防腐系统施工温度要求在 10～30 ℃,相对湿度不大于 80%,同时在雨、雾、雪和较大量灰尘条件下,禁止在室外施工。

(2)施工准备

在涂装前,先检查钢材表面处理是否达到防锈等级的要求,是否仍有返锈或重新污染的现象,如有应重新处理,同时除锈后要求在 12 小时以内即喷底漆。对于禁止涂漆的部位,应事先用胶纸带遮盖起来以免涂上漆。涂料开桶前应验证品名、规格、颜色等,是否超过贮存期,如超过应复验合格后方可使用;开桶后应进行搅拌,观察有无结块,如有不可使用;搅拌后应测定其黏度,并用配套的稀释剂调整黏度到施工要求规定的范围内,夏天应取规定的下限,冬天则取上限。

(3)施工方法与质量检验

本防腐系统涂料以喷涂为主,以提高工效并使涂层厚度均匀,表面平整美观。喷涂涂料后应依据设计规定和施工规程进行检查,且应对各项工序逐项检查,哪一道不合格哪一道就应及时修补,最后检查涂层总厚度和外观,直至合格为止。

2. 钢构件的防锈漆施工及储存

①钢结构运至施工现场后应保持构件表面清洁,对底漆有磨损的地方应予以修补。本涂料可按一般危险品规定运输,应贮存在通风的室内。

②施工前,防锈漆应充分搅拌均匀,如太稠可略加稀释剂后施工,施工最佳条件气温在0～32 ℃,湿度不高于 85%,施工应在通风良好的环境条件下进行,并注意避免明火。

③可采用高压无气喷涂和普通喷涂,也可刷涂或几种方法结合施工。根据涂层厚度、钢结构型材选择适宜的涂装方法。

④防锈漆应分二次涂装,钢构件除锈后,先刷二道醇酸红丹防锈底漆,现场安装完后再刷二道浅灰色醇酸调和面漆。

⑤施工完后,工具等用专用稀释剂清洗干净。

5.3 围护材料施工安装

5.3.1 材料进场

①材料进场,厂商应附原厂出厂材质检验证明。

②检验成型浪板及檩条的规格、尺寸、厚度。

③检验各式收边料规格、尺寸、厚度。

④检验零配件(自攻螺丝、垫片、止水胶等)。

⑤彩色钢板外观不得有拖拉伤痕、色斑,表面膜层磨损、扭曲、污染、色差、翘角等现象。

⑥材料进场时,应堆放在甲方指定的区域,同时乙方自行负责该部分材料的安全措施,材料应有适当的包装,以免损毁。

5.3.2 吊运

①材料进场设置指定地点前,须分批、分类另放,不能立即使用时应整齐堆放并以帆布或胶布覆盖。

②地面堆放材料时,为保持干燥必须铺设枕木(枕木高 6 cm 以上),材料不得接触地面,枕木间距不得大于 3 m。

③材料吊运至屋架前,应以钢带捆扎束紧。

5.3.3 材料吊上屋架施工要点

①放置钢板的屋架,吊放钢板前,须先设置挡板防止钢板滑落。

②材料吊运至屋架时,吊杆上系住彩色钢板的垂直系带,间距不得大于 6 m,两端须加斜向吊带,以防止滑落。(每捆重不得大于 2 t)

③保持平稳缓缓吊升,吊车作业范围内,非吊装人员不得靠近。

④吊升过程中,彩色钢板垂直系带如有松脱,应放下重新调整后再吊升。

⑤彩色钢板缓缓下降,待吊车人员控制定位(檐口挡板)后,依序放下。

⑥材料吊至屋架后,板面应朝同一方向(便于安装,除阴肋扣合),并应以尼龙绳固定于钢主架上(不得放置于衍条中央)。

5.3.4 檩条安装

1. 整平

安装前对檩条支撑进行检测和整平,逐根复查其平整度,安装的檩条间高差控制在 ±5 mm范围内。

2. 弹线

檩条支撑点应按设计要求的支撑点位置固定,为此支撑点应用线画出,檩条安装定位后,按檩条布置图验收。

3. 固定

按设计要求进行焊接或螺栓固定,固定前再次调整位置,偏差不大于 ±5 mm。

4. 验收

檩条安装后由项目技术责任人通知质监员或监理工程师验收,确认合格后转入下道工序。

5.3.5 彩色钢板铺设及固定

彩色钢板的铺设顺序是由上而下,由常年风尾方向起铺。

1. 屋面

①以山墙边作为起点,由左而右(或从右而左)依顺序铺设。

②第一片板安置完毕后,沿板下缘拉准线,每片依准线安装,随时检查不使发生偏离。

③铺设面用自攻螺丝,沿每一板肋中心固定于桁条上。

2. 收边

①屋面(含雨棚)收边料搭接处,须以铝拉钉固定及止水胶防水。

②屋面收边平板自攻螺丝头及铝拉钉头,须以止水胶防水。

③屋脊盖板及檐口泛水(含天沟),须铺塞 PE 封口条。

3. 施工原则

施工原则与自攻螺丝施工方法相同。其固定方法如下。

①第一排第一个固定座,用自攻螺丝固定于檩条最左边,然后于檩条上弹墨线作为基准线,接着固定同排固定座。

②第一块板的肋部对准固定座的肋板,压下卡入,检查是否扣合正确。

③将固定座短臂扣上第一块已铺好的面板阴肋,依前述方法施工,并调整平齐。

④按上述顺序铺设,最后所剩楼阁间小于板宽一半时,仅用固定座短臂固定板片,其余空间以泛水收头。

⑤如最后所剩空间大于板宽一半时,则以固定座固定板片,其超出部分裁除。

4. 清理及废料运弃

①铺设钢板区域内,切铁工作及固定螺丝时,所产生的金属屑应于每日收工前清理干净。

②每日收工前需将屋面、地面、天沟上的残屑杂物(如 PVC 布、钢带等)清理干净。

③施工中裁剪的剩余废料,应每日派人收拾,集中堆放。

④完工前所有余废料均需清理运弃。

⑤完工后应检查彩色钢板表面,其受污染部分应清洗干净。

5. 注意事项

①彩色钢板切割时,其外露面应朝下,以避免切割时产生的锉屑贴附于涂膜面,引起面屑气化。

②施工人员在屋面行走时,沿排水方向应踏于板谷,沿檩条方向应踏于檩条上,且须穿软质平底鞋。

③屋面须做纵向(排立向)搭接时,叠接长度应在 15 cm 以上,止水胶依设计图施作,其搭接位置应该在桁条位置上(墙面叠接长应在 10 cm 以上,搁置于桁条上)。

④自攻螺丝固定于肋板,其凹陷以自攻螺丝底面与肋板中线对齐为原则,±1.5 mm 合格,其过紧部分应加止水胶防水,其过松部分应重新锁紧。

⑤每日收工时,应将留置屋架、地面的彩色钢板材料用尼龙绳或麻绳捆绑牢固。

⑥自攻螺丝必须垂直于支撑面,迫紧垫圈必须完整。

六、工程质量保证措施

本工程严格按照ISO 9001的管理标准执行，开工前先明确工程创优目标，完善工程质量管理体系及措施。

①施工及验收依据。

ⓐ钢结构安装严格按施工图纸执行。

ⓑ变更通知书及其他有关制安方面的方案通知。

ⓒ图纸会审纪要。

ⓓ《钢结构工程施工质量验收规范》（GB 50205—2001）及其他相关规范，质量检验评定标准和技术水平。

②本工程安装应按施工组织设计进行，安装程序必须保证结构稳定性和不导致永久性变形。

③本工程构件存放场地应平整坚实、无积水，钢构件应按种类、型号、安装顺序分区存放，钢构件底层垫枕应有足够的支撑面，并应防止支点下沉，相同型号的钢构件叠放时，各层钢构件支点应在同一垂直线上，并应防止钢构件被压坏和变形。

④安装前，应按构件明细表和进场构件查验产品合格证及相关设计文件。应根据安装顺序，分单元成套供应。贯彻原材料、半成品和成品检验制度，施工员应会同质量检查员对半成品和成品进行复检，加强成品与半成品的质量监督工作。

⑤钢构件安装的测量和校正，应根据工程特点编制相应的工艺，原钢板和异种钢板的焊接、高强度螺栓安装和负温度下施工等主要工艺，应在安装前进行工艺试验，编制相应的施工工艺。

⑥本工程的梁、屋架支撑等主要构件安装就位后，应立即进行校正、固定，当天安装的构件应形成稳定的空间体系。

⑦本工程顶紧的节点、接触面应有70%的面紧贴，用0.3 mm厚塞尺检查，可插入的面积之和不得大于接触顶紧总面积的30%，边缘最大间隙不应大于0.8 mm。

⑧钢结构安装偏差的检测，应在结构形成空间刚度单元并连接固定后进行。

⑨必须遵循的质量原则。

ⓐ施工前技术人员应熟悉施工图和有关技术资料，熟悉工程，了解施工及验收标准，编制专业施工方案。

ⓑ熟悉土建工艺，及时掌握土建施工进度。

ⓒ施工完毕后应进行自检，并填写施工自检及纪要。

ⓓ开工前技术人员应对班组进行认真细致的交底，掌握施工要点，为保证安装质量打好基础。

ⓔ从施工准备到竣工投入运行的整个施工过程中，每一步骤都必须严格把关，切实保证质量，施工人员严格按规程要求操作，同时对质量体系加强监督检查，保证每一环节的质量。

ⓕ在施工中贯彻施工规范、规程和评定标准以及监理工程师的现场指导、技术人员的书面技术要求，并要按图纸施工。

ⓖ对构件的焊接，焊工必须进行复核，取得合格证的焊工方可上岗操作。

ⓗ进行工序交底工作，上道工序结束时，对下道工序应建立交接制度，首先由上道工序人员进行交底，下道工序发现上道工序不合格者，有权拒绝施工，在上级部门对此核实前，应保证下道工序的正常要求，以证实后责令上道工序修正合格后方能进行下道工序的施工，否则，不能进行下道工序的施工。

ⓘ按施工程序办事，组织合理施工、文明施工，下达任务时要明确质量标准和要求，并应认真到"四个坚持"、"四个不准"。"四个坚持"为：坚持"谁施工谁负责工程质量"的原则；坚持成品复核检查制度；坚持"三检二评"（自检、互检、专检、初评、复评）工作制度；坚持检查评比。"四个不准"为：没有做好施工准备工作不准开工；没有保证措施不准开工；设计图纸未熟悉不准开工；没有技术、安全交底不准施工。

⑩工程总体管理中实行全过程质量控制，这是保证工程质量关键步骤的必要手段。全过程质量控制的要点如下。

ⓐ对原材料、构配件采购的质量控制。

ⓑ复核现场质量定位、工程定位依据、轴线、水准控制点，复核无误后，正式办理移交手续。

ⓒ现场审查质量保证体系并进行人员配备、钢结构分部工程质量检查、认证。

ⓓ督促检查施工机械的完好情况。

ⓔ做好现场施工范围内地下管线的资料搜集，及时向钢结构分包商移交地下管线资料，确保施工能正常进行及安全施工。

ⓕ本工程质量控制点。钢梁安装关键控制点的保证措施：用先进的测量仪器定位，确保钢梁的安装符合规范要求；框架中心钢梁先吊装，再由中心向两端安装；强调钢梁安装的对称性；强调钢梁安装时，对钢梁位移、标高进行跟踪观察。为保证钢框架现场安装精度须做到：派人驻厂参与制作管理，发现问题及时解决；与设计、制作一起讨论各种构件连接节点部位并做应力应变测试，便于操作者控制变形。

⑪为保证本工程质量能达到优质标准，必须做到以下几点。

ⓐ建立健全工程管理网络和质量管理制度，明确钢结构工程施工同各方面的关系，如图5.6.1所示。

ⓑ从深化设计开始，深化设计人员必须熟悉图纸，深化各种节点，使其具有可操作性，深化设计完成后必须由专业工程师负责校对、审核，对施工图的修改必须有依有据，且必须由设计人员签字。

ⓒ材料的采购严格按照ISO 9001质量保证体系采购程序执行，在制作期间可邀请监理工程师及业主单位来制作生产现场指导监督，以利于制作质量的进一步提高。

ⓓ材料安装前应仔细核对制作资料，检查构件变形情况，如发现质量问题应及时校正或重

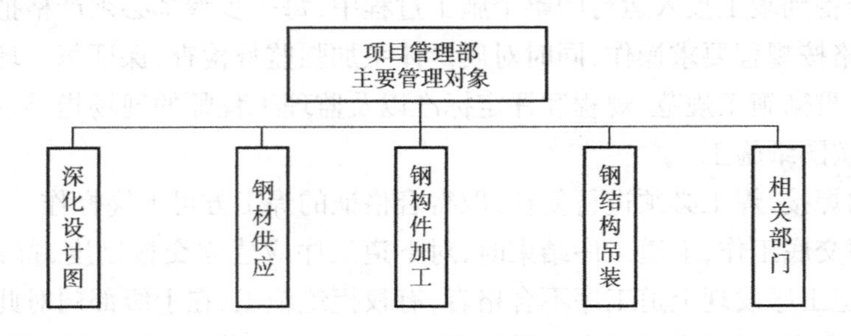

图 5.6.1　工程管理网络和质量管理制度

新生产，决不让不合格产品进入工地现场。

ⓔ工程施工必须严格按照施工验收规范执行，在施工过程中必须做到“三检”（自检、互检、交接检）；对监理工程师提出的问题应及时整改，杜绝不合格产品流入下一道工序，做到“谁施工、谁负责”；加强成品保护意识。

七、安全施工保证措施

7.1　安全管理保证体系

安全管理保证体系见图 5.7.1。

7.2　施工安全管理保证措施

①安全生产管理。安全生产管理是项目管理的重要组成部分，是保证生产顺利进行、防止伤亡事故发生而采取的各种对策。它既管人，又管生产现场的物、环境。

ⓐ严格执行有关安全生产管理方面的各项规定条例等。

ⓑ 研究采取各种安全技术措施，改善劳动条件，消除生产中的不安全因素。

ⓒ掌握生产施工中的安全情况，及时采取措施加以整改，达到预防为主的目的。

ⓓ认真分析事故苗子及事故原因，制定预防发生事故的措施，防止重复事故的发生。

②明确安全目标：杜绝一切安全事故与火灾事故的发生。

③建立健全各级各部门的安全生产责任制，责任落实到人，且总、分包方之间必须签订安全生产协议书。

④新进企业工人须进行公司、施工队和班组的三级教育。对上岗员工进行严格把关，做到上岗前都要接受安全教育。

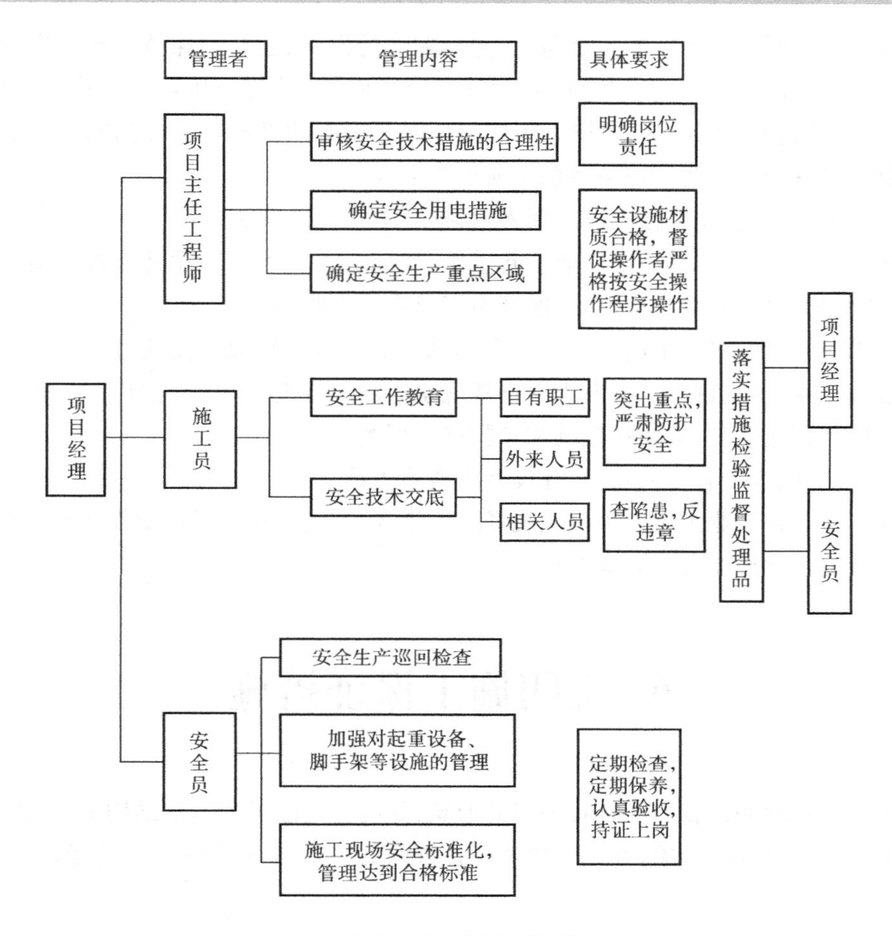

图 5.7.1　安全管理保证体系

⑤要进行分部分项工程的安全技术交底。

⑥必须建立定期安全检查制度且检查有记录。

⑦特种作业须持证上岗，且必须遵章守纪，佩戴标记。

⑧ 建立工伤事故处理档案，认真按规定进行处理报告，做好“三不放过”工作。

⑨具体安全措施。

ⓐ坚决执行国家劳动部颁发的《劳动操作规程》，按照钢结构的安装工艺要求精心操作，并采取安全与工奖挂钩的措施。正确使用个人防护用品和安全防护措施，进入施工现场必须戴安全帽，禁止穿拖鞋或光脚，在没有防护设施的高空、陡坡施工，必须系安全带。

ⓑ钢结构安装前应对全体人员进行详细的安全交底，参加安装的人员要明确分工，利用班前会、小结会，并结合现场具体情况提出保证安全施工的要求。上下交叉作业要做到“三不伤害”，即“不伤害自己，不被别人伤害，不伤害别人”。距地面 2 m 以上作业要有安全防护措施。

ⓒ高空工业要系好安全带，地面作业人员要戴好安全帽，高空作业人员的手用工具袋，在高空传递时不得扔掷。

ⓓ吊装作业场所要有足够的吊运通道，并与附近的设备、建筑物保持一定的安全距离，在吊装前应先进行一次低位置的试吊，以验证其安全牢固性，吊装的绳索应用软材料垫好或包好，以保证构件与连接绳索不致磨损。构件起吊时吊索必须绑扎牢固，绳扣必须在吊钩内锁牢，严禁用板钩钩挂构件，构件在高空稳定前不准上人。

ⓔ吊机吊装区域内，非操作人员严禁入内，把杆垂直下方不准站人。吊装时操作人员精力要集中并服从指挥号令，严禁违章作业。起重作业应做到“五不吊”：手势指挥不清不吊；重量不明不吊；超负荷不吊；视线不明不吊；捆绑不牢或重心不明不吊。

ⓕ施工用的临时电路应采用TN－S三相五线制，PE线有可靠重复接地，施工机械和电气设备不得带病作业或超负荷作业，发现不正常现象应停工检查，不得在运转中修理。

ⓖ彩钢板屋顶施工时，禁止穿拖鞋和赤脚进入现场。

ⓗ现场气割、电焊要有专人管理，并设专用消防用具。

ⓘ参加安装的各专业工种必须服从现场统一指挥，负责人在发现违章作业时要及时劝阻，对不听劝阻继续违章操作者应立即停止其工作。

八、文明施工保证措施

文明施工的程度如何直接影响我公司的形象，如我公司能承建本钢结构工程，我们将在本工程的施工中树立良好的形象，并充分协调好各方面的关系，为建设好本工程予以人力、物力、财力的支持。

1. 文明施工目标

我公司一旦中标，将严格按照×××市的施工现场标准化管理规定的内容及相关文件进行布置及管理，并提出文明施工目标为：争创标准化文明施工样板工地。

2. 文明施工，环保措施

由于文明施工包括的内容很多，又有许多与安全生产等有紧密联系，故如有与安全生产的内容重复的，将同样列出，并作为重点强调的内容加以重视。设置环境保护宣传标牌，人人树立环境保护意识。

3. 总平面管理

总平面管理是针对整个施工现场而进行的管理，其最终要求是严格按照各施工阶段的施工平面布置图进行规划和管理，具体表现在：

①施工平面图规划合理，应具有科学性、方便性，有利于施工平面布置；

②严格按平面图所示的电、进水、排水系统的布置而设置；

③所有的材料堆场、小型机械的布置均按平面图要求布置，如有调整应有书面的平面修改通知；

④在做好总平面管理工作的同时,应经常检查执行情况,坚持合理的施工顺序,不打乱仗,力求均衡生产。

4. 重点部位的要求

在编制本施工方案过程中,本公司曾派人对施工现场进行了现场勘探,根据现状,文明施工中重点部位的要求如下。

①工完场清:在施工过程中,要求各作业班组做到工完场清,以保证施工现场没有多余的材料、垃圾。作为项目经理部应派专人对施工现场进行清扫、检查,以使每个已施工完的结构清洁、无太多的积灰,而对运入现场的材料要求堆放整齐,以使整个施工现场整齐划一。

②对于工程中所使用的氧气、乙炔等必须有专人保管,未经同意,不得任意使用;本工程所用材料均为绿色环保材料,使用后对周围环境、水源、空气等均不产生任何污染。

5. 标准化管理要求

在本工程施工中将大力推行施工现场标准化,加强环境卫生管理,从小处着眼,发动全体人员参与,以使本工程能形成一个体现现代文明的窗口。落实业主制定的规章制度,并认真执行。由于标准化管理包含了从工程安全到文明施工的较多内容,故我公司将在本工程大力推广,以使本工程能确保达到我公司所承诺的目标,在×××市树立更好的形象。

九、工期保证措施

为了工程能保质保量按时顺利完成,我公司制定了切实可行的工期保证措施。在充分保证制作加工、包装、运输环节、进度外,在安装现场还将采取以下措施。

①采用施工进度计划与周、日计划相结合的方法进行施工进度管理,并制定配套措施、计划,设备、劳动力数量安排实施适当的动态管理。

②合理安排施工进度和交叉流水工作,通过各控制点工期目标的实现来确保总工期目标的实现。

③成熟的施工工艺和新工艺方法相结合,尽可能缩短工期。

④准备好预备零部件,带足备件、施工机械和工具,以保证现场的问题在现场解决,不因材料或组织的脱节而影响工期。

⑤运输计划应至少提前3天到达现场,以避免雨天路阻导致材料脱节。

⑥所有构件编号由检验员专门核对,确保安装一次成功。

⑦严格完成当日施工计划工作量,不完成不收工,必要时可适当加班加点完成,管理人员应及时分析工作中存在的问题并采取对策。

⑧准备好照明灯具和线缆,以确保在加夜班时有充分的照明,为夜班工作创造条件。

综合实训

按8~10人一组，根据《×××企业二期厂房轻钢屋面工程施工组织》分组讨论本案例中的以下问题。

1. 简单叙述钢结构施工的安装工艺及流程及每个施工阶段的安全注意事项。

2. 判断本工程保证施工质量的手段和措施是否得当。针对钢结构工程还应注意哪些问题？

3. 简单论述吊装工艺的要求及注意事项。

4. 为本工程编制一份《安全专项方案》（包含预案）。

教学评估表

学习内容名称：＿＿＿＿＿＿班级：＿＿＿＿＿＿姓名：＿＿＿＿＿＿日期：＿＿＿＿＿＿

1. 本表主要用于对课程授课情况的调查，可以自愿选择署名或匿名方式填写。根据自己的情况在相应的栏目打“√”。

评估项目＼评估等级	非常赞成	赞成	不赞成	非常不赞成	无可奉告
(1)我对本学习内容很感兴趣					
(2)教师的教学设计好，有准备并能阐述清楚					
(3)教师因材施教，运用了各种教学方法来帮助我学习					
(4)学习内容能提升我编制建筑工程施工组织的技能					
(5)以真实工程项目为载体，能帮助我更好地理解学习内容					
(6)教师知识丰富，能结合施工现场进行讲解					
(7)教师善于活跃课堂气氛，设计各种学习活动，利于学习					
(8)教师批阅、讲评作业认真、仔细，有利于我的学习					
(9)我能理解并应用所学知识和技能					
(10)授课方式适合我的学习风格					

续表

评估等级 评估项目	非常赞成	赞成	不赞成	非常不赞成	无可奉告
(11)我喜欢学习中设计的各种学习活动					
(12)学习活动有利于我学习该课程					
(13)我有机会参与学习活动					
(14)教材编排版式新颖,有利于我学习					
(15)教材使用的文字、语言通俗易懂,有对专业词汇的解释、提示和注意事项,利于我自学					
(16)教材为我完成学习任务提供了足够信息,并提供了查找资料的渠道					
(17)通过学习使我增强了技能					
(18)教学内容难易程度合适,紧密结合施工现场,符合我的需求					
(19)我对完成今后的工作任务所具有的能力更有信心					

2. 您认为教学活动使用的视听教学设备：

合适□　　太多□　　太少□

3. 教师安排边学、边做、边互动的比例：

讲太多□　　练习太多□　　活动太多□　　恰到好处□

4. 教学进度：

太快□　　正合适□　　太慢□

5. 活动安排的时间长短：

太长□　　正合适□　　太短□

6. 我最喜欢的本学习内容的教学活动是：

7. 我最不喜欢的本学习内容的教学活动是：

8. 本学习内容我最需要的帮助是：

9. 我对本学习内容改进教学活动的建议是：

参考文献

[1] 邹绍明．建筑施工技术[M]．重庆:重庆大学出版社,2007.
[2] 中华人民共和国建设部．GB 50300—2001 建筑工程施工质量验收统一标准[S]．北京:中国建筑工业出版社,2001.
[3] 中华人民共和国电力工业部．GB 50194—93 建设工程施工现场供用电安全规范[S]．北京:中国建筑工业出版社,1994.
[4] 李红立．建筑工程施工组织编制与实施[M]．天津:天津大学出版社,2010.
[5] 徐家铮．建筑施工组织与管理[M]．北京:中国建筑工业出版社,2003.
[6] 吴伟民,刘在今．建筑工程施工组织与管理[M]．北京:中国水利水电出版社,2007.
[7] 刘志强．建筑企业管理[M]．武汉:武汉理工大学出版社,2008.
[8] 林知炎,曹吉鸣．工程施工组织与管理[M]．上海:同济大学出版社,2002.
[9] 于立君,孙家庆．建筑工程施工组织[M]．北京:高等教育出版社,2005.
[10] 丛培经．工程项目管理[M]．北京:中国建筑工业出版社,2003.
[11] 中华人民共和国建设部．GB/T 50326—2001 建设工程项目管理规范[S]．北京:中国建筑工业出版社,2002.
[12] 蔡雪峰．建筑工程施工组织管理[M]．北京:高等教育出版社,2002.
[13] 江见鲸,张建平．计算机在土木工程中的应用[M]．武汉:武汉理工大学出版社,2000.
[14] 徐伟,陈震,李炳钊等．建筑工程施工的智能方法[M]．上海:同济大学出版社,1997.
[15] 毛鹤琴．土木工程施工[M]．武汉:武汉理工大学出版社,2000.
[16] 李忠富．建筑施工组织与管理[M]．北京:机械工业出版社,2004.
[17] 中国建设监理协会编写组．建设工程进度控制[M]．北京:中国建筑工业出版社,2004.